架构师书库

Practical Software Architecture
Moving from System Context to Deployment

实用软件架构
从系统环境到软件部署

[印] 蒂拉克·米特拉（Tilak Mitra）著　爱飞翔 译

机械工业出版社
China Machine Press

图书在版编目（CIP）数据

实用软件架构：从系统环境到软件部署 /（印）蒂拉克·米特拉（Tilak Mitra）著；爱飞翔译 .
—北京：机械工业出版社，2016.10
（架构师书库）

书名原文：Practical Software Architecture: Moving from System Context to Deployment

ISBN 978-7-111-55026-6

I. 实… II. ① 蒂… ② 爱… III. 软件设计 IV. TP311.5

中国版本图书馆 CIP 数据核字（2016）第 239245 号

本书版权登记号：图字：01-2016-2696

实用软件架构：从系统环境到软件部署

出版发行：机械工业出版社（北京市西城区百万庄大街 22 号　邮政编码：100037）

责任编辑：刘诗灏	责任校对：殷　虹
印　　刷：北京文昌阁彩色印刷有限责任公司	版　　次：2017 年 1 月第 1 版第 1 次印刷
开　　本：186mm×240mm　1/16	印　　张：17.25
书　　号：ISBN 978-7-111-55026-6	定　　价：79.00 元

凡购本书，如有缺页、倒页、脱页，由本社发行部调换

客服热线：（010）88379426　88361066　　　　投稿热线：（010）88379604
购书热线：（010）68326294　88379649　68995259　　读者信箱：hzit@hzbook.com

此书谨献给我过世的父亲 Dibakar Mitra 先生（1940—2015）。2015 年年初，我的父亲离开了我们，我的生命中就此出现了一个悲伤的缺口，我无法自拔，难以接受这个事实。父亲给了我莫大的动力，使我相信自己具有更强大的力量，能够去成就一番事业。作为他的独子，我想让父亲能够因我而骄傲。他的钱夹里装着我的名片，时常在同事和朋友面前夸我（他有时连自己的名片都不带，但总是会带上我的名片）。

就在我成为 IBM 杰出工程师（Distinguished Engineer，DE）的 45 天之前，父亲离开了我们，他是多么想看到我获得这项荣誉啊。我最大的遗憾就是没办法拿起电话告诉他这个消息。他离世前，跟我说的最后一句话是"别担心，你今年肯定会成为 DE 的"。说完这话不久，他就接上了呼吸机。我的家乡，印度的加尔各答，有一家号称医术极好的医院，但就是在这家医院里，顽强求生的父亲最终因为医疗事故离开了我们。我至今依然难掩内心的悲愤之情。

愿父亲安息。我祈求自己能在余生中以某种形式抚慰您的灵魂。儿子永远爱您。

·· 译者序 ··

软件开发工作是由需求引领的，而需求会随着业务的发展逐渐变得庞杂。为了对持续变化的需求进行有效的管理，很多开发者与软件公司都建立了软件架构这样一个概念。尽管软件业与传统的实物产业不同，但它依然可以通过良好的架构指导项目的设计、编码、测试、部署以及维护等诸多阶段。从这个意义上讲，软件架构与其他行业的架构之间有相通的地方。

然而，这并不是一本泛论架构的图书，它谈论的是软件架构，并且尤为关注软件架构中的实际做法。与题材类似的其他书籍相比，本书在核心理念、结构安排以及术语使用等方面都有自己的特色。

本书的核心理念体现在恰到好处（just enough）这个词上。架构固然应该对实现起指导作用，但这个指导作用应该留有一定的余地，使我们可以对架构进行反思，并根据项目的发展情况对其做出调整。软件架构要想做得务实，就需要把握住恰到好处的原则，架构师要知道应该把模块细化到何种程度，才能使开发团队在既定的大方向下灵活地进行发挥。

在结构的安排上，作者首先简介了贯穿全书的 Elixir 项目，后续各章分别用该项目来做案例研究，以演示软件架构的某一个方面，把这些方面拼合起来就可以形成一套完整的案例。把该案例与工作中的实际项目进行对比，或许会对大家有所启发。接下来，作者谈了软件架构的含义和意义，并指出了描述架构所用的几种视点。然后，作者明确提出架构中需要关注的 7 个方面，并且用 7 章的篇幅来详细地进行讲解，使我们明白怎样才能恰到好处地应对这些方面。本书最后给出 3 个专题，分别介绍了大数据时代的分析架构、作者在多年工作中所积累的经验，以及业界经常谈论的 25 个架构话题。

在术语的使用上，作者经常采用两种或三种称呼来指代同一个概念，这不仅反映了该概念所具有的多重意义，而且还使读者感受到一种现象：不同的人在不同的情境下称呼同一个概念时，关注的重点是有所区别的。由于作者就职于 IBM 公司，因此译者在翻译术语时，优先考虑采用 IBM 网站上已有的译法，对于同时具有多种译法的术语，则酌情采用其中较常见的一种或两种。

纵观全书，作者清晰地描绘了软件架构工作的执行脉络，并指出了从系统环境到软件部署等诸多环节中所应注意的各种问题。需要提醒大家的是，软件架构必须通过适当的代码及硬件配置得以体现，因此，架构应该尽量与实际的编码及测试工作相契合，而且要与后两者保持互动。

在翻译过程中，我得到了机械工业出版社华章公司诸位编辑和工作人员的帮助，在此深表谢意。

由于译者水平有限，错误与疏漏之处，请大家发邮件至 eastarstormlee@gmail.com，或访问 github.com/jeffreybaoshenlee/psa-errata/issues 留言，予以批评指正。

爱飞翔

·· 序 ··

软件架构这个词，有些人听了觉得开心，有些人听了要皱眉头，而更多的人对它漠不关心，尤其是那些整天忙着敲代码，没时间思考设计问题的人。

我们知道，软件密集型的系统都是有架构的。有一些架构是刻意而为的，有一些架构是偶然浮现出来的，还有很多架构隐藏在成千上万个小的设计决策中，而这些设计决策，正源于我们敲出来的那些代码。

Tilak 先生在本书中精彩地讲解了一些切实可行而且非常实用的方式与方法，以帮助我们架构出复杂的系统。作者是一位拥有实际经验的架构师，他通过一系列案例研究，解释了"架构是什么"以及"架构不是什么"这两个问题，同时还讲解了在软件密集型的系统中，如何使架构成为开发、交付及部署过程的一部分。如果大家了解我，那一定知道我对软件架构这个主题有一些强烈的个人观点，然而在我读过的关于这个主题的那么多本书和那么多篇文章中，我确实觉得 Tilak 所说的这套方法是建立在坚实的基础之上的，而且他的方法特别容易理解，也特别容易施行。

软件架构并不是一项纯粹的技术，其中还要考虑人的因素。本书正是抓住了这个重要的因素——Tilak 把自己在架构工作中汲取的经验教训合理地穿插在本书中，我很欣赏这一点。

架构是个重要的过程，这个过程不仅不能妨碍系统的构建，而且还必须在恰当的时机以合适的资源和特别实用的方式构建出正确的系统。

Grady Booch

IBM 院士及软件工程首席科学家

软件架构这个学科已经有半个世纪的历史了。此概念于 20 世纪 60 年代引入，它的灵感来源于建筑物的架构，其中涉及在开始盖楼之前拟定的一些蓝图，这些蓝图描述了建筑师对建筑物的结构所制定的设计方案与规格说明。建筑物的蓝图给出了建筑物在功能方面的设计方案，也就是楼层的空间布局示意图，以及每个建筑工件（例如门、窗、房间、浴室、楼梯等）的尺寸。在使建筑物得以运作的那些方面，蓝图也提供了详细的设计方案，例如承载建筑结构的地基、电线、水管和输气管道的设计，以及下水道系统等，要想使建筑物的功能全面运转并发挥效用，这些方面都是不可缺少的。

信息技术（information technology，IT）中的软件架构，其真正灵感来源于建筑架构学中的土木工程（civil engineering）这一学科。据此，我们可以把软件架构大致分成**功能架构**（functional architecture）和**操作架构**（operational architecture）两大类。软件架构在 20 世纪 70 年代开始得到大规模实践，到了 20 世纪 90 年代，它已经成为 IT 界的主流，此时各种架构模式也相继涌现。这些模式会随着工作中反复出现的一些用法而演化，所谓反复出现（recurrence），是指这些用法会一直重复地出现在日常应用中。我们之所以能从软件架构中提炼出架构模式，是因为有一个先决条件已经得到了满足。这个条件就是软件架构已经得到了充分的实践，从而成为业界的主流做法，并且已经作为一门正式的研究与实践学科，得到了业界的认可。

IT 系统的复杂度越来越高，因此各种 IT 项目都会频繁而且广泛地运用软件架构技术。软件架构的方式也随着运用面的扩大而变得丰富起来，并且还涌现出了很多流派，它们采用不同的观点来看待软件的架构，并根据其在开发软件系统时所取得的实际经验来总结并推广各自的观点。软件架构的流派和观点变得越来越多，这使很多 IT 工作者都不知道应该采信哪个流派的观点。大家不妨回想一下，看看自己有没有对下面这些问题表示过困惑？

❑ 我读过很多架构方面的书籍，也看过很多期刊和杂志，但是我究竟应该怎样把这些互不相同的架构流派汇整起来呢？

□ 这些流派中有哪些方面是我比较喜欢的？

□ 这些方面是否可以互补？

□ 如果我是一名架构师，面对着一个时间和预算都受限制的复杂软件系统，那么应该从哪里开始实现它呢？

□ 我是否能成为一名成功的软件架构师？

笔者也曾陷入这样的困惑中。软件架构师所要面对的一项艰难挑战，就是寻找一种最佳的方式，来确定系统或应用程序的架构，并对其进行设计。对软件架构的要义进行把握，既是一种科学，又是一种艺术。我们要用适当的描述语言来定义系统的软件架构，并对其加以分析和理解，从这个层面来看它是科学。同时，我们还要用清晰、明确并且简洁的方式把这个架构描绘出来，以便与不同的利益相关者就系统的解决方案架构进行有效的沟通，从这个层面来看它又是艺术。软件架构师怎样才能抓住关键的架构工件（architecture artifact）⊖，从而清晰地描述出整个解决方案呢？这正是难点所在。过度的设计和过多的文档，会拖慢项目的进度，并给项目的交付带来风险，而对软件架构所做的不恰当处理，则会使开发者无法领悟这套架构，这是个很关键的问题。如果开发者不能很好地理解软件的架构，那么他们就无法恰当地遵循技术方面的规范和限制，也无法恰当地使用这套架构来设计并开发系统中的各个部件。在软件开发的整个生命周期中，这个问题只会越来越严重。

2008 年，笔者在 IBM developerWorks 网站上写了一系列专门谈论软件架构的文章。在连续发布 4 部分之后，由于某些个人原因，没有再往下写。接下来的几年，笔者看到了一些网友提出的问题，也收到了一些称赞，然而除此之外，还有另一类信息促使我进行更多的思考。比如，下面这两个问题：

□ "先生您好。我正在参考您的系列文章来撰写硕士论文。请问下一部分的文章什么时候发布？"

□ "Mitra 先生，我们采用您所说的框架做了 IT 项目，但是项目暂停了，因为您的下一篇文章还没出来。求助。"

某一天早晨，我忽然感觉读者确实需要一本架构方面的书籍，它必须写得简单、明确、易于理解、便于描述，而且最为重要的是，它必须足够实用，能够执行。这本实用的书籍要能够给 IT 工作者和软件工程专业的学生带来较大的帮助，使他们明白怎样对软件系统进行架构。过了一段时间之后，我终于决定开始写书了。本书代表着软件架构领域中的集体智慧、经验、学问和知识，这些内容是笔者根据自己从业 18 年来的经历收集而成的。本书面对的读者有很多，其中包括：

⊖ 工件也称为制品、产物、成果物。——译者注

❑ 软件架构师。书中会给出一些实用而且可以反复运用的指导原则，以帮助软件架构师来研发软件的架构。

❑ 项目经理。本书将会帮助读者理解并领会系统架构中的关键元素，它们是良好的架构所必备的元素，本书还会解释怎样才能在进行项目规划时把架构活动控制得恰到好处。

❑ 高校学生。本书将会帮助大家理解怎样把软件架构中的理论转述成实际的问题，并对其加以实现。无论技术如何发展，本书都可以当作长期的参考资料。

❑ 教师。通过本书，教师可以帮助学生把软件架构中的各种理论与实际工作联系起来，使学生变成能够应对实际项目的软件架构师。

❑ 首席管理者（C-level executive）⊖或高层管理人员。本书将会帮助他们意识到研发良好的系统架构所必备的要素，对于 IT 界的任何一种创新活动来说，这种意识都会给公司带来间接的好处，使他们可以更好地领悟 IT 架构在整个公司中的基础地位。

笔者想把这本书写成一本实用的教程，使读者可以按照里面所说的方法，通过多个阶段的演进来迭代式地构建出软件的架构。书中会指出各种架构工件的运用方式，使大家可以把这些清晰、简明、精准而且易懂的工件，恰到好处地运用在实际的应用场景中。在整本书中，笔者会以较为随意的方式来使用"软件"（software）"系统"（system）和"解决方案"（solution）这三个词，由于它们在本书中指的都是架构（architecture），因此这三者之间是可以互换的。笔者之所以要采用这种不拘于字面意思的交替指称方式，是为了使大家明白：在 IT 界，这三个词之间的界限其实是相当模糊的。

从哲学角度来看，东方哲学和西方哲学之间的区别，在于它们对直觉和理性这两种感知形式的接受程度有所不同，前者更强调直觉，而后者更强调理性。西方世界普遍相信，并且主要依赖于理性的、科学的和演绎式的推理。而东方世界则更加看重凭直觉所获取的知识，他们认为，更高形式的意识（在这里指的是知识）是通过观察（也包括反思自己的内心世界）得来的，而不是仅仅通过实验式的归纳得来的。笔者生长于印度加尔各答一个文化较为多元的孟加拉家庭中，十分认同东方式的信仰和知识观念，我认为自觉的意识最终需要通过自觉的自由意志来获得，知识的奥义也要通过直觉和归纳式的推理来领悟。后来，笔者在西方世界生活了将近 20 年，在这段时间里，我开始看重科学和理性的知识形式。我认为，一个普通人要想在这个残酷竞争的世界中生存，就必须掌握由理性与科学手段所得到的知识，对于科学、技术和 IT 领域来说更是如此。等到

自己的工作稳定下来之后，可以去深入探索直觉感知力和归纳式推理，这种探索虽然未必会带来回报，但或许会帮助我们从人生的存在中求得解脱。

在这本书中，笔者试着用一种解说的办法，通过归纳式的理性推理来帮助读者掌握实用的软件架构方式。等到掌握了这种理性的知识之后，读者可以把注意力放在归纳式的推理上，以探求更为玄妙的直觉知识。如果把解决最困难的架构问题比喻成寻求圣杯（Holy Grail），那么用直觉来感知软件的架构就相当于层次更高的开悟了，这种境界，我想应该是大家梦寐以求的吧。

等到看完本书并掌握了它的要义之后，希望你能焕然一新，变成一位务实的软件架构师。软件架构是个有趣的学科，其中的理性知识，我想读完这本书之后，大家应该就可以了解到。而凭直觉才能获得的那一部分知识，则需要以理性知识为基础，继续去探索。在这一方面，连笔者也只是刚刚入门而已。

另外再说一句，每章开头的那些格言，其实都是笔者自己编的。

·· 致谢 ··

　　首先要感谢妻子 Taneea 和母亲 Manjusree，她们给了我写书所需的时间和灵感。感谢我的叔叔 Abhijit 始终支持我，使我相信自己能够写完这本书。还要感谢我的独子 Aaditya，他总是关心我为什么又要去写一本书。

　　在专业写作这一方面，我真诚地感谢本书的执行负责人 Ray Harishankar，他从头至尾陪着我走过这段愉快的写作之旅。我还要感谢同事 Ravi Bansal 帮我审阅并完善本书的章节结构，并给我提供相关的专业知识。感谢来自德国的同事 Bertus Eggen，他提出了一个绝妙的数学算法，使我可以针对服务器之间的网络连接度来设计容量模型。感谢 Bertus 允许我在书中使用他的想法。Robert Laird 十分热心地审阅了本书，并提出了相当宝贵的意见，对此我表示衷心的感谢。还要感谢 Craig Trim 给我提供了自然语言处理方面的一些内部细节和技术。

　　Grady Booch 先生能够为本书作序，令我深感荣幸，在此衷心感谢。

　　感谢上苍把 Aaditya 赐给我们。2010 年出生的他，给我带来了无尽的快乐，接下来的几年里，我要好好地看着他长大。他已经有了几分"大志"，而且想变成和我一样的人，不过，我还是要引领他，让他更加上进。

·· 目录 ··

题献

译者序

序

前言

致谢

第 1 章　案例研究 …… **1**

   1.1　业务问题 …… **1**

      1.1.1　技术挑战 …… **2**

      1.1.2　用例 …… **2**

      1.1.3　在机器运转过程中进行实时处理与监控 …… **3**

      1.1.4　为新机器提供无缝的激活服务 …… **3**

      1.1.5　生成工作定单 …… **3**

      1.1.6　尽量减少在为全球客户提供服务时所产生的延迟 …… **4**

   1.2　小结 …… **4**

第 2 章　软件架构是什么？为什么需要做软件架构 …… **6**

   2.1　背景知识 …… **6**

   2.2　软件架构是什么 …… **7**

   2.3　为什么需要做软件架构 …… **9**

      2.3.1　把架构视为交流工具 …… **9**

      2.3.2　对项目规划施加影响力 …… **10**

2.3.3 关注非功能方面的能力 …… **11**

2.3.4 与设计团队和实现团队做出约定 …… **12**

2.3.5 为影响力分析提供支持 …… **12**

2.4 架构视图与架构视点 …… 13

2.5 小结 …… 16

2.6 参考资料 …… 16

第 3 章 恰到好处地把握架构中的重要方面 …… 17

3.1 软件架构中需要关注的一些方面 …… 17

3.2 小结 …… 19

第 4 章 系统环境 …… 20

4.1 业务环境与系统环境之间的辨析 …… 20

4.2 捕获系统环境 …… 22

4.2.1 系统环境图 …… **23**

4.2.2 信息流 …… **25**

4.3 案例研究：Elixir 的系统环境 …… 27

4.3.1 Elixir 的系统环境图 …… **27**

4.3.2 Elixir 的信息流 …… **32**

4.4 小结 …… 33

4.5 参考资料 …… 33

第 5 章 架构概述 …… 34

5.1 什么是架构概述 …… 34

5.2 为什么要做架构概述 …… 36

5.3 企业视图 …… 37

5.3.1 用户与传输渠道 …… **39**

5.3.2 核心业务流程 …… **39**

5.3.3 数据与信息 …… **40**

5.3.4 技术推动力 …… **41**

5.4 分层视图 …… 42

5.4.1　第 1 层：操作层 …… **45**

5.4.2　第 2 层：服务组件层 …… **45**

5.4.3　第 3 层：服务层 …… **45**

5.4.4　第 4 层：业务流程层 …… **46**

5.4.5　第 5 层：消费者层 …… **46**

5.4.6　第 6 层：集成层 …… **46**

5.4.7　第 7 层：QoS 层 …… **46**

5.4.8　第 8 层：信息架构层 …… **47**

5.4.9　第 9 层：治理层 …… **47**

5.4.10　进一步研究分层视图的用法 …… **47**

5.5　IT 系统视图 …… **48**

5.6　案例研究：Elixir 的架构概述 …… **53**

5.6.1　Elixir 的企业视图 …… **53**

5.6.2　Elixir 的业务流程 …… **54**

5.6.3　Elixir 的数据及信息 …… **54**

5.6.4　Elixir 的技术推动力 …… **55**

5.6.5　Elixir 的分层视图 …… **56**

5.6.6　Elixir 的 IT 系统视图 …… **57**

5.7　小结 …… **58**

5.8　参考资料 …… **59**

第 6 章　架构决策 …… **60**

6.1　为什么需要做架构决策 …… **60**

6.2　怎样开始进行架构决策 …… **61**

6.3　创建架构决策 …… **62**

6.4　案例研究：Elixir 的架构决策 …… **67**

6.5　小结 …… **69**

第 7 章　功能模型 …… **71**

7.1　为什么需要功能模型 …… **71**

7.2　可追溯性 …… **73**

7.3　制定功能模型 …… **74**

7.3.1 逻辑层面的设计 …… **75**

7.3.2 规格层面的设计 …… **79**

7.3.3 物理层面的设计 …… **89**

7.4 **案例研究：Elixir 的功能模型** …… **91**

7.4.1 逻辑层面 …… **92**

7.4.2 规格层面 …… **94**

7.4.3 物理层面 …… **97**

7.5 **小结** …… **98**

7.6 **参考资料** …… **99**

第 8 章 操作模型 …… **100**

8.1 **为什么需要操作模型** …… **101**

8.2 **可追溯性与服务级别协议** …… **102**

8.3 **制定操作模型** …… **104**

8.3.1 概念操作模型 …… **105**

8.3.2 规格操作模型 …… **116**

8.3.3 物理操作模型 …… **122**

8.4 **案例研究：Elixir 的操作模型** …… **132**

8.4.1 COM …… **132**

8.4.2 SOM …… **137**

8.4.3 POM …… **138**

8.5 **小结** …… **140**

8.6 **参考资料** …… **141**

第 9 章 集成：方式与模式 …… **142**

9.1 **为什么需要进行集成** …… **142**

9.2 **集成方式** …… **143**

9.2.1 用户界面的集成 …… **144**

9.2.2 数据层面的集成 …… **144**

9.2.3 消息层面的集成 …… **147**

9.2.4 API 层面的集成 …… **149**

9.2.5 服务层面的集成 …… **150**

9.3 集成模式 …… **152**

    9.3.1 同步的请求 – 响应模式 …… **152**

    9.3.2 批次模式 …… **153**

    9.3.3 同步的批次请求 – 应答模式 …… **153**

    9.3.4 异步的批次请求 – 应答模式 …… **153**

    9.3.5 存储并转发模式 …… **154**

    9.3.6 发布 – 订阅模式 …… **154**

    9.3.7 聚合模式 …… **154**

    9.3.8 管道与过滤器模式 …… **155**

    9.3.9 消息路由器模式 …… **155**

    9.3.10 消息转换器模式 …… **156**

9.4 案例研究：Elixir 的集成视图 …… **156**

    9.4.1 标签 1 ~ 5 所表示的数据流 …… **157**

    9.4.2 标签 6 ~ 8 所表示的数据流 …… **158**

    9.4.3 标签 9 ~ 10 所表示的数据流 …… **158**

    9.4.4 标签 11 ~ 12 所表示的数据流 …… **158**

9.5 小结 …… **159**

9.6 参考资料 …… **160**

第 10 章 基础设施问题 …… **161**

10.1 为什么要把基础设施做好 …… **162**

10.2 需要考虑的基础设施问题 …… **162**

    10.2.1 网络 …… **163**

    10.2.2 托管 …… **165**

    10.2.3 高可用性与容错性 …… **169**

    10.2.4 灾难恢复 …… **178**

    10.2.5 能力规划 …… **178**

10.3 案例研究：Elixir 系统的基础设施问题 …… **181**

10.4 小结 …… **183**

10.5 我们现在讲到什么地方了 …… **184**

10.6 参考资料 …… **186**

第 11 章 分析架构入门 …… 187

11.1 为什么要做分析 …… 188

11.2 进行数据分析所采用的维度 …… 189

11.2.1 操作分析 …… 189

11.2.2 描述性的分析 …… 190

11.2.3 预测性的分析 …… 190

11.2.4 指示性的分析 …… 191

11.2.5 认知计算 …… 192

11.3 分析架构的基础 …… 194

11.3.1 分层视图中的各层及五大支柱 …… 195

11.3.2 水平层 …… 196

11.3.3 垂直层 …… 199

11.3.4 五大支柱 …… 201

11.4 架构构建块 …… 205

11.4.1 数据类型层中的 ABB …… 206

11.4.2 数据获取与访问层中的 ABB …… 207

11.4.3 数据存储库层中的 ABB …… 208

11.4.4 模型层中的 ABB …… 209

11.4.5 数据集成与整合层中的 ABB …… 210

11.4.6 分析解决方案层中的 ABB …… 211

11.4.7 消费者层中的 ABB …… 213

11.4.8 元数据层中的 ABB …… 213

11.4.9 数据与信息安全层中的 ABB …… 214

11.4.10 描述性的分析中的 ABB …… 215

11.4.11 预测性的分析中的 ABB …… 215

11.4.12 指示性的分析中的 ABB …… 217

11.4.13 操作分析中的 ABB …… 217

11.4.14 认知计算中的 ABB …… 218

11.5 小结 …… 219

11.6 参考资料 …… 220

第 12 章 架构经验谈 …… 222

12.1 各种敏捷开发观点应该加以融合 …… 222

12.2 传统的需求收集技术过时了 …… **224**

12.3 MVP 范式值得考虑 …… **225**

12.4 不要忙于应付各种事务 …… **226**

12.5 预测性的分析并不是唯一的分析切入点 …… **227**

12.6 领导能力也可以通过培养而获得 …… **227**

12.7 架构不应该由技术来驱动 …… **228**

12.8 开源软件很好，但要谨慎使用 …… **230**

12.9 把看似简单的问题总结起来 …… **230**

12.10 根据技术产品的核心优势来确定架构基线 …… **231**

12.11 小结 …… **232**

12.12 参考资料 …… **232**

附录 A 25 个实用小知识 …… **233**

附录 B Elixir 的功能模型（续）…… **252**

第1章 案例研究

我这个人专门解决难题，有什么事尽管拿来问！

生活脱离了环境，就如同船没有了帆。环境使得我们可以专注于手头的工作，它能给人一种方向感，也能给人提供一个理由，使我们觉得完成某件事情是值得的。信息技术（IT）和计算机工程等领域中的架构也是如此，它同样需要有一个存在的理由。我们必须对架构进行实例化，必须按照需要将其实现出来，以解决实际的问题。

笔者将在本章中描述一个虚构的案例，以演示问题的陈述。尽管笔者不会明确宣称它与某个真实案例有所对应，但读者在工作中或许真的就会遇到这么一个类似的案例。这种描述实际问题的案例研究，能为我们提供一个环境，使得 IT 或软件架构中的元素可以在这个环境中呈现出来。该环境可以说是软件架构得以存在的客观理由。

1.1 业务问题

有一家名为 BWM（Best West Manufacturers）的重型设备生产公司已经拥有稳定的客户群，主要开展机器和重型设备生产等传统业务。

行业展望分析和独立分析师的研究报告都指出：未来几年中，BWM 公司通过与新客户签订设备购买合约来增加其市场份额的机会是相当有限的。

董事会为此举行了将近两周的闭门会议。在经过多番构思和头脑风暴之后，参加会议的人员对会议成果进行了总结，并将其作为业务指示，传达给了公司的高层领导。他们要求公司极力提升现有客户群对售后市场的关注程度，并想办法使客户在售后市场中进行大量消费。

公司的高层管理者分析了董事会所下达的指令，他们认为公司必须把注意力集中在怎样向客户提供更多服务上。这意味着 BWM 不仅要做好设备本身的销售工作，而且还要提供更多的增值服务。这些服务可以帮助客户提升机器的使用效率，从而最大限度地提高生产量，也可以帮助客户减少意外的停机检修时间，还可以帮助客户尽早预见有可能出现的故障。

1.1.1 技术挑战

为了在提供机器的同时，向客户提供一套高价值的服务，BWM 需要打造一个高水准的 IT 系统作为公司的基本骨干。要构建这样一个健壮的企业级系统，就必须具有相关的 IT 知识，以便对其进行概念化、表述、架构、设计及构建，但公司内部现在明显缺乏这样的专业知识。

于是，很多问题接踵而至：

❑ 公司缺乏软件开发技能及专业知识。

❑ 公司对时下流行的先进技术接触得不够多。

❑ 公司对软件开发方法论接触得不够多，也没有足够的经验及专业知识。

❑ 公司没有一个能够安置企业级系统的 IT 基础设施。

技术团队在得到了公司的资助和支持之后，决定聘用一家顾问公司，来帮助本团队实现转型。于是这家顾问公司就过来了。

顾问公司把重点放在解决方案上，他们先挑出几个使用场景，然后将其表述成用例，以便使团队成员能够对即将要构建的这套解决方案所具备的复杂度、关键点和相关能力，有一个适当的了解及领悟。

本章将会描述其中某些关键的用例，这些关键用例具备如下特点：

❑ 它们主要是业务方面的用例。

❑ 实际的用例数量是比较多的，而本章所描述的用例只占其中的一小部分。

❑ 这些用例采用简单的语言和宏观的视角来描述，其中不包含技术表现形式或技术细节。

1.1.2 用例

在接下来的几个小节中，我们要描述几项系统特征，以刻画本系统所应提供的核心能力。这些能力用来表示一个可以完全发挥其能力的 IT 系统，该系统会参与到一个更大的生态环境中，该环境里整合了点对点的供应链，其中包括设备销售和售后市场的增值服务（这是本 IT 系统的重点所在），也包括优化之后的零部件供应库存。

下面将要演示四个用例，它们会构成本次案例研究的主题。

注意：本书所提到的"IT 系统"，都是指正在构建的这个系统或应用程序，而本书所提到的"系统"，也应视为"IT 系统"的同义词。此外，在进行案例研究时，机器与设备指的是同一个概念，因此，这两种说法可以交替使用。

1.1.3 在机器运转过程中进行实时处理与监控

系统应该能够处理从机器的仪表中所传进来的数据流，并实时地计算出关键性能与监测指标，也就是说，当数据从机器中的数码传感器等仪器内产生出来时，系统就要对其进行实时的处理与监控。许多项指标可以合起来形成有足够分量的信息，无论是哪种类型的机器，我们都可以通过这些由实时处理与监控而得到的信息，来了解该机器的状况。

实时处理的过程，应该发生在数据写入持久化设备之前。对于任意一台机器来说，每隔几毫秒就会有一条数据从中产生出来，而且多台机器也有可能会同时产生数据。

计算出来的指标，会写入持久化存储设备中，同时也会展示在可视化的监控面板中。该面板会按照数据的计算速度和生成速度，来更新其中的信息。

在发挥并利用这项能力时，IT 系统主要是与现场工作人员和监控主管进行交互的。

1.1.4 为新机器提供无缝的激活服务

这个系统应该是个随加随用的（on-board）系统，也就是说，用户要能够随时给其中添加新的机器。系统不仅要能够无缝且透明地支持新的机器，而且还必须迅速地完成这一过程。

客户购买了某台新机器之后，这台机器应该能够自动激活。也就是说，当客户初次使用机器，并且有数据从机器中的仪表里产生出来时，该机器就应该自动地向 IT 系统进行注册，以激活相关的服务。

此处所谓的无缝，意思是说：IT 系统在几乎不需要由用户来干预的情况下，即可处理好与新机器的添加有关的各方面问题。这包括收集工作现场的机器数据，将监测到的仪表读数实时展现出来，进行前瞻式的诊断，以及自动生成后续的工作定单（以应对机器中有可能出现的异常状况）。

在发挥这项能力时，IT 系统主要是和超级用户（Power User）进行交互的。

1.1.5 生成工作定单

系统应该能够提前判定并生成维护所需的工作定单（work order）⊖。它应该要能察觉到机器在运作过程中所出现的错误，并且要能在机器本身或其中的某个部件即将发生故障或崩溃时，提前将这一情况预测出来。

系统要能够智能地评估出机器所遭遇的状况到底有多严重，并且要判断出有没有可能把维护过程放在下一个维护周期中执行。在进行判断时，它需要决定是应该生成并立

⊖ 工作定单也称为工作指令。在不引起混淆的情况下，可简称为工单。——译者注

刻执行相关的工作定单，还是应该等到下一个维护周期再去进行维护。如果决定采用后一种办法，那么系统还要给相关人员发出警示信息。

整个这套流程都应该是自动化的，然而到了最终的验证环节时，维护人员可以决定是否真的要把系统所生成的工作定单中的指令，运用到机器上。

在发挥这项能力时，IT 系统主要是和维修主管进行交互的。

1.1.6 尽量减少在为全球客户提供服务时所产生的延迟

系统不应该给用户留下一种运作较为缓慢的印象。用户与系统之间的交互，以及系统所给出的响应，都应该比常见的企业级系统更加迅速，以防用户失去耐心。

系统要把分布在全球各地的用户全都覆盖到，但这并不应该增加系统的延迟时间，也不应该使系统的吞吐量变低。

系统要根据时间方面的敏感度和关键度，来对各项特性进行归类，并且优先保证那些较为敏感且较为关键的特性，可以具有最小的延迟时间和最大的吞吐量。比如，"在机器运转过程中进行实时处理与监控"，就是一项对时间要求比较严格的特性，因此，系统不应该给用户留下响应速度比较慢的印象，也就是说，系统要能够迅速展示机器的性能和监测到的指标等信息，以便给用户呈现出一种实时刷新的感觉。

无论什么人与系统相交互，这项特性都应该得到体现。

本章提到的这四个用例，应该视为 IT 系统所必须体现出的一些重要能力。这些能力，通常都是用上面所展示的业务用例来进行描述的。

此外大家还要注意，**业务用例**（business use case）与**系统用例**（system use case）是两个不同的概念。在进行用例分析时，我们固然不能陷入其中而无法自拔[⊖]，但同时，却也必须意识到业务用例与系统用例之间的区别。前者说的是系统应该提供"什么样的"能力，而后者说的则是系统应该"怎样"来实现这些能力。用例的定义，本身就是一门学问，我们要把它放在整个软件开发生命期的第一个阶段，也就是需求收集（Requirements Gathering）阶段中来完成。

1.2 小结

要想把软件开发的各个部分全都维系起来，IT 系统的架构可以说是至关重要的一

⊖ 原文是"use case analysis paralysis"（用例分析瘫痪），是指那种由于过度地进行用例分析，而导致相关信息无法有效整合的局面。——译者注

个元素。

　　在解决当前的问题时，我们经常容易采用过于庞大、过于宽泛的理论来描述它，即便是专业的软件架构师和系统开发者，也有可能会陷入这种状况中。因此，软件架构师在解决问题时，通常应该先缓一步，仔细想一想：**我是不是把这个问题解释得太复杂了？我是不是把这个问题推广得过于宽泛了？我是不是对 IT 系统的架构做了过多的处理？**

　　通过进行案例研究，我们可以为待解决的问题创造一种环境，并为其划定边界，这样做使得我们能够专注于目前所要解决的这个问题。

　　这种专注于解决当前问题的理念，使我迫不及待地想要沿着本书继续讲下去。（如果你也想成为一名务实的软件架构师，那就请继续阅读吧！）

第 2 章　软件架构是什么？为什么需要做软件架构

除非我信它，否则不可能全身心地投入其中。

如果你已经读到了这里，那么你应该是真心想要成为一名"务实的软件架构师"。我们不能仅仅把这个名号挂在嘴边，而是要在实际的软件与系统开发工作中运用这套理念做出优秀的产品。

软件架构师的做事风格多种多样，而且通常都很有意思。有的架构师喜欢做宏观的思考，喜欢随便拿一张纸画上几笔，或是在白板上画一些方框和线条，而且那些方框看上去好像长得都不太一样。有的架构师不先把宏观的架构情况了解清楚，就急着去研究细节问题。还有一些架构师则在这两种风格之间徘徊不定。因此，我们有必要澄清与软件架构相关的一些问题，以便形成一个大家都容易接受的理解方式，并且使大家对成功的软件架构师所担负的职责，有一个清晰的了解。

本章将会给出软件架构的一些背景知识，以及一些能够促使我们去做好架构工作的成熟价值理念。到本章结束时，我想大家应该能对软件架构中的一些关键元素具有清晰的认识。我们都是务实的软件架构师，我们要把实用的软件架构理念加以阐发，并在实践中将其推广开来。

咱们做一件写着 The PSA（发音是"thepsa"）的 T 恤穿上，怎么样？

2.1　背景知识

软件架构作为一门学科，已经有四十多年历史了，早期的软件架构，可以追溯到 20 世纪 70 年代。后来，由于系统开发工作变得更加复杂、更加关键，而且更加强调实时性，因此软件架构也得到了更为广泛的运用，并且成为主流的系统工程和软件开发工作中的基本内容。

与其他那些持续发展的学科一样，软件架构在诞生之初也面临着一些挑战，而且直到今天，也没有能够把所有的疑难全都解决掉。早期的软件架构师会用一些图表和文字来描述系统的结构及行为，但是他们在描述时所采用的这些办法，其清晰程度、一致程度和精确程度都不够高，而且也缺乏条理。软件架构的内容和工件，有各种各样的表示方法和记录方法，当年的架构师，想要寻找一种协调而易懂的伪语言（pseudo-language）或元语言（metalanguage），以便将这些表述方法统合起来。在学术研究的促进下，系统工程和计算机科学界的工作者取得了巨大的进步，他们提出了一些行之有效的做法和指导原则，使得架构师可以对软件架构的内容做出适当的表述，以便与利益相关者就架构的成果进行有效的沟通。

2.2　软件架构是什么

系统工程领域中的很多研究团体和个人，都对软件架构给出了自己的解读，他们从不同的视角阐述了怎样才能把软件系统的架构较好地表示出来。这些解读方式或视角，都有其合理的地方，它们本身并没有问题。笔者认为，Bass、Clements 和 Kazman（2012）给出的解释抓住了软件架构的本质：

程序或计算机系统的软件架构，指的就是系统的结构，该结构由软件组件、外部可见的组件属性，以及它们之间的关系而构成。

那么，这个定义意味着什么呢？

这个定义想要强调的意思，是说软件架构由粗粒度的构件（也就是软件组件）组成，这些构件，可以视为架构的构建块（building block，也称为组成单元或构造块）。我们把这种架构的构建块（architecture building block）简称为 ABB。每一个软件组件，或者说每一个 ABB（以后笔者会交替地使用这两个词），都具备一些外部可见的属性，它会把这些属性展示给架构中的其他 ABB。至于组件的内部细节究竟应该如何来设计和实现，则与系统的其余部分没有关系。软件组件是作为黑盒而存在的，也就是说，它的内部细节不会暴露给外界，它所暴露的只是一些属性，系统中的其他组件，可以协同利用这些属性，把系统想要展示给用户的能力实现出来。软件架构不仅要在最佳的粒度上确定系统中的 ABB，而且还要根据其展示出来的属性以及所要支持的能力，来描述每一个 ABB 的特征。软件架构师必须很好地确定出系统中的 ABB 及其属性与能力，这样才能把握住软件架构的要义。为此，我们要把确定 ABB 及其属性与能力所用的那套办法，用一种简洁、清晰、而又易于理解和交流的形式，正式地描述出来。

软件工程中的架构工作，指的是把系统分解或划分为一系列部件，使我们能够对每个部件都进行模块式的、迭代式的、渐进式的和独立式的开发。正如早前所说，这些部件之间可能会具备某些关系，当我们把这些部件交织起来或汇集起来时，应用程序的软件架构（也就是系统）就搭建出来了。

很对人对架构与设计之间的区别有着一些困惑。按照 Bass、Clements 和 Kazman (2012) 的说法，所有的架构都是设计，但设计却不一定是架构。某些设计模式确实可以令系统更加灵活、更加易于扩展，同时也可以使系统所要满足的边界条件得以明确，把这些模式说成架构模式，是没有问题的。但更具体地来说，架构所要强调的意思是把 ABB 当成黑盒，而设计所注重的则是软件组件的配置、定制以及内部的工作机理等方面。就软件组件来说，架构所关注的问题，仅仅是该组件的外部属性，而设计所关心的问题则更加宽泛，它不一定只会谈论该组件外部的那些属性，同时还有可能提到组件内部的实现细节。

值得注意的是，软件架构的原则是可以反复运用的，如图 2-1 所示。

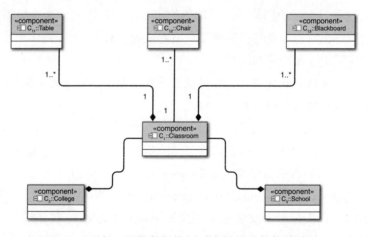

图 2-1　反复运用软件架构原则来描述组件依赖关系

我们可以把图 2-1 中代表 Classroom（教室）的软件组件 C_1，当成系统架构的一部分。除了 C_1 之外，架构中还有其他一些组件，架构师可以把组件 C_1 连同其属性、功能方面与非功能方面的能力，以及该组件与其他软件组件之间的关系，一并分享给系统设计者。像这种由各 ABB 之间的相互关系及其外部可见属性所构成的集合，就叫作架构蓝图（architecture blueprint）。设计者在分析了 C_1 这个软件组件之后，感觉它还可以细分为三个更小的组件，也就是代表 Table（桌子）对象的 C_{11}，代表 Chair（椅子）对象的 C_{12}，以及代表 Blackboard（黑板）对象的 C_{13}，每一个小的组件，都具备一些可供复用的功能，可以用来实现 C_1 所要具备的属性。设计者会对 C_{11}、C_{12}、C_{13} 这三个组件及其接口进行细化，并把这三个组件及其接口与关系，当成 C_1 这个软件组件的架构单元。然后，又可运用同一种思路，分别针对 C_{11}、C_{12} 及 C_{13} 继续进行细化设计，以解决其内部的实现问题。因此，我们可以把一个庞大而复杂的系统，分解为多个小的组成部分，然后对每一个部分继续进行细化，这种做法，就是对软件架构原则的递归式运用。

正如早前所说的那样，之所以要给系统制定架构，是为了厘清系统的范围，使其能够用适当的 ABB 来满足行为和质量方面的目标。无论什么样的系统，其架构都要能够较好地为利益相关者所理解，此处所说的利益相关者，既包括使用本架构来进行下游设计和实现的人，也包括给本架构的定义、维护及增强工作提供资金的人。本章稍后就会更加详细地讨论这些方面，不过笔者先要在这里强调一点，那就是沟通的重要性：架构是一种沟通媒介，通过它，我们可以和利益相关者就 IT 系统进行讨论。

2.3　为什么需要做软件架构

笔者是这样一种人：除非我能确信自己真的需要去做某件事，并且了解它的重要性和价值，否则，我就很难全身心地投入其中。如果读者也是这样的人，而且你也想了解软件架构的价值到底体现在哪里，那么就请继续往下看吧。

本节将会给出一些理据，来说明软件架构的重要意义。笔者之所以会极其热衷地从事架构工作，正是由于这些理据能够使我感到信服。

2.3.1　把架构视为交流工具

软件架构是一张蓝图，IT 系统的设计、构建、部署、维护及管理，都要依照这张蓝图来进行。很多利益相关者都想对系统架构有一个良好的理解，然而单单从某一个视角来切入系统架构，是无法满足所有人的。由于不同的利益相关者可能有着不同的需求与期望，因此，我们需要从多个角度来观察架构。

为了把架构的实质内容准确地告知利益相关者，我们需要从各种不同的角度来进行沟通。比如，在与业务的发起方进行沟通时，架构师一定要采用与业务有关的说法来交谈，例如要清晰地阐明该架构是怎样解决业务需求的。在与业务方面的利益相关者进行沟通时，架构师也要使他们确信：这个架构并不是那种原来已经尝试过但却没能取得成功的架构。架构师所选取的表现形式，应该要能展示出这套架构为了满足某些宏观的业务用例，是怎样把一个或多个 ABB 的能力结合起来的。这种表现形式（也就是观察点，本章稍后将会详述它）及展示形式，同时还要凸显出架构蓝图的价值，并把这套蓝图视为整个系统得以设计和构建的基础。架构蓝图的这种效用，按照业务术语来说，就叫做价值驱动力（value driver），我们最终需要依靠这种驱动力，来确保该架构能够获得足够的投资，这些资金，至少要能够使系统得以部署并稳定地进行运作。

架构的表现形式有很多种，技术团队可以根据自身所处的技术领域选用适当的形式。比如：

❑ 应用程序架构师（application architect）需要理解系统的应用程序架构，需要专注于功能组件、组件的结构以及组件之间的依赖关系，也就是说，他们需要从**功能架构**的视角进行观察。

❑ 基础设施架构师（infrastructure architect）可能对服务器的拓扑结构、服务器之间的网络连接状况以及服务器中各个功能组件的排布状况感兴趣（然而他们所关注的问题并不局限于这些），也就是说，他们需要从**操作架构**的视角进行观察。

❑ 业务流程的拥有者（business process owner）当然要了解架构所支持或加以自动化的各种业务流程，这些流程是通过对系统所提供的特性与功能进行编排而实现出来的，其实现方式，通常是把一个或多个业务组件所具备的各种能力加以协调。业务流程的拥有者所感兴趣的这些问题，可以用静态的业务组件视图及动态的业务流程视图来进行展示，也就是说，他们需要从**业务架构**的角度进行观察。

针对架构问题进行有效的沟通，可以促使我们就正确的解决方案与方法展开有益的讨论，并对各种方案进行分析及权衡，以做出相应的决策。这不仅可以确保利益相关者的意见受到关注，而且还能够提升架构本身的质量。

我们要用各种方式与多位利益相关者进行沟通，使他们都能够明白架构的价值，并且了解价值中与自己有关的那个方面，同时还要使他们积极参与架构的演化过程，这对架构是否能够适当地延续下去，会起到很关键的作用。

2.3.2　对项目规划施加影响力

我们在前面讲过，宏观层面上的软件架构，可以由一系列 ABB 以及这些 ABB 之间的相互关系和依赖情况所确定。我们也说过，ABB 还可以继续向下分解为一系列组件，这些组件之间，依然有着相互依赖的关系。在一般的软件开发过程中，我们通常要根据很多参数来排列系统的各项功能，以决定其优先顺序，这些参数包括：是否需要立刻展示系统的特性、是否需要先解决棘手的问题（用软件架构的术语来说，这些问题通常称为**架构上重要的用例**），以及季度的资本支出预算等。无论具体原因是什么，我们一般都需要对系统中某些特性之间的优先顺序进行规划。

对软件组件的实现进行规划时，可以参照 ABB 之间的依赖情况来进行，如图 2-2 所示。

以图 2-2 为例，组件 C_2 和组件 C_3，都依赖于组件 C_1 的功能，而组件 C_2 与组件 C_3 之间，则是相互独立的，于是，架构师就可以利用这一现象来对项目的规划过程施加影响。比如，如果有足够的资源（也就是有足够多的设

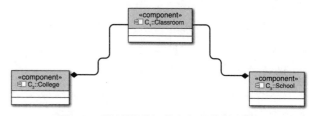

图 2-2　举例说明组件之间的依赖关系

计师），那么架构师就可以并行地规划 C_1、C_2 和 C_3 的设计工作，此外，（在有足够资源的前提下）也可以先把 C_1 实现出来，然后再去并行地实现 C_2 和 C_3。要想做好项目规划工作，就一定要对架构及其组件有适当的了解。架构师通常是项目经理的好搭档，在进行项目规划时，尤其如此。

架构师可以给项目的规划过程提供帮助，但是另一方面，项目规划团队通常也想更多地参与到架构事务中。架构组件的复杂程度，会对时间和资源（也就是专业技能和各种水平的专业知识）的指派和分配造成影响。

如果利益相关者不能够彻底地理解架构，那么对于具有一定规模的系统来说，其后续的设计、实现、测试计划以及部署等阶段，就会遇到巨大的困难。

2.3.3　关注非功能方面的能力

对软件系统在非功能方面的能力加以关注，是软件架构的一项关键职责。我们通常都说：如果在进行系统架构工作时没有对非功能型需求（nonfunctional requirement，NFR）给予足够重视，那么系统通常就会出现故障或发生崩溃，事实也确实如此。

在系统的非功能型需求中，可扩充性（extensibility）、可伸缩性⊖（scalability）、可维护性，以及性能和安全程度，是其中比较重要的几个需求。NFR 的特殊之处在于，它们本身虽然未必是组件实体，但是却需要架构中能够有一个或多个功能组件对其进行特别的关照。就这一点来说，架构中的非功能型需求，可以对这种功能组件的属性施加影响，并促使我们去增强其属性。考虑这样一个用例：系统需要把响应时间控制在 1 秒以内。系统架构师决定把 C_1、C_2 和 C_3 这三个组件结合起来，以实现该用例。在这种情况下，组件的特性所具备的本质特点及复杂程度，就规定了每个组件必须要在多长时间内完成其职责，例如 C_1 可能必须在 300 毫秒内完成，C_2 可能必须在 500 毫秒内完成，

⊖　也称可扩展性。在与 extensibility 并列时，为避免歧义，酌情译为可伸缩性、可缩放性。——译者注

C_3 可能必须在 200 毫秒内完成。由此或许可以发现一些线索，使我们能够看出为了展现、支持或遵照某些特性，还需要给 ABB 添加哪些属性。

要想做出设计精良、考虑周到的架构，就应该对系统中那些非功能型需求给予适当的关注。在软件开发的生命期中，这些需求应该放在架构定义阶段来考虑，而不能等架构确定好之后再去考虑。

从技术角度来看，如果我们在进行系统架构时，能够适当地关注并考虑非功能方面的需求，那么系统的故障风险就会大幅度降低。

2.3.4 与设计团队和实现团队做出约定

软件架构中的一项重要内容，就是确立工作原则、指导方针、工作标准以及架构模式，架构师要对这方面的问题进行记录，并与设计团队和实现团队进行沟通。

在进行沟通时，架构师不仅要谈论架构中的 ABB 以及各 ABB 之间的接口和依赖关系，而且还要谈到工作原则、指导方针、工作标准以及架构模式等问题，这些问题合起来可以构成一套约束规则及边界条件，从而为系统架构和系统实现工作的确立与开发划定出一个范围。有了这样的约束规则，设计团队和实现团队就可以避免一些毫无必要的创新活动，他们会把注意力放在如何遵循这些约束上，而不会想着去打破它们。

在沟通过程中，架构师应该确保设计团队和实现团队能够意识到这些约束的重要性，并且使他们意识到自己不应该去违背架构原则与系统约定。在特殊情况下，如果确实存在强有力的理由，那么可以容许某些违背约束的做法，但这只能是特例。

2.3.5 为影响力分析提供支持

有一种状况对大家来说应该不会太过陌生，那就是由于新需求失控而导致的范围蔓延（scope creep）。为了防止出现这种状况，项目经理需要对新需求进行理解和评估，以确定其对当前项目的工作日程所造成的影响。

如果项目经理是个经验比较丰富的人，那么就会在第一时间去询问项目的主架构师，并且请该架构师进行必要的影响力分析（impact analysis）。

前面我们说过，软件架构可以确定架构中的各个 ABB，也可以确定这些 ABB 之间的相互关系、依赖情况以及互动情况。因此，架构师可以对将要实现的新用例进行某种分析，以判断出架构中有哪些组件必须为此做出修改。架构师还可以根据新用例所需的信息交换和数据交换等操作，判断出架构中各组件之间的依赖关系是否也要进行修改。

需要进行修改的组件数量、修改的幅度以及实现新用例所需的额外数据或数据源，都与新用例对项目的工作日程所造成的影响有着直接的关系。我们还可以进行更加深入的分析，以判断出这些修改对项目所造成的影响，以及项目成本和相关风险的提升程度。在考虑成本问题时，组件的特征是相当关键的指标，因为组件的设计成本、实现成本以及后续的维护和增强工作所需的成本，在很大程度上都与组件的特征有关。

笔者刚才提出了 5 项理由，用以证明软件架构的重要性。读者或许还能提出更多的理由，以论证其重要性。尽管如此，但笔者还是决定就此打住，因为我觉得上述理由已经足以令自己确信其重要性了，而且这样做也与本书的主题相一致。在本书中，如果笔者感觉对某个话题已经讲解得恰到好处了，那么就会继续讲下一个重要的话题。笔者的目标，就是要通过这本书来分享自己的经验，告诉大家怎样才能把软件架构中的各项原则运用得刚刚好，读者可以把这个水准当成参考基线或参照系，并按照自己的需求来进行调整。

2.4　架构视图与架构视点

以软件架构为论题的书籍、文章、研究项目及相关刊物，都会带有各自的观点。不同的流派对架构有不同的看法，他们会按照各自的看法来做架构，并会将各自的做法加以推广。就本书的主题来说，笔者并不打算专门用一个章节把与软件架构有关的各种观点全都讲解一遍，而是只想展示下面的这种观点，因为笔者觉得它比较务实，而且运用起来较为流畅。

视图和视点

Philippe Kruchten (1995.11) 率先开始使用视图（view）与视点（viewpoint）这两个概念，来表达业界对软件架构的各种关注。Kruchten 是 IEEE 1471 标准的一位制定者，该标准明确规定了视图的定义，也引入了视点的概念。Kruchten 在论文（参见2.6 节）中，是这样来描述这两个概念的：

- 视点——视点是"一份规范书，用来描述构建视图和使用视图时所应依循的约定。它是一种模式或一份模板，用来确立视图的目标和受众，以及创建视图与分析视图所用的技巧，使得我们可以据此创建出不同的视图。"
- 视图——视图是"从某个角度对整个系统所做的一种表现，该角度是由一系列彼此相联系的关注点所确立的。"

IBM (n.d.) 定义了一套列架构视点，这就是 IBM IT System Viewpoint Library（IBM

IT 系统视点库）。笔者认为这套架构视点相当完备地涵盖了系统架构的各个方面。如图 2-3 所示，该视点库中包含 4 个基本视点和 6 个正交（cross-cutting）视点[⊖]。

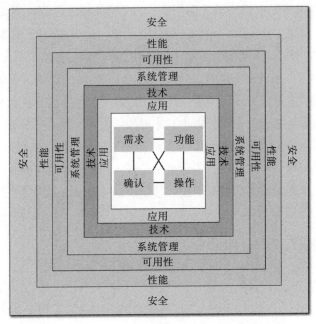

图 2-3　IBM IT System Viewpoint Library 中的视点（参见 2.6 节）

IBM IT System Viewpoint Library 中的四个基本视点分别是：

☐ **需求**（Requirement）——与该视点有关的模型元素，用来捕捉系统中的各种需求，包括业务需求、技术需求、功能需求以及非功能型需求。对于该视点来说，最为常见的捕捉手段是用例与用例模型。

☐ **解决方案**（Solution）——与该视点有关的模型元素，用来确定一套可以满足相关需求及约束的解决方案。此视点可以细分为两种：

　➢ **功能视点**（Functional）——此视点所关注的模型元素，从本质上来说，都是结构方面的元素，我们不仅要把元素本身实现出来，而且还要把元素之间的（静态和动态）关系建立好，以便用这些元素来构建系统。一般来说，此视点的细节，是通过功能架构来捕捉的，本书第 7 章将会专门讲解功能架构。

　➢ **操作视点**（Operational）——此视点关注的是怎样用结构元素来构建目标系统，以及怎样把功能视图部署到（由网络、硬件、计算资源、服务器等所构成的）IT 环境中。我们通常使用操作模型来捕获此视点的细节，本书第 8 章将会专

　⊖　这里的 cross-cutting，意思是说这 6 个视点都分别适用于那 4 个基本视点。——译者注

门讲解操作模型。

- **确认**（Validation）——通过此视点所建立的模型元素，主要用来评估系统的能力，以确保该系统能够体现出预定的功能，并且能够提供质量合格的服务。我们通常会把功能和非功能方面的测试用例当作验证标准，以判断该系统是否具备预定的能力。

从图 2-3 中可以看出，这 4 个基本视点是相互关联的。功能视点与操作视点，可以合起来实现需求视点，并为其提供支持，而这两个视点，又是通过确认视点得以验收的。为了把这张图画得明确一些，笔者并没有专门标出"解决方案"视点，而是直接把构成该视点的功能视点和操作视点画在了图中。

视点库中还有 6 个正交视点。在图 2-3 中，4 个基本视点周围的那 6 个同心正方形，就是用来表示这 6 个视点的。笔者之所以用这样的方式来画图，是想表达这 6 个正交视点对一个或多个基本视点所造成的影响。

这 6 个正交视点分别是：

- **应用**（Application）——该视点专注于满足系统所宣称的业务需求。对于该视点来说，应用架构师扮演着主要角色。

- **技术**（Technical）——该视点关注的是硬件、软件、中间件（其定义请参阅第 5 章）以及打包的应用程序，这些内容合起来可以实现应用程序的功能，并使得应用程序能够运作。对于该视点来说，基础设施架构师和集成架构师扮演着主要角色。

- **系统管理**（Systems Management）——该视点关注部署之后的管理、维护，以及系统的运作。对于该视点来说，应用维护和管理团队扮演着主要角色。

- **可用性**（Availability）——该视点关注怎样才能把系统构建起来，并令其保持可用（比如，怎样才能使系统的正常运行时间达到总运行时间的 99.5%），以便满足预先达成的服务级别协议。对于该视点来说，基础设施架构师扮演着主要角色，而应用架构师与中间件架构师，则会为前者的工作提供支持。

- **性能**（Performance）——该视点关注的问题是，怎样令系统的性能可以满足预先达成的服务级别协议（比如，从用户发出请求到系统给出应答，这之间的平均延迟时间要控制在 400 毫秒以内）。对于该视点来说，应用架构师扮演着主要角色，而中间件架构师和基础设施架构师，则会为前者的工作提供支持。

- **安全**（Security）——该视点关注的是安全方面的系统需求，例如单点登入（single sign-on）、数据传输协议的安全程度，以及防止入侵等。某些安全需求（例如单点登入）主要是由应用架构师来处理的，而确认数据协议（例如 HTTPS 协议、安全套接字协议）的安全程度以及防止网络入侵等需求，则主要由基础设施架构师来处理。

每一个基本视点和正交视点背后，都隐藏着很多细节。这些视点均各自对应于一套元素，这些元素合起来能够描述出自身的特征及职责。如果理解了这些元素，那我们就能够深入地观察到每个视点的实现方式。尽管隐藏在每个基本视点和正交视点背后的细节有很多，然而笔者此处所要强调的内容，是大家应该意识到它们的存在，并且意识到我们必须从其中的每一个视点或绝大部分视点来对系统的架构进行观察。这种意识很重要。

笔者曾经对很多视点框架做了研究，我感觉其中的绝大多数框架，在基本形式的层面都有着一些共性。之所以会有这种共性，其原因在于：每个框架都想要确立一套相互补充的视角，并且想通过这些视角来观察系统的架构，以便全面地覆盖架构中的各个方面。

我们需要在各种视点框架之间做出选择，或者说，我们至少要从那些特别成熟、特别稳固而且特别持久的视点框架中进行选择。在选择时，大家应该根据自己的需求以及使用视点框架时的舒适程度来进行判断。

2.5　小结

人类必须首先确信自己所从事的工作是有价值的，然后才能全身心地投入其中，我们必须首先确信自己所做的工作会有成效，然后才有热情去做好这份工作。

笔者在本章中向大家阐述了自己的想法与信念，笔者认为软件架构是有价值的。因为软件架构是否明确，与软件系统能否成功之间是有着一定关系的。于是，笔者就给出了软件架构的定义（软件架构是什么？），并且强调了它的价值（为什么需要做软件架构？）

本章还介绍了架构视图与架构视点这两个概念，并且简要地描述了一套笔者经常会参考的视点库。

第 3 章将要强调软件架构中的各个方面，而本书的其余内容，也会讲到这些方面。这场好戏，才刚刚开始。

2.6　参考资料

Bass, L., Clements, P., & Kazman, R. (2012). *Software architecture in practice*, 3rd ed. (Upper Saddle River, NJ: Addison-Wesley Professional).

IBM. (n.d.) Introduction to IBM IT system viewpoint. Retrieved from http://www.ibm.com/developerworks/ rational/library/08/0108_cooks-cripps-spaas/.

Kruchten, P. (1995, November). Architectural blueprints—The "4+1" view model of software architecture. *IEEE Software, 12*(6), 42–50. Retrieved from http://www.cs.ubc.ca/~gregor/teaching/papers/ 4+1view-architecture.pdf.

第 3 章　恰到好处地把握架构中的重要方面

你把边界定好，看我怎么在里面大显身手。

第 2 章强调了一些理由，那些使我们确信：凡是要开发具有一定规模的系统，就必须要重视该系统的软件架构工作。看完该章之后，读者可能会去详细地了解各种架构视图和架构视点，或是去阅读不同的软件架构学派就软件架构中的其他一些方面所写的文章。现在，你可能会想："架构中最需要关注的是哪些方面呢？我应该从哪里入手呢？面对下一次架构工作，我是否能有充足的准备呢？"能够想到这些问题，那是相当自然的事情。

这是一本注重实效的书，笔者尤其想要告诉大家，怎样才能找出软件架构中的重要领域，以及如何在每个领域中恰到好处地把握住当前任务的本质。请大家遵循 PSA（实用软件架构）精神，发展和完善该理念，并且一起来运用它。

本章将要强调架构中的一些方面，笔者认为我们应该花费适当的时间和精力，并通过充分的努力，来恰到好处地把握住这些方面。在开发具有一定规模的 IT 系统时，如果我们能够做到这一点，那么就可以使自己的工作成果变得有价值。

3.1　软件架构中需要关注的一些方面

任何一种软件架构，都含有多个方面，而且其中某些方面可能还会变得令人畏惧，（从架构的角度来看，）这通常都是因为过分关注细节而导致的。要想避免这种情况，就必须选出一些合适的观察面，使得这些方面不仅能够涵盖解决方案中的诸多侧面，而且能够令我们可以与利益相关者进行有效的沟通。此外，对观察面所进行的选择，还取决于当前这个系统的固有复杂程度。当然，架构师的个人喜好，也是一个因素。

前面说过，本书的主题是怎样恰到好处地把握住架构工作，因此，笔者只会专门讲解那些自己认为对系统的成功会起到必要和充分作用的架构工作，即便面对特别复杂的系统，我们也依然应该把重点放在这些工作上。

本书要讲解下列几个方面：

❏ **系统环境**（System Context）——描述 IT 系统（通常表示为黑盒）与外界实体（外界系统及终端用户）之间的交互情况，并确定系统与外部实体之间的信息流与控制流。它用来阐明、确认并捕获本系统的运作环境。这些外围系统及其接口，以及信息流与控制流的性质，都是我们在为本架构中的技术工件拟定下游规范时所应考虑的问题。

❏ **架构概述**（Architecture Overview）——通过简洁而清晰的示意图，演示软件架构中的主要概念元素，以及这些元素之间的关系。架构概述图可以在不同的层级上绘制，也就是说，我们可以绘制企业级的视图、IT 系统级的视图以及分层的架构视图。这些视图有助于展示出能够为 IT 系统提供支持的架构工件。这些工件都是宏观的符号，有待以功能模型和操作模型的形式做进一步的细化。此外，总览图还描绘了企业在构建 IT 系统（尤其是当前这个 IT 系统）时所遵循的战略方向。

❏ **架构决策**（Architecture Decision）——提供一个坚固的工件，以捕获架构方面的相关决策。这些决策通常是围绕这几个问题而展开的：确定系统的结构，为满足集成方面的需求而确定中间件，把系统的功能与架构中的每个组件（或架构中的每个构建块，也就是 ABB）对应起来，把各 ABB 安排到架构中的各层里，服从并遵守相关的标准，选定实现某个 ABB 或功能组件所用的技术等，除此之外，可能还有其他一些问题也需要做出决策。凡是对满足架构中的业务目标、技术目标和工程目标比较重要的决策，都应该捕获成架构决策。需要记录的内容包括：问题的确定过程，对各种解决方案及其优缺点的评估过程，解决方案的选择过程，选定某个方案时所依据的理由，以及对下游的设计和实现有所帮助的相关细节。

❏ **功能模型**（Functional Model）——也称为组件架构或组件模型。它用来描述、定义并捕获软件架构的分解方式，使得架构可以分解为多个 IT 子系统，每一个子系统都是一个逻辑群组，用来容纳相关的软件组件。这种工件会从软件组件的角度来描述 IT 系统的结构，同时也会指出组件的职责、接口、静态关系以及协同运作机制。这些组件需要按照该机制进行运作，以便使系统能够具备预期的功能。此工件在迭代开发过程中，会经历多个阶段的细化（elaboration，精化）。

❏ **操作模型**（Operational Model）——表示一个由计算机系统所构成的网络，此网络不仅会为某些非功能的系统需求（例如性能、可扩展性以及容错能力等）提供支持，而且还能够运行中间件、系统软件以及应用软件组件。此外，它还定义了计算机系统的网络拓扑结构及相互连接情况。与功能模型一样，操作模型在迭代开发过程中，也要经历多个阶段的迭代和细化。

- **集成模式**（Integration Pattern，整合模式）——指的是一系列最为常见的可复用模式，这些模式专门用来对某些技术进行简化和整理，使得当前系统能够更加流畅地用这些技术与其他相关应用程序及系统进行连接与沟通。它可能会利用中介（mediation）、路由（routing）、转换（transformation）、事件探测（event detection）、信息代理（message brokering）及服务调用（service invocation）等架构模式。
- **基础设施架构**（Infrastructure Architecture）——专注于基础设施的开发工作，这些设施包括服务器、存储设备、硬件、工作站、非应用程序型软件以及实体设备等，它们用来为应用程序的开发、测试、部署、管理及维护工作提供支持。

大家一定要意识到：只要系统能够适当地运转，它就具备可用性。然而对于基础设施方面来说，为了保持系统的这种可用性，我们必须把系统与用户交互时的延迟时间和周转时间（turnaround time）处理好，同时还要保证系统能够具备适当的运算能力，以支持功能和非功能方面的需求。

3.2　小结

做事恰到好处，是一种极其难得的境界，很多行业的工作者都缺乏这种智慧。

笔者在本章只是确定并（非常简短地）描述了架构中的某些方面，它们是软件架构开发工作得以成功的必要和充分条件。

首先我们要从系统环境方面来考虑，把 IT 系统当成一个黑盒，并且只描绘出这个黑盒与外部的其他应用程序及系统之间的连接和信息交换情况。架构概述可以展示出系统架构中的构建块（ABB），并使架构师可以由此对系统的内部情况有一个初步的了解。功能模型使得架构师可以看到架构的子系统视图，该视图不仅能够对各项功能进行系统化的分组，而且还能够描述出每个功能组件（也就是软件组件）展示给外界的接口以及这些组件本身需要使用的接口。操作模型强调了拓扑结构的定义方式，使得我们可以把功能组件放置在拓扑结构中的适当位置上，以便在系统运行时能够正确地操纵这个系统。集成模式会对一些机制和技术进行细化，以确定出一些可供复用且易于缩放的技术，使得本系统能够与其他一些应用程序、系统及数据库简便地集成起来。基础设施架构强调的是实际的服务器、硬件、网络以及它们在数据中心和相关设施中的放置位置。架构决策是至关重要的一项工作，我们在用架构的方式来解决某些特定问题的过程中，会考虑到各种不同的方案，而架构决策则可以把我们对这些方案所产生的想法收集起来。

好了，说完这些之后，我们该讲一些更实在的内容了。

第4章 系统环境

我的环境就是我的意识，这种意识能把我和多重宇宙连接起来。

本书第 1 章讲的是案例研究，笔者当时说过：给系统设定一个环境，是相当重要的一件事情，因为这样做能够促使我们把注意力放在将要完成的任务上。说得通俗一些，IT 系统必须了解周边的环境，尤其要知道自己在日常运作中需要与其他哪些系统和客户打交道，而且还必须会讲特定的语言，以便与外部的那些系统有效地进行沟通并交换相关的信息。

从技术角度来说，我们应该尽早把将要开发的这个应用程序或系统所处的环境确定下来，因为系统或应用程序在演化过程中，会与周边的用户及其他系统进行互动，并且会产生一定的相互关系，而尽早确定本系统所处的环境，则可以使我们更好地了解这些互动情况及相互关系。了解这些情况之后，架构师就可以更恰当地理解本系统将会怎样与边界外的其他实体共存并交互。

本章专门讲解 IT 系统的系统环境（System Context）[⊖]。这个系统环境中除了含有本系统之外的其他一些系统，还含有本系统与外部系统之间的信息流，本系统必须注意或必须响应的一些外部事件，以及一系列的用户概况（user profile）[⊜]。为了利用本系统所提供的能力，不同类型的用户需要以各自的方式来访问本系统，并与本系统进行交互，而这些概况文件，则可以将用户的访问方式及交互方式描述出来。为了把本书写得流畅一些，笔者将交替地使用 IT 系统（IT System）与系统（system）这两种说法。

4.1 业务环境与系统环境之间的辨析

在定义系统环境时，究竟应该把哪些内容划到这个环境中呢？这是个容易引发争论

⊖ 也称为系统情境、系统上下文。——译者注
⊜ 也称为用户概要、用户概貌、用户画像、用户配置文件、用户资料档、用户特征档、用户档案。——译者注

的问题。我们经常感觉自己很难判断出系统的边界到底应该划在哪里。是应该仅仅考虑企业内部的这些实体，还是应该把参与该系统的其他组织也认定为环境中的实体？如果我们对系统环境的表现形式不能达成一致，那么在展示应用程序的系统环境时，就很有可能会碰到这个问题。

　　根据业界最初的定义，凡是位于企业范围之外的实体，都可以说是处在当前系统的"业务环境"（Business Context，商务环境）中。业务环境提供了一幅宏观图景，使得我们可以从用户社群之间的交互及信息交换的角度，来理解企业间的关系。业务环境由一张或多张图表组成，这些图表勾勒出企业的边界。业务环境中的常见实体有：消费者（consumer）、供应方（supplier）、结算方（clearinghouse）、监管方（regulatory body）以及信用卡公司等外部的服务提供方。

　　业务环境这个概念，还有另外一种解读方式。我们可以把业务环境当成组织级别的视图，这种视图能够展示出企业与组织之间是怎样彼此关联起来的，此外，如果组织之间需要进行信息交换，那么这种视图还可以指出信息交换的类型。业务环境图对 IT 系统的设计是有好处的，因为设计者可以据此了解企业内部各系统之间的交流情况，以及企业内部同企业外部之间的交流情况，并对这两种交流之间的比例有一个初步的认识。如果我们所构建的系统会极大地依赖于外部组织，那么对上述交流情况所做的理解，就显得尤为重要了。业务环境并不会在各种用户和角色之间加以区分，而是将其统称为与业务进行互动的"用户社群"（user community）。比如，我们要为某大学构建一个软件。在这种情况下，该大学可能会成为业务环境的中心实体，由于该实体要向政府请求拨款，而且还要接受监管机构的检查并获得监管机构的认可，因此，这个实体与政府之间有依赖关系；由于 IT 界可能会请求该实体开展一些研究项目并提供一些教育服务，因此该实体与 IT 界之间有依赖关系；由于该实体需要向用户社群提供硬件及软件支持，因此它和用户社群之间有依赖关系；又由于该实体要获取其他学校的学生记录，因此它还与大学联盟中的其他学校之间有依赖关系。图 4-1 演示了这个范例。

　　要想开发出一个能够为业务提供适当支援的系统，我们就必须理解业务环境，尽管如此，但我们同时要明白：业务环境图所表示的并不是当前正在构建的这个应用程序或系统。而且业务环境图也未必是一个 IT 工件。

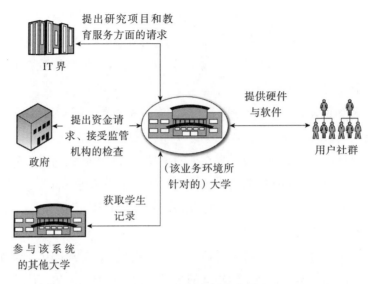

图 4-1　业务环境图的范例

与业务环境不同，系统环境是专门用来关注 IT 系统的。它可以利用业务环境来确定外部的组织，等到把本 IT 系统与外部组织之间的依赖关系确定好之后，系统环境就要开始专注于确定每一个组织内部的 IT 系统与应用程序了，因为我们当前所要构建的这个 IT 系统，正需要和那些组织中的其他 IT 系统进行交互和通信。完成上述工作之后，我们可以得到一张系统级别的视图，该视图能够把需要纳入整个解决方案中的那些外部系统涵盖进来。因此我们可以认为：系统环境不仅对业务环境做了分解，而且还根据业务环境所提供的信息，指出了业务环境中的构建（例如用户社群和组织）与系统环境中的构建（例如用户角色及企业内的系统）之间的关系。大家一定要注意，系统环境所说的"外部"一词，并非指某个实体一定位于本企业的范围之外。只要这个实体（用户或系统）不在我们当前要做的这个系统中，那它就是个外部的实体，无论该实体是位于本企业的范围之内还是范围之外，我们都可以这样说。

4.2　捕获系统环境

务实的软件架构师，总是会专注于手头的工作。这意味着我们必须对系统环境中的必备工件达成共识并将其确定下来，然后加以分析。因此，当前的首要任务，是先把自己对系统环境的理解记录成文档。

捕捉系统环境时，首先要绘制系统环境图（System Context diagram，系统关系图）。

这张图要把待构建的系统表示成黑盒(也就是说,要把系统的内部结构和设计隐藏起来),要描绘出系统与外部实体(也就是外部系统及终端用户)之间的交互情况,同时也要指出本系统与其外部实体之间的信息流及控制流。注意,这里所说的外部实体,并不一定要位于整个企业之外。在谈论系统环境时,即便是企业内部的某个应用程序或数据库,也完全可以当作本系统的外部实体来看待。

对于当前系统来说,我们应该对下列两个方面进行捕获:

❑ 系统环境图

❑ 信息流

读者可能还会想出其他一些应该加以捕获的方面,但是笔者要再次提醒大家:务实的软件架构师,只会关心怎样才能把事情做得恰到好处。

下面几个小节将着重讲解那些需要用文档来记录的工件,并解释我们应该在何种程度上进行捕获,才能将其做得恰到好处。凡是记录下来的相关工件,都可以称为"工作产品"(work product,工作成果)。

4.2.1 系统环境图

要想理解系统环境图,最好的办法就是来看一个例子。笔者虚构了一个针对银行业的解决方案,并将其系统环境图画在了图 4-2 中。之所以选择银行业,是因为这种实体广为人知。

首先要记录下来的一种工件,就是用户(或用户概况)。用户会通过一系列传输渠道(delivery channel)$^{\ominus}$与系统相交互,例如通过终端设备或应用程序来访问 IT 系统。我们可以把用户、角色及渠道画在系统环境图的左侧,虽然这并非硬性规定,但 IT 界通常都这么做。记录系统环境中的工作产品时,笔者建议你在图中的主要部分之外再开辟一个区域,用来捕获与用户角色(或用户概况)及传输渠道有关的细节。

我们通常根据用户在组织内所扮演的各种角色来对用户进行分类,而用户概况(user profile)则需要由一系列特征和属性来确定。不过在实际的工作中,我们可能会把用户角色和用户概况当成同一回事。图 4-2 中的客户关系经理、风险管理经理以及客户,分别表示三种用户角色。针对每一种用户角色或用户概况,我们都应该记录下列信息:

❑ 对该角色以及此类用户访问系统时的情境所做的描述。

❑ 对用户想从系统中获取的各类信息所做的描述。

❑ 一位扮演某个特定角色的典型用户,在给定的时间单位之内所执行的交易量。

　　$\ominus$　也称为传送渠道、传送通道、通信通道。下同。——译者注

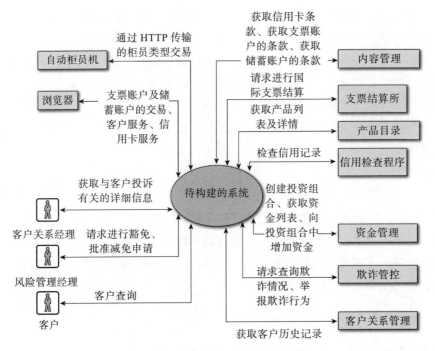

图 4-2　系统环境图的范例

需要加以记录的第二类工件，是用户与系统进行交互时所借助的各种渠道。与用户概况类似，传输渠道方面的细节信息，最好也能够单独用一个区域来进行捕获。比如，图 4-2 就把浏览器与自动柜员机（ATM）这两个传输渠道全都画到了左上角。在捕获传输渠道方面的工件时，我们至少应该记录下列信息：

- 对渠道本身所做的描述，以及对通常使用该渠道与系统相交互的用户类型所做的描述。比如，浏览器、移动设备等。
- 渠道所支持的网络及带宽。比如，T1 线路、802.11a/b/g、调制解调器（modem）等。
- 向系统传输数据以及从系统中获取数据时所使用的访问协议。比如，HTTP 协议、套接字（socket）协议等。

需要加以记录的第三类工件，是一些外部系统，当前的 IT 系统为了实现某些功能，必须与这些外部系统相交互。一般来说，我们需要先进行大量的需求分析，然后据此确定应该把哪些外部系统纳入解决方案的范围中。为了对这种需求分析所得到的结果进行记录，我们必须撰写充足的文档。与前面两种工件类似，在记录外部系统时，最好也能将其专门画在某个区域中。具体到图 4-2 来说，凡是位于"待构建的系统"这一中心元素右侧的内容，全都属于我们想要展示的外部系统，从最上方的"内容管理""支票结算所"，到最下方的"客户关系管理"，都是如此。在捕获外部系统时，至少应该记录下列信息：

- 对外部系统所做的概括描述，以及与外部系统和本系统之间的邻接情况有关的信息。比如，外部系统可能位于本企业的内网中，可能位于由业务所划定的外网中，可能位于公共互联网上，也可能位于另一个组织的网络中。
- 与外部系统进行对接时所使用的访问协议。比如，HTTPS 协议（安全的 HTTP 协议）、套接字协议，以及某些专有的访问机制等。
- 为了促进与本系统之间的集成工作，外部系统已经支持或应该支持的数据格式。
- 在与外部系统进行交互时所必须遵守的相关要求。
- 对外部系统的非功能型需求进行描述的规范书，例如规范书中可以描述安全性、可用性以及信息吞吐量等。注意，我们不一定要把外部系统中每一项非功能型需求全都记录下来，而是可以只记录其中对本系统的设计与架构可能造成影响的那一部分。

如果采用适当的方式加以记录，那我们应该就能根据用户概况、传输渠道以及外部系统的细节信息等内容，绘制出一张较好的系统环境图。但我们用目前所捕获到的这些内容所绘制出来的视图，只是一张针对系统环境的静态视图，它里面仅仅包含了用户角色和概况、信息传输的渠道以及外部的系统。而为了得到更加完整的视图，架构师在理解静态视图的同时，还需要理解动态的系统环境视图，要想获取这种视图，就必须把本系统与外部系统之间的信息交换情况确定并捕获下来。4.2.2 节专门讲解怎样通过信息流来绘制动态视图。

4.2.2　信息流

信息是无处不在的。若没有信息，这个世界还能够运转吗？如果不能，那么系统环境中怎么可以缺了它呢？在描述系统特征时，我们所要确定的一项基本要素，就是当前 IT 系统与外部系统、用户及传输渠道之间的信息交换情况。信息流可能会以批量模式来进行传送（比如，每隔一段时间就传送一批信息），也有可能会实时地进行传送（比如，在生成操作数据和处理数据的同时，就立刻把它们传送出去），还有可能以接近实时的方式来传送（比如，有一家生意比较好的杂货店，它的销售点终端机（point of sales terminal，POST）就可能会以接近实时的方式来传送交易数据）。我们在定义整体的软件架构时，一定要把信息及其特征作为系统环境的一部分加以记录。

信息流通常采用一个短语来表示，这个短语既可以是名词形式，也可以是动词形式。究竟选择哪一种形式，可以根据个人的喜好来定，但是选好了之后，就应该一直使用这种形式。笔者选的是动词形式，例如图 4-2 在描述待构建的系统与外部的支票结算系统之间的信息流时，使用的就是"请求进行国际支票结算"这一动词短语。尽管笔者选的是动词形式，但大家依然可以按照自己的喜好来进行选择，你喜欢哪种形式，就请选择哪种形式。

在描述每一条信息流时，我们至少应该捕获下列工件：

☐ 对流动在本系统与用户、传输渠道及外部系统之间的信息所做的描述。

☐ 该信息流所属的类型。它可以是批量信息流、实时信息流或接近实时的信息流。

☐ 每个时间单位内应该支持的交易量。

☐ 典型的信息流中所包含的数据类型。

☐ 每条信息流中传输的信息量。

☐ 每条信息流的执行频率。

上述列表并没有提到本系统与外部实体之间的交互顺序问题。如果两个系统之间有着一连串的信息流，那么我们可能需要把这些信息流之间的先后次序也记录下来。

捕获信息流是一项很重要的任务。笔者很自然地就能想到一些理由来论证它的重要性，下面列出其中值得注意的几条：

☐ 信息流能够确定一系列重要的信息实体，对于正在构建的这个软件来说，这些实体将会对最终的信息模型造成影响。

☐ 通过对信息元素进行分析，我们可以理解外部系统所支持的数据格式。比如，位于本企业范围之外的那些系统，其所支持的数据格式通常都会与当前的 IT 系统打算支持的格式有所区别，因此，我们需要把数据传输方面的需求确定下来，使得这两个系统能够正常地进行交互。

☐ 外部系统所使用和支持的网络访问协议及数据访问协议，可能会与当前的 IT 系统打算支持的协议有所区别。于是，协议方面的这种区别，就会给应用程序的集成工作提出一些技术要求。我们通常会选用适当的技术适配器（technology adapter）来满足这些要求。技术适配器一般会对外部系统和本 IT 系统在数据格式及访问协议方面的区别进行规范化处理。集成架构会为本系统的架构、设计、构建及运行工作提供支持，而对技术适配器所做的选择，正是集成架构中的一项重要事务。

☐ 在定义系统或应用程序的架构概述（architecture overview）时，数据、协议以及网络适配器，都属于其中的基本成分。实际上，外部系统的异质性（heterogeneity），会对本架构中的各个层面造成影响。（架构概述将在第 5 章中讲解。）

业务流程建模（business process modeling）是一种自顶向下的需求收集方式，可以用来对位于业务转型计划或 IT 转型计划范围之内的业务流程，进行分析及理解。规模比较大的业务流程，可以拆分为一系列小的流程、活动或任务，其中某些活动或任务，需要与外部系统进行交互或集成，这在形式上一般表现为系统之间的数据依赖。这样的活动，可以与我们所定义的一条或多条信息流对应起来，进而使我们能够据此来确定：本系统的需求与该系统在实现此需求时所依赖的外部系统之间，究竟有着怎样的重要关系。对于一套高效而有条理的软件开发生命期机制来说，这种对应关系是该机制的一块基石。

如果软件架构师能够较好地捕获系统环境图和相关的信息流，那么就可以开始用恰到好处的信息来表述应用程序的架构了。

4.3　案例研究：Elixir 的系统环境

如果大家已经对系统架构中应该重视的那些方面和应该生成的那些工件有了很好的理解，那么你应该去构思一套模板。这样的话，无论要构建何种系统，你都可以试着用这套模板来捕获它的系统环境。

为此，我们来做一个案例研究，也就是给 Best West Manufacturers 公司架构、设计并构建一个代号叫做 Elixir 的 IT 系统。笔者将和大家一起，用前面讲过的那些工件来捕获 Elixir 项目的系统环境。

4.3.1　Elixir 的系统环境图

图 4-3 描绘了 Elixir 项目的系统环境图。该图依照本章早前所说的原则，专门把用

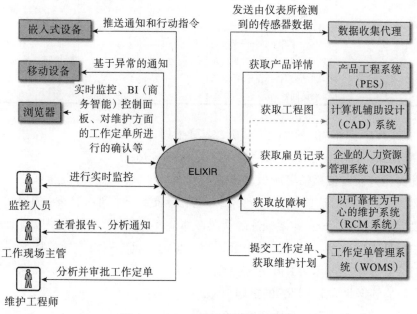

图 4-3　Elixir 项目的系统环境图

户概况、传输渠道以及外部系统分别画在了特定的区域中。

4.3.1.1 Elixir 的用户概况

表 4-1 详细摘录了 Elixir 项目中的某些用户概况。该表格有 4 列，第 1 列是用户概况（user profile）或用户角色的名称，第 2 列描述了与用户概况相对应的角色，也描述了用户访问当前系统（对于本例来说，就是 Elixir 系统）的方式，第 3 列指出了此类用户会向系统请求获取哪些信息，最后一列指出了信息的请求频率，以及每次请求的信息量。

要想完整地给出所有的用户概况，我们还需要把表 4-1 列得更长一些，但为了使本书的版面看起来比较简洁，笔者就不再继续扩充这张表格了。实际上，只要按照表 4-1 来填写内容，并对其进行适当的排版，我们就完全可以用 Microsoft Word 等文档格式，把各种类型的用户概况较好地展示出来。

表 4-1 对 Elixir 系统环境图中的用户概况所做的详细描述

用户概况	对此类用户及其使用情境所做的描述	用户所请求的信息	用户发出请求的频率以及所请求的信息量
监控人员	负责监控机器的运转状况。能够判断出潜在的问题，能够对问题的根源进行诊断与分析，并且能够采取适当的措施。 扮演此角色的用户，通常会在工作现场使用移动设备来进行监控，或是在指定的监控中心里用浏览器来访问系统。	查看一个或多个可视化的控制面板。这些面板会显示出每台机器的实时数据，并且会显示出机器的运转状况是否达到了预定的 KPI（关键绩效指标）。	此类用户每一秒钟会请求相关的机器更新一次信息。 用户可能会对多台机器（最多 5 台）同时发出更新请求。 最多会有 50 位用户同时访问该系统。

Elixir 系统环境图中的其他用户概况，其详情如下：

用户概况的名称——工作现场主管（Field Supervisor）。

对此类用户及其使用情境所做的描述——系统会输出一些与机器有关的异常状况信息，此类用户负责对这些信息进行分析，他们会收到一系列基于异常的通知。也就是说，如果机器中出现了一些需要关注的状况，那么该类用户就会得到相应的通知。

用户所请求的信息——此类用户会请求系统把与机器有关的异常状况列表显示出来，而且会要求系统显示出 KPI 等支持性的数据，以便更加深入地了解机器的运行情况，使自己能够据此拟定出后续的措施。

用户发出请求的频率以及所请求的信息量——在任意的时间点上，最多会有 20 位工作现场主管同时对系统发出请求。在任意时刻，用户一般会请求查看最多 5 项 KPI。每个 KPI 数据包的大小，位于 250 ~ 500KB。

用户概况的名称——维护工程师（Maintenance Engineer）。

对此类用户及其使用情境所做的描述——负责分析由 Elixir 系统所给出的维护建议。此类用户通常会在工作篮（workbasket）中以行动项（action item）的形式收到通知，这些通知会指出当前尚待决定的维护建议。用户要根据紧迫程度以及机器将要进行的维护计划，来对每一条维护建议进行分析，并据此决定是应该把维护工单直接派发到机器上，还是应该把系统所生成的建议推迟到下一个维护时段中去执行。

用户所请求的信息——此类用户会请求系统更加详细地提供（也就是更加详细地显示出）与维护建议有关的异常状况。这些详细的异常状况，会以单项 KPI 或复合 KPI 的形式展示出来，令适当的业务规则能够得到触发。用户在观察 KPI 图表时，可以请求系统更加深入地给出原始的机器数据，例如电流、电压、压力、温度以及其他一些相关数值，以便使维护工程师能够再多做一些诊断。如果用户所收到的通知不是对现状所进行的描述，而是对未来事件所做的预测，那么用户可以请求系统更加详细地给出进行该预测所依据的理由。比如，此类用户可以通过查看预测模型的输出信息而得知：系统之所以给出维护建议，是因为它判断出机器中的某个部件，在未来 12 小时内会有 80% 的概率发生故障。

用户发出请求的频率以及所请求的信息量——在任意的时间点上，最多会有 15 位维护工程师同时访问该系统。在任意时刻，用户一般会请求查看最多 10 项 KPI。每个 KPI 数据包的大小，位于 250 ~ 500KB。

4.3.1.2 Elixir 的传输渠道

表 4-2 列出了 Elixir 的传输渠道。正如本章早前所说，该表格中的传输渠道信息，主要关注的是渠道名称、渠道简介、渠道所使用的网络类型以及网络所使用的访问协议。

表 4-2 与 Elixir 系统环境图中的传输渠道有关的详情

渠道	描述	网络	访问协议
浏览器	运行在用户的笔记本电脑或台式机上的瘦客户端（thin client）。 支持 Firefox（火狐）浏览器 V25.x 及更高版本、支持 Internet Explorer 浏览器 V8.x 及更高版本、支持 Google Chrome 浏览器 V30.x 及更高版本。	按季度收费的专用 T1 专线。 支持最高 2Gbit/s 的下载速度。	HTTPS

（续）

渠道	描述	网络	访问协议
移动设备	运行在用户移动设备上的任意瘦客户端。支持 iPad V1.x 及 V2.x，支持 Android 4.2.x 版本的平板电脑、支持 Windows 8 平板电脑。	802.11 a/b/g 标准的 Wi-Fi 网络。支持最高 100Mbit/s 的下载速度。	HTTP
嵌入式设备	机器上的触摸显示屏。		HTTP

4.3.1.3 Elixir 的外部系统

Elixir 系统需要与 6 个外部系统对接，并且要和它们交换数据，这 6 个外部系统是：数据收集代理、产品工程系统、计算机辅助设计（CAD）系统、企业的人力资源管理系统（HRMS），以可靠性为中心的维护系统（RCM 系统）以及工作定单管理系统。表 4-3 列出了这些外部系统的详情，包括系统的名称、系统的简介、与信息交换有关的详细信息以及系统所要支持的非功能型需求。

表 4-3 与 Elixir 系统环境图中的外部系统有关的详情

系统的名称	描述	数据格式及访问协议	非功能型需求
数据收集代理	与装有仪表的机器处在同一地点或相邻地点的软件系统。该系统从机器的传感器中收集数据，并将其包装成 Elixir 系统所要求的数据格式，然后对数据进行派发，以供其他各方使用。数据会采用专属的加密算法来加密。	传输给 Elixir 的每一个数据包，都包含一个由若干名值对（name-value pair）所构成的字串。其中的每个名值对，都用来记录某个传感器数据变量的名称，以及该变量的最新取值。可以通过 HTTP、HTTPS、套接字、安全套接字及 MQ 协议来传输数据。	安全性——支持 HTTPS 和安全套接字协议。可用性——系统在 99.5% 的时间内保持可用。当系统不可用时，它会把已经捕获的数据缓存或缓冲起来。吞吐量——能够以小于 1 秒的时间间隔来捕获数据，并且能够以每台机器不超过 1Mbit/s 的速率，在每秒钟同时为多台机器（最多 10 台）派发数据。
产品工程系统（PES）	一个企业系统，用来存储与本企业所制造的每件产品有关的工程细节及信息。	数据以关系型的格式来存放。支持标准的 SQL 接口，以供访问这些数据。	安全性——只有位于企业防火墙后面的系统，才拥有访问权。可用性——在每两周的时间里，该系统会有 4 个小时无法使用。这 4 个小时的停机时间，应该是预先规划好的。

（续）

系统的名称	描述	数据格式及访问协议	非功能型需求
计算机辅助设计（CAD）系统	一个软件包，用来存放与待设计的重型设备机器有关的各种工程图（CAD图）。	与该系统有关的数据，主要都是一些工程图数据，它们会以基于文件的矢量格式来存放。 数据通过一种标准的数据交换格式来进行访问。 注意：目前在实现Elixir系统时，尚未涉及与CAD系统之间的集成问题，因此，和CAD系统有关的深入分析及细节研究工作，将留待以后进行。	安全性——只有位于企业防火墙后面的系统，才拥有访问权。 可用性——该系统预计会每个月中断一次，每次中断的时间位于4至8小时之间。
企业的人力资源管理系统（HRMS）	一个基于打包应用程序的企业系统，可以对公司的人力资源进行管理。它能够提供与每位雇员有关的详细信息，其中包括个人详情、职业发展详情以及与人力资源（HR）有关的其他信息。	具有一套已经发布的API，可供各方来获取数据。 可以通过Java™编程语言，以编程的方式来访问这套API。 注意：目前在实现Elixir系统时，还不需要与企业的HRMS相集成，因此，和企业的HRMS有关的深入分析及研究工作将留待以后进行。	安全性——经过企业单一登入（single sign-on）认证的用户，可以访问该系统。 吞吐量——对于发生在同一个WLAN或VLAN内的API调用来说，所有已经发布的API，都会在1秒之内给出响应。
以可靠性为中心的维护系统（RCM系统）	用来存放维护策略及资产（对于本例来说，就是重型设备）的企业系统。该系统还为每一套资产存有各种故障风险分析技术。	尽管RCM系统中的数据类型有很多，但是本案例只关注故障模型分析（failure model analysis，FMEA）数据。这种数据是以FMEA记录的形式来提供的，我们可以通过SQL查询将其提取出来。	安全性——只有位于企业防火墙后面的系统，才拥有访问权。 可用性——该系统预计会每个月中断一次。 吞吐量——刚开始用时，该系统会把所有的数据全都加载进来，其后每个月会更新一次。
工作定单管理系统（WOMS）	一个基于打包应用程序的企业系统，可以对资产效绩、维护计划及工作定单进行记录、管理及优化。	具有一套已经发布的API，可供各方来获取数据。 这套API符合MIMOSA（n.d.）工业标准。	安全性——经过企业单一登入认证的用户，可以访问该系统。 可用性——在99.5%的时间内保持可用。 吞吐量——与RCM系统相同。

4.3.2 Elixir 的信息流

Elixir 系统一共有 6 个外部系统（参见图 4-3），但是为了保持简洁，笔者只列出其中的 4 个，这是因为我们在发行首个版本的 Elixir 时，并不会用到企业的 HRMS 系统与 CAD 系统。尽管我们省掉了两个系统，但表 4-4 的意思，依然是想在进行架构定义（architecture definition）的过程中，尽可能多地去捕获信息流的详情。

表 4-4　与 Elixir 系统环境图中的信息流有关的详情

信息流	描述	类型	事务细节
发送仪表数据	将经过格式化及合并处理之后的数据，发送给任意的数据消费方。Elixir 系统是订阅该信息流的消费方。	实时	每秒最多 50 笔事务。每笔事务⊖最多可以携带 50KB 数据。
获取产品详情	Elixir 系统会对 PES 系统进行调用，以形成该信息流。使用独特的设备类别标识符，来获取某一类设备或机器的详情。	请求 – 应答	使用得不是很频繁。Elixir 系统主要会在有新型机器加入的时候，去调用 PES 系统。每笔事务最多可以携带 500KB 数据。
获取故障树	Elixir 系统会对 RCM 系统进行调用，以形成该信息流。获取各种故障状况及与之对应的故障根源。换句话说，就是获取与故障相关联的故障树。	批次	以批次模式来获取。首次加载之后，每月刷新一次。每笔事务最多可携带 10Mb 数据。
提交工作定单	Elixir 系统会对 WOMS 系统进行调用，以形成该信息流。只要 Elixir 系统认定自己应该为某台设备提交维护工单，它就会在 WOMS 上进行工作定单提交操作。	请求 – 应答（对于工作定单提交操作来说）	一个月会引发 10 ~ 50 次工单提交操作。
获取维护计划	我们需要获取维护计划，以便定期更新针对具体设备的维护计划表，因为这些由系统所推荐的维护计划表可能还需进行优化。	批次（对于维护计划获取操作来说）	纳入 Elixir 之内的每台设备，在每个月中都要引发一次该操作，以便获取维护计划。

⊖　transaction，也可以理解成交易，但是与日常用语不同，软件中的交易并不一定涉及买卖，而是强调某种操作。——译者注

注意，Elixir 与企业的 HRMS 系统及 CAD 系统之间的信息流没有画在表 4-4 中。这是因为我们的第一个 Elixir 发行版还用不到这两个外部系统。

至此，Elixir 项目的系统环境就已经捕获好了。不过，完整的工件文档，或许会比本书所列的这些内容精细得多。

4.4　小结

本章主要讲解书中第一个实际的软件架构工件，也就是系统环境。笔者既描述了业务环境与系统环境之间的区别，同时也给出了一些线索，使得大家可以探索二者之间的联系。

本章的重点，主要是系统环境这一工件，以及能够确定并描述该工件特征的一些元素。在系统环境这个大的工件中，笔者主要指出了两个应该加以捕获的小工件，第一个是系统环境图。它由用户概况、传输渠道，以及与本 IT 系统进行交互和对接的外部系统组成。第二个工件是外部系统与本 IT 系统之间的信息流。

在进行详情分析时，必须从适当的层面切入，使得分析出来的信息量能够恰到好处。有了这样的信息之后，我们就可以恰当地设定一套稳固的情境，以便据此来定义软件的架构。

大家可以做个练习：自己拟定一套文档模板，并用它来捕获系统环境中的关键工件。在研究 Elixir 案例时，笔者已经把定义软件架构所需的基础工作做好了，至于实际的软件架构会定成什么样子，那就看你的了！

4.5　参考资料

MIMOSA. (n.d.). The MIMOSA specifications. Retrieved from http://www.mimosa.org/.

Mitra, Tilak. (2008, May 13). Documenting the software architecture, Part 2: Develop the system context. Retrieved from http://www.ibm.com/developerworks/library/ar-archdoc2/.

第 5 章　架 构 概 述

建筑物是神迹，建筑物的架构是其不朽的精神。

第 4 章讲述了与系统环境有关的重要知识。在前面几章中，我们把待构建的系统（也就是 IT 系统）当成黑盒来看待，并在其周边小心地游走；而在本章中，我们则要打开这个黑盒，并踏出坚实的一步来好好地探查这个盒子里的内容，尤其是要看看系统架构中那几个相互补充的视图。

任何系统的架构都可以通过多个视点或视图来进行观察。尽管每个架构视图都有其特定的价值主张（value statement，价值陈述），但是笔者只想关注其中的某一部分视图，这些视图使得解决方案架构师（solution architect）能够恰到好处地把解决方案架构告诉利益相关者，并与之进行有效沟通。（笔者在本书中会交替地使用"解决方案架构师""软件架构师"和"企业架构师"这三种说法，他们指的都是同一个角色，也就是复杂系统的总体架构师。）

本章将会讲解三种关键的视图，它们都是对当前系统的架构进行观察而得到的。这三种视图分别是：企业视图、分层视图以及 IT 系统视图，它们合起来可以为系统的架构提供一套宏观的概述。要想对系统的内部情况进行观察，就一定要先从架构概述（architecture overview）入手，而要想从架构概述入手，则必须先从概念层面来讲述这三种视图，也就是用一种与具体技术无关的方式来进行讲述。通过与特定技术无关的视图来观察架构，意味着我们所看到的架构工件不会受到软件及中间件产品的影响。

本章最后将会进行案例研究，以演示怎样对 Elixir 系统进行架构概述。

5.1　什么是架构概述

架构概述是用一系列示意图来表示的，这些示意图可以描绘出我们对 IT 系统的总体想法，并描绘出构建该系统时可供使用的候选构建块。架构概述会对主要的概念元素以及这些元素在架构中的相互关系提供一套总览（所谓概念元素，是指候选的子系统、组件、节点、连接、数据存储、用户、外部系统等）。由于构建块本身就是个概念层面的东西，因此架构概述所描绘的这些概念元素都与具体的技术无关，有时我们会把这些视图合起来称为 IT 系统的概念架构。

为了进行有效的沟通，我们要遵守一些基本的沟通原则，并且要把话说得简单一些，而对于架构概述图来说，这一点则显得尤为重要。我们所要绘制的图表，应该是简明扼要、清晰易懂的，而不应该是复杂难懂或面面俱到的。于是，在画图时，我们就经常会比较随意地采用一些不太正式的画法。现在有的架构工具提供了带注解的饰件（annotated widget），可以把此类图表画得更加标准和正规一些。无论怎么画，我们一般都会标注一些起补充作用的文字，以便详细地解释架构中的主要概念。

架构图的三种类型分别是：

❑ 企业视图

❑ 分层视图

❑ IT 系统视图

要在目前的解决方案之外探寻其他几套架构方案时，可以通过架构概述图分别描绘这些方案，以便使各种利益相关者能够就这些方案进行讨论与权衡。

企业视图通常是作为 IT 总策略的一部分来进行描绘的。企业要求 IT 系统必须具备某些能力，以便为其业务目标提供支持，而当前正在构建的这个系统或应用程序所应具备的这些能力，正可以用企业视图来进行描述。这种视图会对组件、节点、连接、数据存储、用户以及外部系统等主要的概念元素（也就是架构的构建块，ABB）进行总览，使得我们能够把这些元素的关键特征定义出来，并且能够确定出每个元素应该满足的要求。同时，它还能够令我们尽早看到这些 ABB 都分别位于架构中的哪个概念层上。这种视图在本质上是相当静态的，也就是说，它并不会强调 ABB 之间的相互关系。

分层视图主要致力于描绘架构中的层次，也就是用一系列特征来定义架构中的各层，并且决定每个 ABB 应该分别放置在其中的哪一层。在分层的架构中，ABB 之间的通信与信息交换应该是遵循着某一套指导方针而进行的。这些指导方针有助于我们制定良好的集成策略，以便恰当地拟定出各 ABB 之间的相依关系、连接方式以及通信路径。

IT 系统视图会以一种更加动态的方式来观察 IT 系统，它以数据流的形式详细地描述各 ABB 之间的相互关系，这就引出了功能模型与操作模型（这两个模型分别会在本书第 7 章和第 8 章讲解）。

架构概述可以确立一幅宏观图景，系统架构中的组件在这幅图景中扮演着基础构建块（foundational building block）的角色，也可以说它们是架构概述图中的ABB。架构概述有助于我们表达某些架构原则与架构方针，使人明白架构中的这些组件究竟应该以怎样的方式共存并协作，才能实现对架构较为重要的那些用例。尽管我们可能会在其中发现一些较为棘手的架构决策（这是第6章要讲的话题），但笔者认为，在架构概述阶段，并不应该急着去把设计方面的一些任务确定下来。那些任务最好等到功能模型和操作模型（分别参见第7章和第8章）都建立起来之后再去确定。

我们一定要理解并承认这样一个事实，那就是：任何系统的架构开发过程都是个迭代式的过程。功能模型与操作模型是系统架构中的主要模型。而且我们要注意：在确立并巩固这些模型的过程中，如果架构中的主要概念及关系有所变化，那我们可能需要重新审视并修订架构概述图。

以 TOGAF 方式来划分架构领域：

The Open Group Architecture Framework（TOGAF，The Open Group n.d.）发现：对于任何一种软件系统来说，其架构的范围以及架构所要处理的问题都是相当广泛的。因此，它从下面这4个领域分别对架构做了定义：

- ❏ **业务架构**（Business Architecture）——对业务策略、组织、职能、业务流程及信息需求的结构及交互所做的描述。

- ❏ **应用架构**（Application Architecture）——对应用程序的结构及交互所做的描述。该架构把这些应用程序视为一组可以提供关键业务职能并且可以对资产进行管理的能力。

- ❏ **数据/信息架构**（Data/Information Architecture）——根据其主要类型和来源，对企业中的数据、逻辑数据资产、实体数据资产以及数据管理资源的结构及交互所做的描述。

- ❏ **技术架构**（Technical Architecture）——对平台服务、逻辑技术组件与实体技术组件的结构及交互所做的描述。

5.2 为什么要做架构概述

架构概述是一项重要的工件（也就是工作产品），我们通常会用一组各有侧重的图表来描述这项工件。之所以要对架构概述进行捕获，原因有很多，下面列出其中的几条：

- ❏ 它描述了系统架构的基本方面，使得我们能够以此为基础，对解决方案中的功能架构与操作架构进行更加细致和详尽的描述。

❑ 它使得我们可以把正在演化中的解决方案所具备的架构告诉利益相关者，使他们能够从概念层面理解架构。

❑ 它可以作为一种评估机制，使我们能够对各种架构方案进行评估，以解决某一类特定的问题。

❑ 它使得我们可以把架构的企业视图及系统视图捕获到一个整合的工件中。

❑ 它使得刚刚加入技术团队中的新成员能够据此来熟悉本项目的情况。

简言之，如果没有架构概述，软件开发团队就会失去"大局观"。一般来说，架构概述不仅可以用来尽早确定并修正架构中的问题，而且还可以在我们受阻于某个问题时，劝我们后退一步，去探索其他一些在受限环境下有助于解决问题的指导原则和模式。

本节的关键之处在于：读者应该认识到架构概述的重要性，从而能够投入一定的时间和精力去拟定架构概述，并且用文档将它记录下来。

5.3　企业视图

在详细讲解企业架构视图之前，我们先来讨论一下为什么要捕获它。

任何一个组织或企业，在运作模型（operating model）方面的目标都可以归结为三类，它们分别是：表现出卓越的运营水平、生产出具有领先地位的产品以及与客户建立密切的关系。为了体现出与竞争者的区别，企业一般都会关注其中的某一种模型。运作模型本身是由运作流程（也就是业务流程）、业务结构、管理结构以及企业文化所组成的，这些方面合起来能够促进价值的产生。从 IT 角度来看，上述三种业务层面的运作模型可以与下面四种 IT 层面的运作模型宽泛地对应起来：

❑ **多样化**（Diversification）——对标准化的要求比较低，对集成的要求也比较低。

❑ **协调**（Coordination）——对标准化的要求比较低，但是对集成较为重视。

❑ **复制**（Replication）——对标准化的要求比较高，但是对集成不太重视。

❑ **统合**（Unification）——对标准化的要求较高，而且对集成特别重视。

要想更为详细地了解 IT 运作模型，请参阅 Weill and Ross (2004) 及 Treacy and Wiersema (1997)。

我们刚才对业务运作模型和 IT 运作模型所做的讨论看上去似乎有点偏题，但实际上并非如此。笔者觉得这些知识对架构师是有一定用处的，因为架构师有时需要向大家解释企业级架构视图的意义，而且需要说明它与本企业的目标之间有何关联。只有说清楚这些，他才能够在谈话中把业务与 IT 这两个方面契合起来，从而增强沟通的效果，这应该是每一位架构师都想要练就的本领。

企业架构视图提供了一种机制，使我们可以确定企业中的业务流程、数据资源、信息资源、技术、面向客户的用户界面以及传输渠道，并把它们全都表示在同一张视图中，这张视图中的内容可以令运作模型方面的愿景得以实现。企业视图是我们从企业架构的视点对架构进行观察而得到的一张架构图，它能够传达出企业的核心业务流程，也能够传达出对该流程的实现起到促进作用的应用程序及基础设施构建块。一般来说，我们会刻意从宏观高度来描绘这张图，而不会去深挖应用程序、数据、技术或业务流程架构方面的细节。不过，这张视图可以作为一个出发点，因为我们后面将要由该视图开始对架构工件进行细化。

接下来我们看一张实际的企业视图，以便通过该图来理解其中的每个工件，并理解这些工件的捕获方式。图 5-1 是一张简单的单页图表，它描绘了宏观的业务流程、技术推动力（technology enabler，技术源动力）、数据与信息、传输渠道，以及用户的类型。对于典型的银行系统来说，这些内容合起来就构成了一张企业架构视图。（笔者之所以再次选了银行系统作为例子，是因为大家对钱的事情都比较熟悉。）

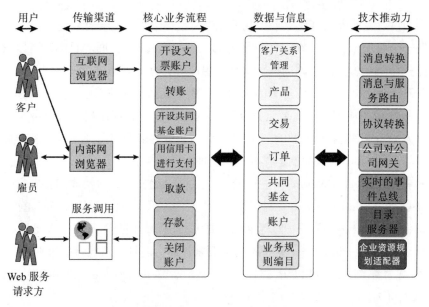

图 5-1　以银行业为例绘制的一张图表，该图表演示了简单的企业视图

我们一定要针对图中的每个概念元素给出适当的理由，证明它确实应该出现在企业视图中。这些论证通常是以文字的形式来阐述的。在本节其余的内容中，笔者将以图 5-1 为例，详细地讲述一套系统化的方法，用以捕获架构组件。

假设你正在坐电梯去公司的餐厅吃饭，电梯里有位同事问你："这张企业级的系统架构视图说的是什么意思?"那么,解释这个问题时,你必须把话说得简单一些,不然他闻到餐厅里飘出来的饭菜香味,就没心思再听你讲了。你可以按照下面这种思路,在一分钟之内把问题解释清楚。

企业视图会把我们做 IT 系统时需要用到的系统和功能加以归类,而且还会画出信息流的总体方向。各种类型的用户,会通过各种传输渠道与我们的 IT 系统进行交互,这些渠道使系统的功能可以得到体现。这些功能通常是用一套核心业务流程来实现的。数据与信息对业务流程的实现起到很关键的作用,它们通常位于一个或多个企业信息系统中,也有可能位于企业外部的某个系统中。业务流程中的某些工序可能要把这些数据当成输入值,还有一些工序会生成其中的某些信息。在和企业信息系统做对接时,需要用到视图中的技术推动力,它们能够促进数据与信息的交换。

现在我们就来讲讲怎样捕获必要的信息。

5.3.1　用户与传输渠道

用户与传输渠道这两类组件工件分别用来表示不同的用户角色,以及他们访问系统时所经由的各种通信渠道。对于图 5-1 中的银行系统来说,不同的用户可以经由下面这几种传输渠道来访问该系统:

- 客户使用网页浏览器,通过因特网来访问应用程序(在某些特殊情况下,通过企业内网来访问)。他们所使用的网页浏览器就是传输渠道。
- 雇员(包括呼叫中心的工作人员及管理员)使用网页浏览器,通过企业内网来访问系统。这些用户也可以经由公司的虚拟私人网络(virtual private network)访问应用程序。
- 外部合作伙伴,可以使用基于 Web 服务的服务调用机制来访问该系统中的某一部分功能。在这种情况下,Web 服务就是传输渠道。

用户通过一条或多条传输渠道来访问某一组特定的功能。经由这些传输渠道所能够访问的功能可能有所不同,而且这些功能的展示风格也有可能随着具体的传输渠道发生变化。比如,雇员或许可以访问一些附加的功能,这些功能是客户无法访问的。客户可以通过台式电脑或移动设备来访问他们所能使用的全部功能,而雇员则只能通过桌面版的应用程序来访问那些经常会用到的管理功能。

5.3.2　核心业务流程

归为核心业务流程的这类组件工件用来表示由 IT 系统所支持的一组核心业务流程,也就是说,这些流程会由本 IT 系统来实现。前面我们曾经讲过业务运作模型,那套模型中所说的运作流程，与此处所说的业务流程可以互相对照。某些流程之所以叫做核心流程，是因为它们对业务起到增强作用，或是自动化的程度比较高，从架构的角度来看，这两个特点都是相当重要的。图 5-1 中强调了几个关键的业务流程，我们举例时所说的这个银行系统需要为下列流程提供支持：

❑ **开设支票账户**——系统要为客户提供开设支票账户（checking account，交易账户、往来账户）的能力，此流程所花费的时间应该小于 10 分钟。该流程既可以通过支行的柜台触发，也可以通过自助式的银行门户网站触发。

❑ **转账**——系统要提供转账能力，使资金可以从某个账户转移到本行内的另一个账户，系统同时还要能够在收取转账费的前提下实现国际银行账户之间的转账。此流程应该在一个营业日内完成。

❑ **开设共同基金账户**——系统要向客户和雇员（也就是账户持有者）提供与银行之间开设共同基金（mutual fund，互惠基金）账户的能力，也就是令账户持有者可以对银行中最值得信赖且业绩最好的基金进行操作。系统还要使账户持有者能够把该账户与支票账户无缝地关联起来，并提供每月最多 40 笔免费转账服务。

❑ **用信用卡进行支付**——系统要向客户提供信用卡在线支付功能。为了简化该流程，系统可以在透支保护（overdraft protection）机制下，直接从支票账户中扣款，这使得客户可以更加便捷地完成信用卡支付操作。

图中的其他几个业务流程，也应该按照类似的方式进行描述，我们要在宏观层面上捕获这些流程，以便概括地描述出这些核心流程对银行所起的作用。这些流程可以帮助银行更好地实现其运作模型，以体现出本银行与其他竞争者之间的区别。

为简洁起见，笔者就不描述图 5-1 中的其他几个业务流程了。接下来在讲述企业视图中的其他工件时，笔者同样只会选取其中的某一部分来进行讲解。

5.3.3　数据与信息

归为数据与信息的这类组件工件用来表示核心的概念数据实体及信息源，这些实体和信息源是实现核心业务流程所必需的内容。对于本例中的银行系统来说，下面这些数据实体与信息源会为核心业务流程的实现提供支撑：

❑ **CRM**——在客户关系管理（customer relationship management，CRM）系统中，客户实体、客户的个人信息、客户在银行所订阅的产品数量，以及客户的账户状况，都是实现核心业务流程所必需的关键业务实体。

❑ **产品**——也就是银行向其客户及雇员所提供的各种产品，例如支票账户、储蓄账户、共同基金、信用卡等。

❑ **订单**——表示客户在银行所下的订单，例如支付订单、基金交易订单、转账订单等。

❑ **业务规则编目**——是指一系列业务规则，这些规则用来确保各项业务流程能够正确地实现出来。每条业务规则都会用到某些信息元素，并且会在这些元素上施加特定的条件逻辑。这些规则可以用自然语言来表示，并且可以为业务用户所修改。程序清单 5-1 演示了这样的一条规则。

程序清单 5-1   业务规则的范例

```
If mutual_fund_transaction_number is <= 40 then transaction_fee_flag =
"false"
```

视图中的其他信息实体和数据实体也应该按照与上文类似的方式来进行记录。

5.3.4   技术推动力

归为技术推动力的这一类组件工件在概念上用来表示一系列集成组件，这些组件会对数据的获取与存储（也就是持久化）起到促进作用，使得核心的业务流程能够得以实现。这些组件会提供一些技术适配器，使得本系统能够与其他系统或数据记录进行对接，进而通过协议转换、中介以及高效的信息路由等手段来更加顺畅地交换信息。对于本例中的银行系统来说，我们可以确定下面几项技术推动力：

❑ **消息转换**——促进不同系统之间的信息交换。这项技术会把消息包（也就是进行信息交换时的信息单元）从一种格式转换到另一种格式。比如，从记录系统所支持的格式转换为业务流程中的某个工序所要求的格式。该技术通常用来制定一套消息格式标准，使我们可以依照这套标准来实现 IT 系统的核心业务流程。此外，该技术也可以用来把某种标准的消息格式转换成对本系统进行调用的某个客户系统所要求或支持的格式。

❑ **消息与服务路由**——支持基本的和高级的消息路由及服务路由功能。此外，也能够针对某个给定的服务请求自动去寻找正确的服务提供商，并对该请求进行适当的路由。

❑ **实时的事件总线**——为简单的事件和复杂的事件提供基本的与高级的事件处理能力。该技术能够促进异步业务事件与系统事件的处理，而且有可能会利用消息转换功能及路由功能来进行事件派发及处理。

❑ **目录服务器**——存储并管理用户概况文件（user profile）。这些文件可以用来对用户凭据进行检查，以便执行验证与授权操作，令用户能够以基于角色的（role-based）方式来访问这个 IT 系统。

❑ **B2B 网关**——使得系统可以更为顺畅地接收从外部的第三方系统所发来的请求，这些请求一般是通过服务调用机制来发送的。网关的角色相当于一个集中点，无论是从外界传入本系统的请求，还是从本系统传向外界的请求，都可以在这个集中点进行处理。对于由外部实体所传入的请求来说，网关可以先找出正确的支援服务，然后再调用该服务，以生成响应信息。而对于由本系统向外发出的请求来说，网关则会先确定出外部服务的位置并创建好服务请求，然后再去调用那个服务。

其他的中间件组件也应该按照与上述组件类似的细致程度来进行描述。

对企业视图进行升级

面向服务的架构（service-oriented architecture，SOA）已经存在很长一段时间了，而且它也体现出了足够的价值，使得我们应该将其接纳为一种行之有效的架构范式。因此，在企业架构视图中经常会看到某些 SOA 构件，尤其是容易看到企业业务服务（enterprise business service）构件。有些企业拥抱 SOA 理念，并根据该理念搭建起成熟的企业架构，这些企业现在已经开始将企业中的各种服务（enterprise service portfolio，企业服务组合）作为企业架构的一部分，呈现并展示给外界。于是，在某些企业视图中，我们不仅会看到一系列核心业务流程，而且还会看到很多的企业服务。

企业架构这个领域会变得越来越成熟，在这个过程中，业界可能会把许多种不同的架构工件纳入企业架构视图中。然而就目前的状况来说，我们只需掌握图 5-1 中的这些架构构件就可以了（例如消息转换、消息与服务路由、协议转换、B2B 网关、实时的事件总线、目录服务器、业务规则编目），因为这些可复用的构件是企业级架构视图中较为基本、较为基础也较为常用的组成部分。

5.4 分层视图

系统架构的分层视图（layered view）关注的是架构中的各个构建块应该分别位于架构的哪一层里。这些层会按照上下顺序垂直地叠放起来。层是一种逻辑构件，它具有某种特定的能力及特征，因此，我们应该把类型相似的架构组件或构建块放到同一层中。例如，对于某个给定的系统或应用程序来说，其表现层（presentation layer，表示层）应该为可视化及用户界面方面的特性与功能提供支持。该层中所包含的架构组件合起来要能够实现出系统的用户界面，而且该层也应该把自身组件与其余各层组件之间的交互方式确定下来，以满足预期的功能。

在决定各组件所处的层次时，有一条大家都能接受的标准指导原则，那就是：某一层中的组件只应该和下一层中的组件进行交互。在分层的架构视图中，某一层的下一层，其位置要比当前这一层低。按照这种方式来做分层架构，可以促进模块化的设计（modular design），也就是可以合理地安排层与层之间的相互依赖关系，从而尽量减少架构中的紧密耦合（tight coupling）现象。

笔者现在要强调分层视图的一些优势，但并不打算详尽地列举出它的全部优点，因为本书的主题一直都是"恰到好处"（just enough）这四个字，也就是要**找到刚好够用的理由，使自己能够认识某物的重要性，并捕获到刚好够用的信息，使自己能够就此与每一位利益相关者进行有效的沟通**。因此，我们现在只需说出几条值得绘制分层视图的理由即可：

- **提供一套展示机制**——使得其他应用程序与系统可以使用由本 IT 系统中的各层所展示出来的功能。

- **更加方便地对系统进行模块化测试**——我们可以分别针对每一层来编写并执行相应的测试用例，而且可以针对每一层来制定一些规范化的方针，以规定该层所要满足的非功能型需求（nonfunctional requirement，NFR）。

- **促使我们做出最佳的设计方案**——分层架构可以令层与层之间的耦合度降低，并且令每一个层之内的组件在功能上具有较高的内聚度，从而促使我们做出最优的设计方案。

- **使系统开发起来较为流畅**——我们可以用相应的设计技术与实现技术来应对每一层的技术需求。

- **确保层与层之间的通信规则**——本层中的组件不应该与同层的其他组件进行交互，而是应该与下层的组件进行交互。

- **给非功能型需求提供支持**——如果某一层中的组件可能会承受较大的负载，那我们就可以考虑将其分布到多台物理服务器上（或者说分布到多个 tier 中），这样做有助于促进拓扑结构的标准化，使得我们在部署 IT 系统时能够遵照某个标准的拓扑结构来安置操作模型。（本书第 8 章将会详细讲解操作模型。）

图 5-2 展示了一张典型的分层架构视图。读者可以做个练习：把企业视图（也就是图 5-1）中的架构组件安排到分层架构视图的适当位置上。本节会对分层架构模型中的各层做一次综述，如果你打算十分认真地完成这道习题，那么或许还要参考一本 SOA 方面的专著。大家可以查阅《Executing SOA: A Practical Guide for the Service-Oriented Architect》（Bieberstein, Laird, Jones, & Mitra 2008）。

图 5-2 是一张分层架构视图，凡是具有一定规模的 IT 系统通常都会用到该视图中的那些架构层。笔者之所以推荐这张视图，是因为它能够同时适用于 SOA 和非 SOA 这

两种情境。对于后者来说，我们不需要使用服务层，而且可以用组件层来代替图中的服务组件层。这就叫做一图两用。

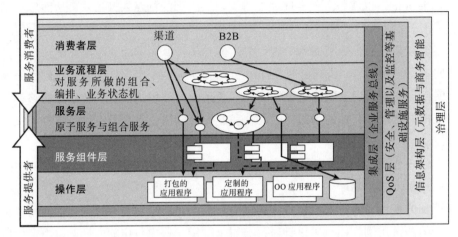

图 5-2　分层的架构视图

下面几个小节将会给出每一层的定义。这样做不仅是想让大家对这些层都能有所了解和领悟，而且还想帮助大家意识到那些架构组件或架构构建块（ABB）应该分别放在哪一层中。笔者所说的架构组件及 ABB，指的是同一个意思。

图 5-2 描绘了一套 9 层架构，其中有 5 个水平层和 4 个垂直层。这 5 个水平层分别是：操作（Operational）层、服务组件（Service Component）层、服务（Service）层、业务流程（Business Process）层以及消费者（Consumer）层，它们都要遵守分层架构模型的基本原则，也就是说，任何一层中的 ABB 都只能访问下层中的 ABB，而不能反过来进行访问。4 个垂直层分别是：集成（Integration）层、QoS（Quality of Service，服务质量）层、信息架构（Information Architecture）层以及治理（Governance）层，这些层中所包含的 ABB 本质上是跨越式的，也就是说，其中某一层中的 ABB，可能会为一个或多个水平层所使用。某些架构学派的人，如果看到了逐层依赖式的分层视图，那么或许会认为那种视图并没有把分层架构的特性全部发挥出来，因为在他们眼中，架构中的任何一层都不一定非得和紧挨在它下面的那一层中的元素相交互。比如，他们会觉得，消费层中的某个访问渠道可以跳过业务流程层，直接去访问服务层中的某项服务。假如你碰到了持有这种观点的人，那么请不要纠结，而是应该友好地同他们交流，因为他们的想法也并没有什么错啊！大家只需要记住一点就可以：我们对各层中的组件在相互访问方面所施加的限制，实际上都是根据某种架构风格、架构方针及架构原则确定出来的，而这些风格、方针及原则，应该服务于某一个解决方案。

> **SOA 参考架构（视图）**
>
> 图 5-2 所绘制的这张视图是 SOA 的参考架构视图，它最初是由 IBM 提出的。该视图并不依赖于特定的技术，因此，我们可以将其视为一张概念性的视图或逻辑性的视图，然后专门针对某一个特定的平台或技术来对这套逻辑架构进行实例化。

下面几个小节会给出每一层的简单定义。这些定义将帮助我们明确了解各种架构组件的定位，并使我们能够将其放置在分层架构视图中的适当层面上。还记得刚才留的那道练习题吗？接下来的这些内容或许用得上。

5.4.1　第 1 层：操作层

操作层用来表示那些存在于本企业当前 IT 环境中的操作系统和事务系统。操作系统（operational system）[⊖]包括所有定制的应用程序、打包的应用程序、遗留系统、事务处理系统，以及各种外部数据库和外部系统。一般来说，只有那些对实现当前的 IT 系统起到必备作用的操作系统才应该表示在这一层中。

5.4.2　第 2 层：服务组件层

服务组件层中的组件会遵循服务层（也就是第 3 层）所定义的契约。服务与服务组件之间通常是一一对应的关系。服务组件提供了一种实现方面的外观（facade，门面），能够将多个操作系统所提供的功能聚合起来（这些操作系统可能是彼此不同的），并且能够隐藏与集成和访问有关的复杂细节，使得该层之上的服务层无需关注这些细节，而只需把相关的服务提供给消费者即可。

5.4.3　第 3 层：服务层

服务层包含企业的服务组合中定义的全部服务。对这些服务所下的定义（无论是其语法信息，还是其语义信息），全都位于该层中。语法信息基本上指的是对每项服务所提供的操作、输入消息、输出消息以及服务可能会出现的故障所做的描述与定义，而语义信息说的则是服务策略、服务管理决策、服务访问要求、服务级别协议、使用条款、服务可用性约束以及其他相关的细节。

⊖　也称为运作系统、运营系统。这个词偏重于数据方面的例行事务处理，与管理电脑软硬件并执行日常应用程序所用的操作系统（operating system，例如 UNIX）并不完全相同。——译者注

5.4.4 第4层：业务流程层

业务流程描述了业务的运作方式。该流程是针对各类活动所做的一种 IT 表现形式，为了执行某个宏观的业务职能，企业中的人员必须就这些活动进行协调与合作。业务流程层会把服务层中的服务以一种耦合较为松散的方式编排或组合起来。该层也负责对业务流程的整个生命期管理工作进行协调与编排。这一层中的流程，指的是对业务流程所做的物理实现，我们对架构栈（architecture stack）里的其他水平层和垂直层中的 ABB 所做的编排，可以对实现工作起到促进作用。消费者层中的组件，通常会调用本层中的 ABB，以便使用应用程序所具备的功能。

5.4.5 第5层：消费者层

消费者层描绘了很多条传输渠道，本系统的功能会经由这些传输渠道传递给不同的用户角色（user persona）。移动设备、桌面客户端应用程序，以及基于浏览器的瘦客户端都可以说是一种传输渠道，带有用户界面的应用程序（例如原生的移动应用程序或网站门户等）就是通过这些渠道进行传输的。

5.4.6 第6层：集成层

集成层为服务消费方提供了对业务、IT 及数据服务提供者进行定位的能力，也为其提供了发起服务调用的能力。这一层的能力体现在中介、路由以及对数据与协议进行转换这三个基本的方面，该层有助于构建一套服务生态系统（service ecosystem），使得各项服务能够在这个生态环境中互相交流与协作，从而实现出业务流程或流程中的一个子集（也就是流程中的一道工序）。如果我们要把形态各异、互不相同且彼此较为分散的多个系统集成起来，那么在思考该层中的组件时，就要顾及安全性、延迟时间以及服务质量等非功能型需求。在 IT 界，越来越多的人会把这一层中的各项功能合起来进行定义，并将其统称为企业服务总线（Enterprise Service Bus，ESB）。

5.4.7 第7层：QoS 层

服务质量（Quality of Service，QoS）层致力于实现、监控并管理非功能型需求（NFR），由于系统中的服务和组件需要为这些非功能型需求提供支持，因而系统需要具备一些基础的能力，使得这些 NFR 能够得到满足。有些数据元素能够提供相关的信息，用以表明本系统是否遵循了相应的 NFR，这些数据元素可以由 QoS 层来捕获。数据元素可能会指出系统中未能满足 NFR 的地方，这些地方通常位于各水平层中。在监控本系统对各项 NFR 的遵守情况时，QoS 层一般较为关注安全性、可用性、系统性能、易缩放性以及可靠性等方面。

5.4.8 第 8 层：信息架构层

信息架构层可以确保数据与信息能够适当地呈现出来，这些数据与信息用来为 IT 系统中的服务与业务流程提供支持。该层的职责包括：决定数据架构及信息架构的表现方式、给出在设计这些架构时所应考虑的关键问题以及所应遵循的指导方针，并给出各水平层中的组件在使用这些内容时的注意事项。

我们通常会利用 ACORD 或 MIMOSA 等标准的行业模型来对信息架构以及交换业务数据所用的业务协议进行定义。（ACORD 是保险业使用的一种标准，其中包含一套数据与信息模型，可参见 http://www.acord.org/Pages/default.aspx。MIMOSA 是一项针对操作与维护而制定的开放信息标准，适用于生产、大批量作业以及各种设施环境，可参见 http://www.mimosa.org/。）数据挖掘及商务智能（business intelligence，BI）所需的元数据也存放在这一层。该层中的组件会确保本系统的实现方式能够遵循数据与信息方面的相关标准。这些标准可能是行业标准，也可能是本企业特有的标准；可能是法律、公司策略、IT 规范等方面的强制标准，也可能是当前这个 IT 系统自身所采用的标准。

> **注意**：在笔者所见过的分层架构中，有一些架构把该层设置为垂直层，还有一些架构把它设置为水平层，并将其置于服务组件层的下方。大家可以在这两种表现方式之间自由选择。

5.4.9 第 9 层：治理层

治理层用来确保业务流程与服务的整个生命期能够得到适当的管理。它负责对实现的优先顺序做出安排，使得价值较高的业务流程与服务以及其他架构层中的相关支撑组件都能够以适当的顺序得到实现。此外，该层还有一项关键职责，那就是确保业务流程与服务能够遵守相关的设计期策略与运行期策略。

5.4.10 进一步研究分层视图的用法

如果想深入探寻更多的细节，请阅读《 Executing SOA: A Practical Guide for the Service Oriented Architect 》（Bieberstein 等人，2008）。那本书详细讲解了分层架构，并描述了架构中的每一层所具备的特征。

笔者希望大家能够参照上面所给出的那些定义来把架构组件适当地安排到 9 层中的

某一层里。当你面对手头所要处理的某个解决方案项目时，可以利用本书为各层所下的这些定义来促进自己的架构、设计与文档撰写工作。

等我们把每个架构组件都放置在9层中的某一层后，就应该编写适当的说明文档，以描述这些组件在整个解决方案架构中的角色、职责以及预定的用法。大家或许已经注意到"组件"与"ABB"这两种说法在本书中是交替使用的，笔者这样做是为了把书中的术语使用得稍微灵活一些。

最后要说的是，这个9层架构视图应该当成一种参考资料来使用。我们可以根据自己的需要来完善它，例如可以向其中添加某些层，也可以把其中的某些层删去。无论怎样修改，我们都要记住，这些层必须保持低耦合、高内聚这两项特征。前者说的是层与层之间的组件交互，后者说的则是同一层内部的组件契合。本书第11章还会再次谈到分层视图所起的参考作用，在该章中，笔者要把分层视图化为一套解析性的参考架构。

5.5 IT 系统视图

IT系统视图是一种更为细致的视图，它可以确定出架构中的主要节点。从概念上来说，节点是一种部署层面的组件，它在架构中所扮演的功能角色有着清晰的定义。系统中的连接可以促进节点间的交流，而要想达成这种效果，就必须有一套明确的API（application programming interface，应用程序编程接口）和支持协议。由于节点在当前这个架构构造阶段还只是个概念上的想法，因此，它目前并不需要与实体服务器直接对应起来。

通过捕获并记录IT系统视图，我们可以在概念上获得足够的信息，这些信息在稍后能够帮助我们对其他更为详细的架构工件进行开发。对于功能模型与操作模型（它们分别是第7章和第8章的主题）的开发来说，IT系统视图是一个切入点。在定义这两种模型时，我们可以对该视图进行扩展或完善。比如，在确定实体服务器时，视图中的概念节点就是个很重要的参考指标，此外，在实现每个节点的功能时，这些概念也可以帮助我们选出合适的实现技术。更具体地说，操作模型可以把IT系统视图中的概念节点，映射到实际的物理服务器上。每一台物理服务器都有可能为多个概念节点提供支持，而同一个概念节点也有可能部署在多台服务器上。不过，对部署时的拓扑结构所做的最终设计还要受系统的NFR及约束规则的影响。

图5-3描绘了银行系统的IT系统视图。为了节省时间和篇幅，笔者并不会把图中的每个节点都详细说一遍，而是会给出一份模板，大家在给每个节点撰写文档时，可以

参考该模板。不过，在讨论这份文档模板之前，笔者还是会把图中带编号的那些节点简要地描述一下。等到给出这份模板之后，笔者会以图中的一个节点为例，告诉大家应该怎样用相关的信息来填充此模板。

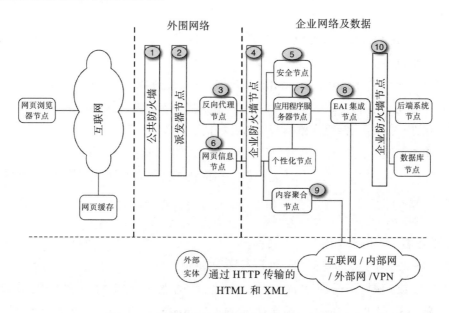

图 5-3　以银行系统为例绘制的 IT 企业视图

我们首先来简要地了解一下这些节点：

1. **公共防火墙（Public Firewall）节点** —— 位于外围网络（demilitarized zone，DMZ，"非军事区"）中，它只允许 HTTP 流量进入企业网络。

2. **派发器（Dispather）节点** —— 用来实现负载平衡，使得多项请求可以较为均衡地派发到多个网页信息节点及应用程序服务器节点上。

3. **反向代理（Reverse Proxy）节点** —— 是一台严格的网络服务器，它会遵照一定的安全方针来施加严密的访问限制。该节点会对外部客户端所发来的请求进行拦截，只有那些得到了验证和授权的用户，以及那些得到了授权的系统，才会获得访问权。

4. **企业防火墙（Enterprise Firewall）节点** —— 只开放某些选定的安全端口，使得外界可以通过这些端口安全地连接到企业网络中，这相当于给企业中较为关键的应用程序和数据加上了双重保险机制。

5. **安全（Security）节点** —— 为企业中的某些应用程序、数据库、大型主机系统及打包应用程序提供验证和授权。

6. **网页信息（Web Informational）节点**——只针对静态的内容提供服务，对基于网页的应用程序来说，该节点可以增强程序的性能。

7. **应用程序服务器（Application Server）节点**——用来放置实现业务逻辑所需的应用程序组件。

8. **EAI 集成（EAI Integration）节点**——提供与后端系统进行集成的能力。（EAI 是 Enterprise Application Integration 的缩写，即企业应用集成。）

9. **内容聚合（Content Syndication）节点**——聚合并发布企业的内容。

10. **企业防火墙节点 2**——如果 IT 系统拓扑结构中的某一部分是由第三方厂商来进行托管和维护的，那么该节点就用来应对此种情况。

对于 IT 系统拓扑结构中的每个节点来说，假如我们能够看到一份信息丰富且内容详尽的文档，那么就用不到上面所列出的那些描述了。笔者接下来正准备演示这样的一份模板文档。

IT 系统视图中的每个节点都应该含有下面几项信息：

❑ **节点名**——用来指出节点的名称。

❑ **描述**——对节点的特征和特性进行详细的描述。

❑ **服务或组件**——描述该节点上所运行的服务或组件，例如关系数据库（Relational Database）、事务管理器（Transaction Manager）、状态管理（State Management）等。

❑ **非功能型特征**——是一份列表，用来列出该节点所必须支持和满足的非功能型特征。

❑ **与其他节点的连接**——把拓扑结构中与本节点相连的其他节点列出来。

❑ **硬件描述及操作系统**——描述该节点所部署到的那台物理服务器所拥有的硬件架构，并指出服务器所使用的操作系统类型及软件版本。

笔者以图 5-3 中的 7 号节点，也就是应用程序服务器节点为例，来告诉大家应该怎样针对 IT 系统视图中的每个节点，详细地捕获相关的工件。

我们可以按照下列格式为应用程序服务器节点撰写文档：

❑ **节点名**——应用程序服务器。

❑ **描述**——应用程序服务器节点负责处理事务并负责为 Web 用户提供访问后端系统及数据库的能力。它会对 Web 事务提供支持，并且会在操作方面表现出许多特征，以满足应用程序的操作需求。这些特征包括：可以用多线程服务器来支持多个客户端连接、可以用冗余服务来处理额外的负载、具有动态负载均衡能力、具有数据库连接池、具有自动故障转移（failover，失效备援）机制，以及能够从故障中恢复等。该节点可以采用集群模式进行部署，并且放置在同一台实体服务器的多个虚拟机中，也可以放置在多台不同的实体服务器中。除了提供技术和操作方面的能力之外，该组件也用来安置那些实现系统的业务逻辑所需的应用程序组件。

❑ **服务或组件**——Web 应用程序服务器节点，是应用程序服务器节点的一种实例，该节点会安置下列组件：

➤ 为已部署的所有应用程序进行业务逻辑封装的那些应用程序组件。

➤ 应用程序服务器软件。

➤ 服务器所支持的 Java 虚拟机。

➤ 监控软件及统计软件，用来监控网站的使用情况，并收集与网站的使用情况和网站所受的威胁情况有关的统计信息。

➤ 系统管理软件，用来探测与诊断服务器的故障和配置方面的问题，并对其进行自动修正，同时把这些关键情况告知系统管理员。

❑ **非功能型特征**

➤ 响应时间——当服务器承受着最大负载并处于操作高峰期时，对用户请求进行响应所需的时间。比如，我们要求服务器至少要在 90% 的运行时间里能够于 5 秒钟之内给出应答。

➤ 可用性——该指标用来规定本节点能够正常运作的时间（uptime，上线时间）占总操作时间的百分比。比如，我们规定本节点每年中要在 99.95% 的时间内保持正常运行。对于运行在节点上的应用程序来说，其可用性方面的指标也应该遵循我们对本节点所做的规定。

➤ 易缩放性——为节点的缩放提供指导，以促使该节点满足预定的性能要求。比如，我们可以针对几种特定的负载状况来设定一些与垂直缩放和水平缩放有关的指导方案（本书第 10 章将会讲解各种缩放类型）。

➤ 负载监控——必须提供这两个方面的统计信息：

➤ 全天中的用户请求与系统请求的平均负载情况及峰值负载情况。

➤ 全天中活动的并发数据库连接的平均数量与峰值数量。

❑ **与其他节点的连接**——本节点与下列 4 个节点直接相连：

➤ 企业防火墙节点，该节点提供网络协议级的安全保护。

➤ 个性化节点，该节点会为目标应用程序提供相应的特性及能力。

➤ 安全节点，该节点会把安全凭据传给应用程序。

➤ EAI 集成节点，该节点会提供一套集成逻辑，使得本节点能够与数据库系统、打包的应用程序以及遗留系统顺畅地整合起来，以便给业务流程提供支持。

上面演示的这些信息也可以改用图 5-4 中的表格来展示，那样看起来或许更加清晰。读者可以在列表与表格中选择一种更易于交流的格式来使用。无论选哪一种，在给 IT 系统视图中的每个节点撰写文档时，其详细程度最好都能与本例中的应用程序服务器节点相仿。

图 5-4　用表格来捕获节点的描述信息

至此，我们已经把系统架构中的 3 个互补视图全都讲了一遍。当我们对视图及 ABB 进行迭代与完善时，不仅会涌现出一些能够对各种 ABB 的特征进行描画的模式，而且还会涌现出一些与 ABB 之间的对接及交流方式有关的模式。Fowler (2002) 是一本很好的参考书，它讲解了企业架构模式。

你现在可以停下来把自己在本章中读过的内容整理一遍，尤其是要把自己对这些内容的理解汇集起来。在继续阅读下一节之前，笔者建议你先打开文档编辑器，试着创建一份架构概述模板。创建该模板时，请不要照抄刚才那个范例，但是要确保此模板能把自己对那个范例的理解清晰地呈现出来。这份模板应该支持足够的架构工件，这些工件要适用于当前所面对的 IT 系统及其利益相关者，使自己能够就架构概述与他们进行有效的沟通。

5.6 案例研究：Elixir 的架构概述

我们在前面几节里已经看到架构概述这一工件的好几个方面，现在该回到对 Elixir 系统进行案例研究的环节了。下面几个小节会描述各种架构视图，不过读者或许没必要把每个视图中的每个工件所具有的详细说明全都读一遍，而是应该以本章前面所讲的内容为基础，把自己认为值得看的那部分读一读，并在其指引之下，来对自己所从事的某个项目进行架构概述。

5.6.1 Elixir 的企业视图

图 5-5 是 Elixir 系统的企业视图。该视图是遵照图 5-1 所用的方式针对 Elixir 系统进行实例化而得到的。

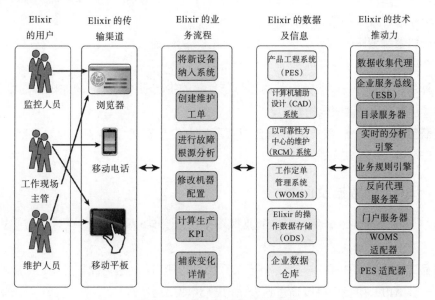

图 5-5　Elixir 系统的企业视图

在该图中，Elixir 的用户（请参见第 1 章）及 Elixir 的传输渠道这两列里的实体和组件，是不需要加以解释的，因此，我们在这里只会对其他的组件或 ABB 进行简要的解说。它们实际的定义当然要比本书所给的更为复杂，但大家可以从笔者给出的简单定义出发，来对自己所负责的那个 IT 系统中与架构有关的方面进行开发，并为其撰写文档。

开始讲解这些组件之前，大家有必要先了解中间件（middleware）和适配器（adapter）这两个词的含义。在 Elixir 项目的各种技术推动力（Technology Enabler）中，有很多组件都可以归为中间件或适配器。在典型的分布式系统中，操作系统与 IT 系统之间的任意组件都可以称为中间件。而适配器则是在两个不同的系统之间进行数据格式与通信协议转换的一种组件，它使得这两个系统能够无缝地进行通信并交换信息。

5.6.2　Elixir 的业务流程

Elixir 的企业视图（参见图 5-5）中，专门有一列用来描绘业务流程，本小节就要对该列中的 ABB 进行简要的描述。

将新设备纳入系统——该业务流程会在新机器（例如 SHV_007）或新机器类型（例如 Shovel（铲子））添加到 Elixir 系统时提供全程的支持。

创建维护工单——该业务流程会在 Elixir 的工作定单管理系统（WOMS）中触发一张新的维护工单。

进行故障根源分析——该业务流程会启动一个判定过程，用来对机器或部件发生故障的根本原因进行从头到尾的分析。

修改机器配置——该业务流程会对某台已经运作的机器所具有的配置进行修改，例如用一个更加强大的引擎来取代现有的两个引擎。

计算生产 KPI——该业务流程会计算与重要的生产业务指标（例如机器的可操作性）有关的多项 KPI（关键绩效指标）。

捕获变化详情——该业务流程会捕获所有与变化有关的详情，例如生产、机器停工、操作员停工以及机器故障等。

5.6.3　Elixir 的数据及信息

本小节将会简要地介绍 Elixir 企业视图（参见图 5-5）中属于数据及信息这一类的 ABB。

产品工程系统（PES）——一个记录系统，为所有型号的机器存储其工程结构。它会提供一套 API，使我们可以通过这套 API 来获取工程结构。

计算机辅助设计（CAD）系统——针对每一类设备进行数字化的工程制图，并存储这些制图。

以可靠性为中心的维护（RCM）系统——存储与设备的可靠性及维护有关的处理数据过程。各种故障模式，以及有可能引发特定故障与某几类故障的根源信息都存储在这个系统中，这些内容有助于对机器或部件所发生的故障进行根源分析。

工作定单管理系统（WOMS）——对维修工单的日程安排进行管理，并对已完成工单的详情进行捕获。

Elixir 的操作数据存储（ODS）——Elixir 系统在顺利执行完业务流程之后，会产生一些分析结果以及一些相关的数据属性，ODS 会把这些内容全都保存起来。

企业数据仓库（EDW）——公司的数据仓库，它会以某种方式存储历史数据，以记录对业务至关重要的那些数据实体和事务，使得我们能够根据这些内容来有效地生成商务智能报表。

注意： 笔者故意把企业的人力资源管理系统（HRMS）省略掉了，因为在 Elixir 项目的第一个实现阶段中，我们还不需要将其纳入考虑范围。

5.6.4　Elixir 的技术推动力

本小节会对 Elixir 企业视图（参见图 5-5）中归为技术推动力的那些 ABB 进行简要描述。

数据收集代理（Data Collection Agent，DCA）——一个与机器的控制系统进行对接的软件应用程序，它可以从机器的传感器中收集数据。

企业服务总线（Enterprise Service Bus，ESB）——一个中间件组件，负责进行协议转换，也就是在客户端所使用的数据和传输协议与 Elixir 系统内部的协议之间进行转换。此外，它还负责为订阅相关服务的消费方进行数据与信息的路由及中介。

目录服务器（Directory Server，DS）——一个中间件组件，它会把用户与一个或多个应用程序角色关联起来，并给每位用户赋予相应的访问权，使其可以对某一部分实体资产进行查看、监控及操作。

实时的分析引擎（Real-Time Analytics Engine，RTAE）——一个中间件组件，用来获取实时数据，并对其执行实时的分析处理，也就是说，它会直接对数据流进行处理，而不会等到数据写入了数据库等持久化存储机制之后再去处理。

业务规则引擎（Business Rules Engine，BRE）——一个中间件组件，我们可以把业务流程或运算所需的业务规则放置在该组件上，并对这些规则进行调用。这个组件能够在顾及规则变化情况的前提下对系统运用一部分业务规则，也就是说，它既要应对频繁变化的规则，又要保证系统的操作不受影响。

反向代理服务器（Reverse Proxy Server，RPS）——一个中间件组件，用来巩固网络服务器的安全性，它能够拦截由外部客户端所发来的请求，并且对用户请求进行验证与授权。

门户服务器（Portal Server，PS）——一个用作容器的中间件组件，用来容纳所有的表现层组件及用户界面饰件，它旨在为 Elixir 系统中的各种用户交互操作提供一套协调且稳固的用户体验。

WOMS 适配器——一个适配器组件，能够按照行业标准，与工作定单管理系统之间进行连接。

PES 适配器——一个适配器组件，用来提供从 Elixir 系统到客户的产品工程系统（PES）的单向连接。

请注意，按照上面这样的程度来对组件进行描述，未必适合每一个项目。读者需要自行确定组件描述信息的详细程度，使其可以有效地传达出该组件的作用。

5.6.5　Elixir 的分层视图

这次笔者不打算把所有架构组件全都塞到分层视图中，而是决定采用一种更为简洁的办法，也就是把组件及相关的层画到一张表格里。尽管如此，大家依然应该绘制一张像图 5-2 那样的分层视图模板，并且要经常参考那张模板，将其复用到自己所参与的各种项目中。注意，如果某个项目的架构工作用不到整套 SOA（面向服务的架构）模型，那么可以把服务组件层与服务层合并起来，合并后的层可以叫做组件层。

请注意，实时分析引擎与业务规则引擎这两个组件不属于图 5-2 那张分层视图中的任何一个层。但是最近有一些新版的分层架构视图，开始越来越关注分析方面的组件了，它们会专门用一整个层（并在该层中划分一些针对特定领域的区域）来容纳这些组件。到了第 11 章，我们会讲解以分析为中心的架构，那时大家自然会看到实时分析引擎与业务规则引擎这两个 ABB 在整个架构中所处的层面。

笔者建议你把表 5-1 中的数据转换成一张 Elixir 项目的分层架构视图。绘制分层架构视图并安排各个组件的位置是一件很有意义的事情，架构师通常会花很多时间来做这项工作。

表 5-1　Elixir 系统里的各组件在架构中所处的层面

架构层	组件
操作层	PES、CAD 系统、RCM 系统、WOMS
组件层	数据收集代理
业务流程层	将新设备纳入系统、创建维修工单、进行故障根源分析、修改机器配置、计算生产 KPI、捕获变化详情
消费者层	门户服务器、监控人员、工作现场主管、维修人员、浏览器、移动电话、平板电脑
集成层	WOMS 适配器、PES 适配器、ESB、目录服务器
信息架构	Elixir 的操作数据存储、企业数据仓库

现在大家应该渐渐开始了解分层架构视图的意义了吧？

5.6.6　Elixir 的 IT 系统视图

图 5-6 是 Elixir 的 IT 系统视图。

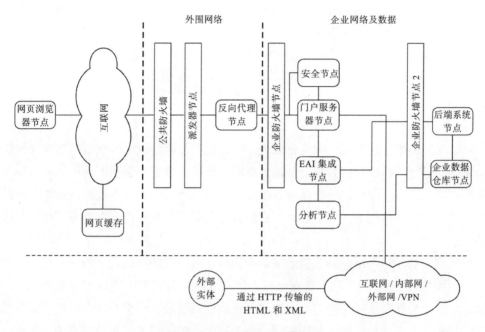

图 5-6　Elixir 的 IT 系统视图

从概念层面来看，Elixir 系统是一套分析型的解决方案，该方案中有一些元素要与企业级系统进行集成，而且还有一个用户界面前端，要通过一系列传输渠道与用户进行对接。

图 5-6 中的 IT 系统视图与图 5-3 中的模板视图有所区别。笔者接下来只会把 Elixir 项目特有的那些节点所具备的特征描述出来，至于其他节点，请大家参阅早前对图 5-3 所进行的讲解。

门户服务器节点——提供静态及动态的用户界面，令用户可以通过一系列传输渠道在这些界面上与系统进行对接。

分析节点——执行各种分析处理职能，例如实时分析、商务智能（BI）报表以及预测分析等。（本书第 11 章将会对架构中的分析问题进行详细的讨论。）

企业数据仓库（EDW）节点——稳定地提供数据，以实现快速而高效的访问，该节点能够应对一定的查询量，以便为业务报表和即时数据分析提供支持。

与分层视图一样，笔者也建议你制作一张和图 5-3 类似的模板，以供自己的项目使用。你可以随时改变其用途并增强其效果，使自己能够依照这份模板给任何一个系统绘制 IT 系统视图。花些时间来做这件事是很值得的。

笔者不打算把 Elixir 系统中的所有组件全都表示出来，而是只会给出足够的细节，以说明系统中有哪些（what）组件需要捕获、为什么（why）需要捕获这些组件以及如何（how）对其进行捕获。如果在实际工作中要实现 Elixir 系统或类似系统，那么还会有更多的细节需要面对，笔者刻意避开了那些细节，以保持本书简洁。

5.7　小结

本章专门讲解了软件架构中的第二个工件，也就是架构概述。它是对当前要构建的这个系统所进行的初步观察。由于是初步观察，因此这项工件会从不同的视点来捕获一些架构视图，并以这种形式来宏观地反映架构中的一些方面。这些视图是采用不同的视点对系统进行观察得到的，尽管如此，它们合起来却可以对所要开发的系统进行整体的概述。

我们通常会单独采用一套文档来捕获架构概述这一工件，这套文档中会包含企业视图、分层架构视图以及 IT 系统视图。你当然可以随时向其中再添加其他的视图，但一般来说，这三种视图足以把当前所要构建的系统恰当地表示出来。本章演示了怎样把这些工件记录成一套文档，如果要想和利益相关者就系统架构进行有效的沟通，那就一定要掌握这个关键的元素。

大家值得花一些时间来为每一种视图打造一份模板，有了这些模板，我们就可以将其复用到各种系统的开发工作中。由于系统的基本构件都一样，因此这些模板应该能派得上用场。

本章还以 Elixir 项目的架构概述为例做了一次案例研究。通过这次研究，大家看到了怎样对视图模板中的大部分工件进行复用和改编。

在本章将要结束时，笔者强烈建议你先暂停一下，试着思考架构概述这一工件在整个系统架构中的关键地位和重要作用，并试着理解它的价值。你要是觉得它很重要，那自然就会投入一定的时间来开发这项工件，并为其撰写文档。

如果说系统架构的定义工作是一段旅程，那你现在已经坐到司机的位置上了！

5.8 参考资料

Bieberstein, N., Laird, R. G., Jones, K., & Mitra, T. (2008) *Executing SOA: A practical guide for the service-oriented architect*. Upper Saddle River, NJ: IBM Press.

Fowler, M. (2002*). Patterns of enterprise application architecture*. New York: Addison-Wesley Professional.

The Open Group. (n.d.) TOGAF specifications. Retrieved from http://www.opengroup.org/togaf/

Treacy, M. & Wiersema, F. (1997). *The discipline of market leaders: Choose your customers, narrow your focus, dominate your market*. New York, NY: Basic Books.

Weill, P., & Ross, J. (2004). *IT governance: How top performers manage IT decision rights for superior results*. Cambridge, MA: HBR Press.

第 6 章 架 构 决 策

跟着信念做决定。

上一章我们全面讲解了架构概述。架构中有很多个方面，而该章主要演示了其中三个不同的架构视图，它们合起来可以描绘出 IT 系统的宏观架构。有了这个宏观的架构概述，我们就可以逐渐深入地探寻解决方案中的各个细节问题。不过，在深入细节问题时，我们必须做出一定的决策，这些决策稍后会指引我们去详细地制作 IT 系统中的设计工件。这样的决策就称为架构决策。这些架构决策会对解决方案的框架造成影响，并且对其起到塑造和指引的作用。

本章将讨论架构决策的重要性，并且会指导大家适当地捕获这些决策。此外，我们还会用一些范例来对 Elixir 项目进行案例研究。

在讲解这些内容时，笔者会交替地使用架构构建块（architecture building block）、它的首字母缩略词 ABB、架构组件（architecture component）以及构建块（building block）这四种说法。这样做可以提醒你所在的团队：除了本团队当前所选的这种说法之外，还有其他三种说法指的也是同一个意思。另外，我们还可以选择与这四种说法都不相同的其他术语，然而在那种情况下，需要确保那个术语的含义和用法能够与上述四者一致。

6.1　为什么需要做架构决策

架构决策的重要性怎么强调都不为过。这些架构决策所涉及的议题合起来可以直接反映出架构师的思考过程，并且能体现出架构师在处理这些对架构至关重要的问题时所使用的方式。这些问题可能会对解决方案架构中的某一部分或整个架构造成影响。架构师通常要对架构上比较重要的一系列问题做出决策，他所选的每个问题都要经历一场结构化和系统化的评估过程，在这个过程中，架构师要从各种选项中找出一个最容易接受且最有道理的选项。

把架构决策记录成文档是一项极为关键的工作。将这些决策适当地捕获到文档中可以起到很多重要的作用，因为这种文档能够：

- 把所有的架构决策都统合到一个结构化的工件中，并对其进行分类。
- 把每项架构决策背后的想法以及进行决策时所依据的理由记录下来。
- 提供一份架构纲要，用以对系统设计工作给出指导。
- 为团队成员提供一份参考资料，使其能够了解并注意目前所做的决策，以及这些决策对解决方案架构所造成的影响。
- 确保架构可以进行扩展，并且可以为系统的演化提供支持。
- 防止以后无谓地思考原来已经想过的那些问题。
- 确保我们能够使用同一套语言来和不同的利益相关者就这些关键的架构决策进行沟通。
- 提供一个基准，使我们可以在系统逐渐演化并成熟的过程中，据此来回顾从前做过的那些架构决策，这可以令人意识到新的决策与早前定下的决策之间所具备的关联。

为了呈现出一套定义明确的解决方案架构，我们需要把架构决策适当地表述出来，这一点是值得反复强调的。笔者从系统架构的构建中所得到的经验是，如果想研发出实用而有效的架构，那就必须对架构决策给予足够的重视。

6.2　怎样开始进行架构决策

当我们开始表述架构决策时，应该对某些关键的问题进行思考，以确保系统开发所依赖的各个基本方面都能够得到覆盖。有很多因素会影响架构决策的成果。对于每一个有待考虑的决策来说，我们都必须彻底评估它对系统成本、性能、可维护性、资源利用度以及开发时间所造成的影响。

依从性（compliance）是个重要的因素，它对任何架构决策都会有影响，因此架构师一定要考虑该因素。下面列出一些注意事项，架构师在制定大多数架构决策时，都需要考虑这几个问题：

- 与系统的启动及关闭、错误处理、日志记录以及在不明确的系统状况中进行回滚与恢复有关的 IT 策略。
- 与标准接口有关的 IT 方针。比如，访问数据库时要使用 JDBC/ODBC，实现 MVC（模型－视图－控制器，Model View Controller）时要使用 Spring 框架，交换信息和数据时要遵循（适用于保险业的）ACORD 行业标准等。

❑ 相关的架构组件为安全和隐私方面的要求提供支持，以及对企业各项规定的遵守能力。

❑ 与数据的保存、归档、事务管理以及安全等方面有关的数据管理策略。

对依从性所做的考虑强调的是对策略的遵守程度问题，除此之外，我们在做决策时，还应该考虑一些更为纯粹的架构问题。这些问题就好比一套酸性测试（acid test，试金法），无论面对什么样的架构决策，我们都应该先进行这套测试，然后再去敲定它。笔者将这些测试称为决策石蕊测试（Decision Litmus Test，DLT）。下面给出一套适用于初学者的 DLT，你在为自己的解决方案制定每一个架构决策时都可以进行这些测试：

❑ **完整性（Integrity）**——如果把某个组件放入架构中，那么该组件应该要能够维持总体架构的完整性，而不应去破坏或损害架构中的某些方面。

❑ **完备性（Completeness）**——每个架构构造块（ABB）所具备的特征应该都得到描述和定义。

❑ **包含度（Containment）**——每个架构组件都应该位于且只能够位于架构中的某一层里。

❑ **有效性（Validity）**——我们要证实某个 ABB 确实能够像预期的那样进行运作，也就是说，该 ABB 能够具备原先所描述的那些特征。

❑ **可靠性（Reliability）**——每个架构组件都应该能在各种使用情境之下运作，而且要能够协调一致地运作。

❑ **独立性（Independence）**——每个架构组件都应该是单独或独立的，也就是说，每个架构组件都是可以分开对待的（orthogonal，正交的）。

❑ **灵活性（Flexibility）**——某个 ABB 应该能够与其他组件相集成，并且能够运用在不同的情境中。

我们一定要了解并认识到一点，那就是在运用这些 DLT 之前，需要先判断其中的每项测试是否适用于当前所要考虑的架构问题。我们只需对适用于当前问题的那些 DLT 进行考虑即可。面对不同的问题，可能需要考虑不同的 DLT。此外，笔者在给出上面这份列表时，并没有打算写出所有的 DLT，而是只想举出一些例子，以帮助大家研究并制定架构决策。

6.3 创建架构决策

不同流派的架构师会用不同的方式来提出架构决策问题。笔者并不想对这些技巧进行对比分析，而是打算分享一些可供参考的指导意见，以帮助大家形成一套系统的思路，使架构师可以按照这套思路去提出架构决策问题。下面将要讲述的这个技巧笔者已经使用了二十多年，我觉得这个技巧可以恰到好处地捕获架构决策这一重要的工件。

打算提出某个架构决策时，最好能够使用模板驱动法（template-driven approach）来确定一套定量的属性，以帮助我们制定该决策。在本节接下来的内容中，笔者将会专门讲述模板中的每一个定量属性，解释它们的含义，并告诉大家应该怎样填写这些属性。

主题区域（Subject Area）——用来描述 IT 系统中的特定领域。这种领域也称为主题区域，它能够帮助我们对自己所面临的问题和挑战进行分类，因此这些区域本身就具备架构方面的意义。系统管理、安全、用户界面等，都可以成为主题区域。在给这些区域起名字时有一个简单的办法，那就是参照对架构进行分层时所采用的那套术语（请参阅第 5 章）来为这些区域命名。等到这些区域开始逐渐定形时，你可以再对其进行完善。

ID（是 identification 的缩写，识别码）——每个架构决策都拥有这样一个互不相同的编号，例如 AD04、AD16、AD23。通过这些编号，我们可以看出某些架构决策之间的关联，而且还可以用它来简便地引用某个特定的决策。项目团队中的人员通常喜欢用 ID 来指代相关的架构决策，如果团队成员只要一听到某个 ID，就立刻能够想到对应的决策，那说明此团队已经采纳这项决策了。

话题（Topic of Interest）——在某个主题区域之内所确定的议题。主题区域中究竟应该包含哪些话题并没有一套固定的规则可循。开始拟定话题时，架构师一般喜欢从效率、可靠性、易缩放性、弹性、可扩展性及可用性这几个点入手。

架构决策（Architecture Decision）——为当前所要考虑的这个架构决策提供一个描述性的名称。这样做是想让我们能够以这个简短的名字来指代该决策。把主题区域、话题以及名称这三者结合起来，我们通常就可以迅速地了解手头所要处理的问题。比如，在名为"安全"的主题区域中，有一个叫做"联合身份管理"（Federated Identity Management）的话题，该话题带有一段简短的问题描述，其标题是"为处于分布式拓扑部署结构中的用户提供验证支持"。

问题陈述（Problem Statement）——是对问题所做的详细陈述，它要对刚才拟定的那个架构决策名称进行阐发。问题陈述可以写得较为详细，但通常占据两三段就好。

假定（Assumption）——描述我们在给问题提供解法时所必须遵循的约束规则及边界条件。也可以把前置条件（pre-condition，系统在遇到该问题之前所处的状态）以及后置条件（post-condition，系统在该问题得到解决之后所处的状态）写出来，以帮助我们判断该问题的解法能否确保总体解决方案的架构完整性不受破坏。

动机（Motivation）——描述我们在解决手边的特定问题时的动机。比如，我们可能想要降低复杂程度，想要使运算量在负荷增多时不要上升得过快，或是想要减少系统冗余等。

候选方案（Alternative）——描述在考虑当前问题的解法时所想到的各种候选方案。（在架构决策中，这有可能是最为重要的方面。）我们要详述每个候选方案的优点和缺点，或是详述每个候选方案在解决问题时所表现出的优势和劣势。在描述其优缺点时，可以从技术的角度或处理问题的角度入手描述该方案的简单或复杂程度，也可以从成本及时间方面入手描述该方案对系统的影响，此外还可以从其他一些因素入手。请大家注意，并非每个架构决策都要对应于多个候选方案。某些架构问题完全可以只有一个候选方案，那个方案自然会成为最终的解决方案。但笔者还是建议在有可能的情况下，应该尽量多考虑几种候选方案。

决策（Decision）——对架构决策所做的最终选择。我们会在候选方案中挑出最好的一个方案，并将其作为解决方案，以解决问题陈述中所描述的问题。

理由（Justification）——描述在多个候选方案中选定最佳方案时所依据的理由。我们会列出该方案所遵从的一系列架构原则，另外还可以列出该方案所未能遵守的一些原则（要解释该方案为什么会偏离这些原则）。

后果（Implication）——描述该决策对整个项目产生的影响。有些决策造成的影响仅限于技术层面，例如某个架构决策会影响本项目对工具、开发技术或平台所做的选择。此外，由于解决方案可能会具备一定的特征，因此架构决策可能还会对项目成本及项目进度等方面造成影响，例如会影响实现的复杂程度，以及对不同的工具、开发技术或平台的需求等。在填写架构决策模板时，如果该决策不会造成太多影响，而且其解决方案又完全位于已知的各项约束、各条边界以及整个项目的范围之内，那我们就可以省略模板中的这一条。

派生的需求（Derived Requirement）——把选定的问题解决方案所产生出来的额外需求逐条记录下来。比如，如果我们决定不把企业系统放置在外围网络（Demilitarized Zone，DMZ）中，那么就会产生出一条附加的需求，也就是需要添加另一道防火墙。与上一条类似，如果架构决策并没有派生出任何需求，那就可以把该实体省略掉。（请注意：在没有发现额外需求时，用不着去冥思苦想。要是真有这种需求，那它们自然就会呈现出来。）

相关的决策（Related Decision）——描述与本决策有关系的其他一些架构决策。模板中的这一项属性会帮助我们发现各决策之间的关联与联系。

在查看架构决策所具备的各项属性时，笔者经常会发现自己漏掉了其中的几项，或是觉得自己没有能够把它们和整体的架构决策合起来进行观察。为了避免这种现象，我觉得用表格来罗列这些属性会显得更加紧凑，因为表格可以把架构决策具备的各项属性较为清晰地描绘出来。于是，笔者要在表 6-1 中给出自己所使用的表格，这或许能够帮到大家。

表 6-1　捕获架构决策所用的模板表格

主题区域		ID	话题
架构决策			
争议或问题			
假定			
动机			
候选方案			
决策			
理由			
后果			
派生的需求			
相关的决策			

笔者经常发现有人在拿到模板之后，会根据自己的想法做一些修改，然后宣布："我按照自己的需要把它定制了一下！"大家可能都见过这样的人吧？或许你自己就这样做过？现在我们就来演示一回。

表 6-2 是一份经过定制的模板，它是以表 6-1 为基础制作的。笔者曾在一些场合使用过这份模板。大家要记得，模板只是一套指导意见，我们应该根据自己的需求来灵活地使用它。

表 6-2　对表 6-1 中的模板进行定制，以演示如何用它来捕获架构决策

主题区域	服务设计	ID	话题
架构决策	Web 服务所用的消息传递风格。	AD007	
争议或问题	使用 RPC 来传递消息和使用 Document 来传递消息这两种做法，分别会给 XYZ 系统的 Web 服务架构造成何种影响。		
指导原则	• 在时间和资金许可的前提下，尽量展示出较强的业务能力。 • 尽量减少这一变更对预留系统（Reservation System）及现有销售点（Point of Sale，POS）的影响。 • 尽量减少由于技术切换、系统集成以及宿主平台的开发而带来的风险。 • 需要支持 OTA（Open Travel Alliance）XML。		
动机	尽量缩减性能开销。		

（续）

主题区域	服务设计	ID	话题
候选方案	**选项1：** 采用RPC（Remote Procedure Call，远程过程调用）风格。 RPC方案会通过SOAP（Simple Object Access Protocol，简单对象访问协议）消息，以一种类似远程调用的方式来和后端服务进行交互。这种交互采用的是一种简单的请求/应答机制。客户端发送一条含有方法调用的SOAP消息。应用程序服务器接到这个请求后，会将其转换成后端对象。交换数据所用的格式是XML。 优点：该方案只需要我们做极少量的开发工作即可，因为消息与后端对象之间的所有映射都已经实现出来了。 缺点：RPC通常是静态的，如果方法签名有变化，那么客户端就要做出修改，这会导致客户端与服务提供者之间紧密地耦合起来。此外，该方案无法支持OTA XML消息。 **选项2：** 采用Document风格。 此方案所使用的XML"业务文件"（business document）本身就是一份完备且自足的文档。服务方收到XML文档之后，可以进行某些数据处理工作、执行某些业务逻辑代码，并构建相应的回复信息。该方案不需要与后端对象建立直接的映射，而是会与异步协议结合起来，以提供较为可靠且耦合较为松散的架构。 优点： • 能够完全利用XML所具备的能力来描述并验证业务文件。 • 不需要在客户端与服务提供者之间建立紧密联系。该方案所使用的规则比较宽松。 • 由于该方案中的XML文档是自成一体的，因此适合进行异步处理。 • 由于该方案是面向文档的，因此很容易就能支持OTA XML消息。 缺点：该方案实现起来通常比RPC困难。开发者必须对接收到的XML数据进行更多的处理及映射工作，而且还需要学习新的工具，以实现对相关数据所进行的转换。		
决策	同时采用RPC和Document这两种风格。		
理由	我们决定同时采用RPC与Document这两种消息传递方案。Document风格用于应对那些适合以Document方式来处理的事务（例如OTA XML消息），而RPC风格则用于应对那些适合以RPC方式来处理的事务。最终我们还是会把RPC风格的消息传递操作全都替换成Document风格，因为后者所带来的好处要大于它的实现成本。		
后果	一开始——也就是在实现工作的第一个阶段中——需要同时维护两种消息传递风格。如果以后决定全都切换到Document风格，那么可能需要重新做一些工作。		
派生的需求	无		
相关的决策			

笔者撰写这一节是想为大家演示应该怎样提出架构决策，并想告诉大家一些与决策有关的建议。接下来我们开始进行案例研究。

6.4 案例研究：Elixir 的架构决策

刚才我们看到了架构决策这一工件的多个方面，现在回到对 Elixir 系统的案例研究上。Elixir 的最终产品包含 10 个架构决策。为了简洁起见，笔者写出其中的两个架构决策，让大家看看实际工作中的架构决策是什么样子。表 6-3 和表 6-4 中的这两个决策是彼此关联的。

表 6-3　Elixir 的架构决策（AD004）

主题区域	建议管理	ID	话题
架构决策	由 Elixir 系统所生成的建议应该采用什么样的消息格式。	AD004	信息架构
争议或问题	Elixir 系统会输出一种重要的信息，那就是它对任意设备的维护工作所给出的建议。尽管我们当前使用的是 SAP Plant Maintenance（SAP PM）这个维护系统，但也有可能会迁移到 IBM Maximo® 上，并将后者用作设备维护与工作定单记录系统。 我们所面对的挑战是：提出一种信息交换格式，以便在 Elixir 与维护系统之间以最优的方式交换信息。		
假定	当前的 SAP PM 接口，支持以基于 XML 的消息格式来提交工作定单。		
动机	如果要把负责维护工作的记录系统从 SAP PM 迁移到 IBM Maximo，那我们希望减少这次系统迁移对 Elixir 所造成的影响。		
候选方案	选项 1： 采用 SAP PM 所公布的 API 来提交由 Elixir 所发出的工作定单申请。 优点： • 这套 API 具有良好的开发文档，而且用起来比较简单。开发团队已经很熟悉这套 API 及其用法了。 • 开发时间较短。 缺点： • Recommendations Management（建议管理）子系统在实现上会和 SAP PM 特有的工作定单 API 紧密耦合起来。 • 如果企业决定把实现代码迁移到 IBM Maximo 上，那么 Elixir 系统不太能够从容地应对这次迁移。 选项 2： 采用 MIMOSA Open O&M 行业标准。创建一种遵循 MIMOSA 标准的 XML 消息结构，并利用 MIMOSA EAM（企业资产管理）适配器将这种 MIMOSA 标准的 XML 结构适配到 SAP PM 上，以便创建工单。		

（续）

主题区域	建议管理	ID	话题
候选方案	优点： • 这样设计出来的 Elixir 系统能够比较柔韧地应对外界的变化，尤其是将来可以顺利地从 SAP PM 迁移到 IBM Maximo。 • 适用于 IBM Maximo 的那个 MIMOSA EAM 适配器在创建工作订单时也接受同一种 MIMOSA 标准的 XML 消息结构。这意味着迁移行动不会对 Elixir 系统造成太大影响。 • 能够以一种遵循行业标准的方式来交换数据。 缺点： • 开发团队要想掌握基于 MIMOSA 的信息交换格式，需要经历一段艰难的学习过程。 • 我们最近已经证明使用 SAP PM 所提供的 API 是可行的，而现在又要去改用另外一种方案。 • 项目的开发时间和成本会有所增加。		
决策	采用选项 2		
理由	由于 SAP PM 和 IBM Maximo 这两种产品都兼容 MIMOSA 标准，因此工作定单所采用的消息结构即便不完全相同，也会非常相似。这意味着我们从 SAP PM 迁移到 IBM Maximo 时，只会对 Elixir 造成很小的影响。 　刚开始学习这种标准格式时，确实会有一段爬坡的过程，但经过分析我们发现，该方案所耗费的时间，要比先采用方案 1 来实现，稍后再去改写 Recommendations Management 子系统所花的时间更少。		
后果	需要在项目时间表中提前给本计划安排一定的时间。		
派生的需求	无		
相关的决策	AD007		

表 6-4 用来捕获另外一个架构决策，它与表 6-3 所捕获的那个决策是有联系的。

表 6-4　Elixir 的架构决策（AD007）

主题区域	推荐管理	ID	话题
架构决策	保证工单请求确实能够提交到维护记录系统。	AD007	集成架构
争议或问题	根据预测模型来提交工单，是 Elixir 系统所生成的一项重要成果，这其中包含着一些可行的结论及建议。因此，我们一定要保证由 Elixir 系统所推荐的维护工单能够得到执行，而不会因为企业应用程序或网络中的某些意外故障而遭到丢弃。 　需要构想一套解决方案，以确保由 Elixir 所提交的工单不会丢失。		
假定	SAP PM 与 IBM Maximo 中的 MIMOSA 服务器都具有一项可选的功能，那就是能够通过基于队列的技术，来异步地提交工单请求。		
动机	防止工单请求（也就是由 Elixir 所推荐的维护操作）丢失。		

（续）

主题区域	推荐管理	ID	话题
候选方案	**选项 1：** 使用由 SAP PM 所公布的 MIMOSA API 来提交请求，以便投递由 Elixir 系统所给出的工作定单。 优点： • 开发时间较短。 • 不需要构建额外的基础设施。 缺点： • 如果 MIMOSA 服务器发生故障，或是 Elixir 系统临时出现问题，那么工作定单请求就有可能丢失。 • 如果 Elixir 与维护记录系统（可以由 SAP PM 或 IBM Maximo 来充当）之间的网络连接出现问题，那么工作定单请求就有可能丢失。 **选项 2：** 利用基于队列的机制来实现一个中介者（mediator），以便在工作定单请求的提交与该请求在 SAP PM 的实际注册之间进行协调。 优点： • 基于队列的中介机制，可以保证工作定单确实能够得到投递，无论是 MIMOSA 服务器下线、SAP PM 系统不可用，还是 Elixir 与 MIMOSA 服务器之间的网络连接有问题，该机制都能保证工作定单请求得以投递。 • 即便 Elixir 系统中的某些组件在该系统发起请求之后出现故障，该机制也依然能够确保工作定单请求可以得到投递。 缺点： • 需要单独实现一套消息传递系统并为其搭建基础设施。 • 由于我们要实现队列管理器和队列配置，因此需要在项目计划表中为这部分工作量额外留出一些时间。		
决策	采用选项 2		
理由	我们一定要把由 Elixir 系统分析得到的这些维护建议提交上去，因为这种前瞻性的维护工作定单对机器来说是相当重要的，如果不按照这些工作定单进行维护，机器中一些昂贵的部件可能就会损坏。 因为消息传递系统已经成为系统总体架构中的一部分，所以我们同样可以利用它来应对当前这种使用情境。因此，该方案所增加的开销并不是特别大，而且由于该方案能够尽早探查机器故障并提前采取缓解措施，因此它虽然会引发一些开销，但同时也会产生很大的业务价值。		
后果	需要在项目计划表中提前给本计划安排一定的时间。		
派生的需求	无		
相关的决策	AD004		

6.5　小结

本章专门讲解第三个软件架构工件，也就是架构决策。在日常的架构定义过程中，这可能是最受重视的一种文档了。架构决策能够起支柱作用，它会为复杂系统的设计与实现提供说明和指导。这些决策合起来可以构成一套审计机制，使我们能够对架构决策的全过程进行追溯。项目的主架构师或解决方案架构师，可以利用架构决策来保证系统的详细设计与实现工作能够与总体的架构方针相契合。

本章讲解了一些基本原理，旨在阐明我们对架构决策进行捕获与归档的意图、目标及重要性。本章还讲解了一些能够影响决策制定过程的关键元素。然后，笔者给出了一份捕获架构决策所用的正式模板，该模板可以令各项决策的捕获过程变得更加规范。本章最后演示了两个架构决策的捕获过程，以此来对 Elixir 系统进行案例研究。

在本章将要结束时，笔者还是想和第 5 章一样，劝大家先停下来，试着思考架构决策的实质意义、重要作用以及它对整个系统架构开发工作的价值。如果你正在某个项目中当架构师，那么不妨把自己原来做过或即将去做的那些决策重新审视一遍，并利用本章所学的知识，尽量对这些决策加以完善。

读者现在已经看到了相当多的内容，并且有了架构决策方面的知识做支撑，现在应该继续前进，去学习下游的设计和实现。在经过本章时，你有没有带走一些有用的东西呢？我想应该有吧。

第 7 章　功能模型

我因为运作，而得以存在。

曾经有一些架构师坚信，只要把系统环境、架构概述以及架构决策这三个环节彻底处理好，自己的工作也就算完成了。剩下的都是一些设计工作，把它们留给那些打下手的人去做吧。然而笔者要说的却是，现在的情况已经和原来不同了。现在我们必须更加努力、更加灵巧地工作，也就是说，不仅要挣够买面包的钱，而且还要用足够的热情去提高架构的价值并扩大其范围，使我们可以凭借架构工作，在软件开发过程中创造更多的财富。

本章将要演示怎样确定系统在功能方面的宏观设计工件，并告诉大家如何用文档来记录这些工件。笔者要教大家怎样把架构构建块（ABB）拆解成设计层面的构件，使这些构件合起来能够实现出 IT 系统的功能需求。每个 ABB 都会宏观地描述相应的架构组件在整个解决方案中的能力。这些组件不仅能帮我们确定架构蓝图，而且还能使我们按照性质将其划分为功能与操作这两大类。

本章专门讲解系统中的功能 ABB，并提供一些指导和建议，告诉读者怎样将其转换为宏观的设计工件。通过从高到低的逐层迭代，大家可以在功能设计模型中，看到具体程度各不相同的多个层面。本章也会指导读者用一种较好的方式，去执行功能分解流程中的各个步骤。最后，我们会对功能模型中的一部分内容进行实例化，以此来对Elixir 系统做案例研究。

7.1　为什么需要功能模型

在系统架构的实现过程中，功能模型是位于架构决策之后的一个环节。该模型可以帮助我们对下列几个方面进行确认与定义：

❑ IT 系统的结构。

❑ IT 系统中某一套特定的组件之间所发生的依赖关系及交互情况。

❑ 一些架构组件。它们可能针对的是本 IT 系统，也可能针对的是本 IT 系统所要用到的一套技术组件。

功能模型中的组件，有很多用途。下面我们就来看看其中较为重要的几个用途：

管理系统复杂度——功能模型会对 ABB 做迭代式的分解。这可以把一个大系统分解成一系列比较小，且比较容易管理的块。每一个块都具备清晰的责任和明确的接口，这些接口不仅有助于我们把该块的职责实现出来，而且还使我们可以据此来和其他的块进行通信（也就是进行协作）。这些可管理的块，称作 IT 子系统，也可以直接称为子系统。我们可以独立地设计并实现每一个子系统，而不必过分担心系统的其余部分，这样，系统在设计和实现过程中的复杂度就得到了管理。（Jacobson et al. [1999] 的书详细讲解了基于 UML 的系统设计。）通过明确的接口把各个子系统集成起来，就可以实现 IT 系统的整体功能，并满足功能用例。我们的思路是，先分而治之，然后再把"已经征服的"每一块拼合起来，以构建整个帝国。也就是先把系统分解成子系统，然后再通过已经公布的接口，对这些子系统的功能进行编排，从而实现系统所要求的用例。

与操作模型之间建立连接——功能模型会从宏观的逻辑定义开始，经过一系列步骤，逐渐演化为物理实例。在这个迭代式的过程中，我们会给物理组件赋予一些属性，用以表示该组件所应考虑并支持的一些非功能型参数。这些属性确定了组件的特征，而这种特征，通常又会影响并决定该组件在运行时应该部署到哪一类单元或节点上，也就是会影响该组件在操作方面的一些因素。把功能模型的详细规格（即物理模型）制定出来，使得我们可以将该模型与物理操作模型相集成。（本章稍后会详细讲解这个话题。）

确立架构及设计活动与工件之间的关联——功能模型可以确定一系列组件。由于这些组件直接从 ABB 派生而来，因此我们可以根据组件追查到与之相关的 ABB，也就是说，我们可以直接根据这些组件来追溯系统的架构。此外，这些组件都具备一定的细节，我们会把这些组件当作构建块，对其进行设计，并为其撰写文档，以便进行实现。因此，功能模型可以把系统架构与实现工件黏合起来。

确立需求与架构之间的关联——由于功能模型明确指出了每个组件在功能方面与非功能方面的能力，因此，我们可以直接从该模型追溯到系统的需求。

我们一定要认识到功能模型的价值，因为这关系到整个大架构。笔者想要展示功能模型的各个方面，并讲解寻找及捕获相关工件所用的技巧。当我们认识到功能模型的价值，并理解研发该模型所需的技巧之后，就可以指导实现团队来实现此模型了，此外，我们还可以帮助项目经理来安排本项目在设计和实现上所需的时间。

7.2　可追溯性

任何 IT 构件或 IT 工件，都必须能够直接或间接地追溯到某个业务构件。从 IT 架构中的工件追溯到业务领域中的构件，是相当重要的，因为这可以令架构工件（也就是工作产品）与业务方面的驱动力、目标以及待解决的问题保持一致。业务分析师会对业务领域中的问题进行分析，并以一种与具体技术无关的方式来捕获业务需求。"需要构件**什么样**的软件"，这是由分析师来捕获的，而"**怎样**实现这个软件"，则需要由 IT 架构师、设计者及实现团队来解决。

对业务领域所做的分析，位于业务架构这个更大的环境之下，其中所涉及的特有技巧及方法，已经超出了目前的讨论范围。不过笔者可以提供一个简单的例子。Component Business Modeling（CBM）是一种用来定义业务架构的机制。CBM 矩阵（请参见下方的文字框）的每一列代表一种业务能力（business competency），每一行代表一种职能级别（accountability level）⊖。矩阵中的元素都是业务组件，每个组件都在企业的生态系统中扮演着特定的角色。它们之间通过相互协作与紧密集成确定并实现企业的业务流程。（IBM [2005] 详细讲解了 IBM 的 CBM 方法及技术。）

CBM 矩阵

　　业务能力——这些能力宏观地描述了企业所进行的活动。你可以将其视为企业内部的组织单元。比如，某张 CBM 图可以把客户、产品与服务、渠道、物流以及业务管理这 5 部分，当成一组企业能力。

　　职能级别——每一个业务组件都具备一定的职能级别，其取值可以是下列三者之一。

　□ **指挥**——位于该级别的组件，会向其他组件发出战略指示，并为其指明公司的策略。

　□ **控制**——位于该级别的组件，会对性能进行监控，对异常进行管理，并负责保守企业的资产及信息。

　□ **执行**——位于该级别的组件，负责驱动企业去创造价值。

图 7-1 是一张典型的 Component Business Model（CBM）图。该图给大家提供了一个参考。如果你以后碰到相似的图，那就知道自己正在看 CBM 之类的东西了。

为了给整个业务架构或其中的某一部分提供支持，我们会从业务架构转向 IT 架构，在此过程中，CBM 模型中的业务能力，可以用来确定一套核心的业务领域，而每一个

　⊖　也译为可靠性级别，下同。——译者注

业务领域，又可以分解成多个功能区域。一个功能区域可以封装多个业务流程、子流程以及业务领域中的业务用例，于是，功能区域在逻辑上就成了内聚的功能单元。功能区域以模块的形式对业务进行了展示，使得我们能够以此为基础，来对 IT 子系统进行认定、命名及设计。而 IT 子系统的认定及设计工作，又促使我们去创建功能模型。大家沿着这个思路反向推上去，就可以明白"可追溯性"究竟是什么意思了。

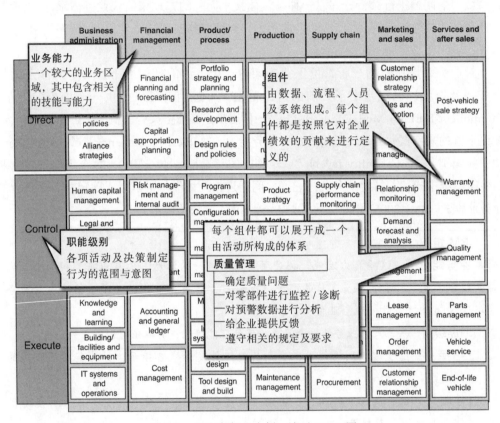

图 7-1　以汽车行业为例，演示 CBM 图

图片来源：IBM 企业咨询服务（Business Consulting Services）与 IBM 商业价值研究院（Institute for Business Value）

7.3　制定功能模型

功能模型是以迭代的方式来开发的，我们会从宏观的抽象概念出发，逐渐转向具体的设计工件和实现工件，每一次迭代都会提升该模型的具体程度。这样做是为了缩短

宏观 ABB 与具体实现之间的距离。笔者此处所关注的 3 个迭代阶段，分别是逻辑层面的设计、规格层面的设计以及物理层面的设计。笔者发现，这种三层迭代式的设计是最为常见的设计方式，而且对于整个系统的架构来说，它也是极为有效的功能模型研发技术。为了完备起见，笔者还要指出另外一个构件，那就是概念层面的设计，在功能模型的演化过程中，这是抽象度最高的层面。

这四个层面，在语义上可以简单地总结如下：

概念（conceptual）层面——该层面是用一些模型来描述的，这些模型表示当前领域中的概念。模型中的元素与具体技术无关（也就是说，这些元素不针对任何具体技术），它们处理的是人员、流程、对象等现实世界中的实体，以及这些实体的相关属性。

逻辑（logical）层面——该层面是用一系列工件来描述的，这种工件通过一组功能上较为内聚的构件来确定软件系统的结构，这样的一组构件称为子系统，每个子系统都用来封装一个或多个具有名称的组件。

规格（specified）层面——该层面是用一些模型来描述的，这些模型表示带有详细属性的软件组件，这些组件通过其接口及外在行为，合起来对 IT 系统的规格进行定义。

物理（physical）层面——我们会用某种具体技术来实现具有特定规格的组件，并以此来描述该层面。

本章只关注逻辑、规格以及物理这三个设计层面，因为笔者觉得，从实际效果来看，这三个层面所产生的价值是比较多的，因此在制定功能模型这一工件时，我们应该把较多的时间和精力放在它们上。

7.3.1 逻辑层面的设计

在制定功能模型的逻辑层视图时，我们要遵循两个主要的步骤。第一步是确定一套子系统，并确定每个子系统所具备的一系列接口，这些子系统就其自身来看，通常是独立存在的，同时它们又可以通过一系列清晰的相互依赖关系，来与其他子系统之间建立联系，于是，这些子系统合起来就可以描绘出 IT 系统的行为。第二步是给子系统内的每个组件制定详细的规格，在制定规格时，我们要关注这些子系统通过公开的接口及协作关系所表现出的行为。

笔者在本章中将以银行业为例进行演示。之所以再一次选择银行业，是因为我们都对钱的事情比较关心。

7.3.1.1 子系统的认定

子系统是第一等的（first-class）的 IT 构件，它是对功能区域的直接反映。功能区域中的能力，可以用一个或多个 IT 子系统来展示并实现。业务功能与功能区域之间的关系，就好比 IT 功能与 IT 子系统之间的关系，功能区域用来支持业务功能，而 IT 子系统则用来封装 IT 功能。功能区域可以映射并分解为 IT 子系统，这正如业务功能可以由一个或多个 IT 功能来实现。这些 IT 功能在逻辑上可以组合并封装成一个独立的单元并加以实现，这个单元，就是 IT 子系统。由于 IT 功能可以用一组（也就是一个或多个）软件组件来实现，因此 IT 子系统也可以认为是一个由若干软件组件所构成的群组。这些 IT 功能，是通过一套子系统级别的接口来展示的，而每一个接口，都由 IT 系统内的某个软件组件来实现。于是，从本质上来说，子系统就是由功能上较为内聚的若干组件所构成的，无论是对这些组件进行增强，还是对其进行修复，我们都可以把变化所产生的影响控制在子系统的边界之内。这种对 IT 系统进行模块化处理，并将其分解为多个子系统的做法，可以促进平行开发（parallel development）。也就是说，每一个实现团队都可以在遵守外部接口约定的前提下，各自去开发其子系统的内部功能。

一般来说，子系统的认定是我们所要完成的第一项任务。我们需要确定系统中的子系统，并捕获其定义及特征。对于每一个子系统来说，我们还需要确定其宏观的接口，并对这些接口加以声明。笔者建议大家参考表 7-1 中的模板，来捕获每个子系统所必备的各项工件，采用这种办法来捕获架构工件，与本书一贯宣称的"恰到好处"原则是相符的。

表 7-1　捕获与 IT 子系统有关的必要细节

子系统的 ID：	SUBSYS-01
子系统的名称：	My Subsystem
功能：	F1、F2
接口：	I11、I12、I21

子系统的 ID——每个子系统都具备一个独特的 ID，这使得我们很容易分辨出不同的子系统，并且能够在它们之间交叉引用。

子系统的名称——也就是我们给子系统所起的名字，例如账户管理、交易管理等。

功能——指的是子系统所具备的一系列 IT 功能，子系统会将这些功能展示成自身的行为。为了确定这一系列功能，笔者建议大家去分析系统用例，按照逻辑进行分组，并将其归给功能上最为契合的那个子系统。

接口——指的是该子系统所支持或公布的所有接口。比如，在账户管理子系统中，可能会有一个名为 Withdrawal（取款）的接口。在目前这个层面上，我们只需给接口指定一条文本描述即可。

在逻辑层面捕获设计工件时，可以用 UML（Unified Modeling Language，统一建模语言）图来展示子系统及其相互关系，并把这张图视为设计工件的一部分。请看图 7-2 中的范例。

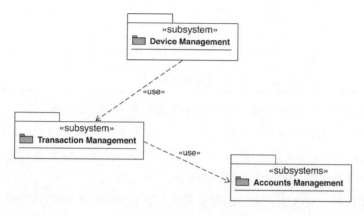

图 7-2　描绘子系统之间的关系

要想更详细地了解 UML，请参阅由 Object Management Group (2011) 所维护的 UML 规范。

7.3.1.2　组件的认定

认定完子系统并将其职责捕获下来之后，我们就该认定宏观的软件组件了，这些组件合起来能够实现由子系统所公布的那些接口。正如前面所说，在功能模型中，IT 子系统是第一等的 IT 表现形式。因此，在子系统之内，我们应该按照各 IT 功能与核心业务实体之间的密切程度来整理这些功能。比如，图 7-2 中的 Accounts Management（账户管理）子系统中可能就会有两个软件组件，其中一个用来处理储蓄账户，另一个用于实现与支票账户有关的特性。

因此，本例可能会出现两个组件，一个叫做 Saving Account Manager（储蓄账户管理器），另一个叫做 Checking Account Manager（支票账户管理器）。对组件的认定，并不是一项特别严谨的事情，它有时要取决于设计者所选取的组件粒度。比如，某些设计者可能认为：账户管理子系统中只应该有 Accounts Manager（账户管理器）这一个组件，而不应该分成 Saving Account Manager 与 Checking Account Manager 这两个组件。这两种划分方式并没有绝对的正误之分，我们只需保证自己认定出来的组件较为直观和切题即可。

对于每一个认定好的组件来说，我们都要捕获其中某些关键的细节。笔者推荐大家采用表 7-2 这样的方式，来记录每个组件所必须具备的那些细节。

表 7-2 宏观的组件职责

子系统的 ID：	SUBSYS-01
组件的 ID：	COMP-01-01
组件的名称：	账户管理器
组件的职责：	其职责包括 • 对于某位已经认定其身份的客户来说，确定其储蓄账户与支票账户。 • 对给定客户的储蓄账户中所发生的一切活动进行管理。 • 对给定客户的支票账户中所发生的一切活动进行管理。 • 管理与客户配置信息之间的联系。

子系统的 ID——指出包含该组件的那个子系统所具备的独特标识符。

组件的 ID——我们给该组件所赋予的一个独特标识符（identifier，ID）。

组件的名称——也就是我们给该组件所起的名字。这个名字应该直观一些，而且最好是根据该组件通常所管理的业务实体来起。

组件的职责——对我们指派给该组件的职责，以及该组件所应该完成（或者说应该实现）的职责所做的文本描述。

7.3.1.3 组件之间的交互

当我们在逻辑层面上把组件认定好之后，接下来就要认定对架构比较重要的一些业务用例了。我们会对这些用例进行分析，然后站在架构的立场上，把其中较为重要的那些用例挑出来。对于每一个在架构上比较重要的用例来说，我们都会用组件交互图（component interaction diagram）对其进行详细描述，以展示出该用例是怎样通过组件之间的协作而得以实现的。在绘制协作图（collaboration diagram）时，我们会在组件之间创建连接，并且会给这些连接标注一些消息，以此来展示组件之间的交互情况。消息的名称，用来表示我们触发某个特定行为（也就是功能）的意图，我们之所以会在某个组件上触发这个行为，是为了满足总体用例中的某一部分要求。这些消息可以理解成发生在组件上的伪操作（pseudo operation，虚拟操作），这些操作体现出了该组件的职责。

业务用例与系统用例

业务用例（business use case）用来描述业务流程，业务流程可以通过一个或多个系统功能得以实现，而每一个这样的系统功能，都可以认为是一个系统用例（system use case）。

当我们通过组件间的协作情况来描绘业务用例的宏观实现时，可能会用消息来表示对组件所做的调用，而这个消息，既有可能与某个用例相关联，也有可能本身就是一个系统用例。因此，从本质上来说，我们可以把系统用例直接与组件的某一部分职责关联起来。组件的职责，一般体现为一个接口或接口中的一项操作。系统用例的精细程度，通常决定了系统用例是与整个接口相对应，还是与接口中的某项操作相对应。

图 7-3 是一张组件交互图。账户管理器组件以及其他两个组件，合起来描绘了"从
ATM 取款"这个业务用例的宏观实现方式。

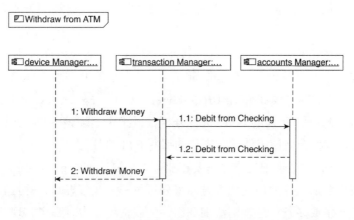

图 7-3　为业务用例而绘制的宏观组件交互图

总之，为了适当地从逻辑层面捕获功能模型中的设计工件，我们需要完成子系统的
认定、组件的认定以及组件之间的交互这三个步骤。

7.3.2　规格层面的设计

在对功能模型进行规格层面的设计时，我们会详细描述每个已经认定的组件所具备
的行为。我们可以从这些组件的逻辑定义出发，然后逐渐展开，使其最终能够符合下列
几项要求：

❑ 组件的接口都得到了明确的定义。

❑ 每个子系统所拥有的数据元素或数据实体都得到了认定，并且进行了详细的描
述。（数据实体与企业的核心业务实体相对应，在这些核心业务实体中，有某一
部分实体适用于当前所要考虑的 IT 系统。）

❑ 每个组件的职责都得到了更加细致的阐述。

推荐大家按照下面这 5 个步骤来对功能模型进行规格层面的设计。

❑ 绘制（详细的）组件职责矩阵。

❑ 为组件的接口制定规范。

❑ 对数据实体进行认定，并将其与子系统关联起来。

❑ 绘制（详细的）组件交互图。

❑ 把各组件安排到适当的层中。

7.3.2.1 绘制组件职责矩阵

在这一步中，我们先构建一个初始的矩阵，该矩阵和刚才在逻辑层面的设计中所构建的那个矩阵相同（参见表 7-1）。然后，我们要更加详细且更加完善地描述该组件所具备的各种职责。

初始的矩阵中所列出的各项职责，都是一些基于功能规范而提出的职责，它们是通过对用例进行分析而得到的。这些职责并没有把非功能型需求（NFR）考虑在内。于是，我们通常要在需求收集的过程（requirements-gathering process）中去捕获这些非功能型需求，并对每个捕获到的 NFR 进行分析，以确定实现该 NFR 所需的组件。描述组件的规格时，我们会把该组件所需支持的那些 NFR 写进去。

与 NFR 一样，业务规则通常也需要在业务规则编目（business rules catalog）中单独进行捕获。我们会从组件的功能职责方面来分析每一条业务规则，并且有可能会根据分析的结果，把一条或多条业务规则添加到组件的职责列表中。到了实现阶段，我们通常会选用某种业务规则引擎来实现这些业务规则。

刚才在进行逻辑层面的设计时，我们确定了一些宏观的组件职责，而现在我们要进行的是规格层面的组件设计，于是，就需要对刚才那些职责进行扩展并细化。笔者在讲解本例时，假设你已经知道了它们的扩展和细化方式。

表 7-3 选录了更新之后的组件职责矩阵（component responsibility matrix）。

表 7-3　更新之后的组件职责矩阵

子系统的 ID：	SUBSYS-01
组件的 ID：	COMP-01-01
组件的名称：	账户管理器
组件的职责：	<<已经确定的那些职责，请参见表 7-2>> NFR-01——支持超过 500 个并发调用。 无论有多少个并发调用，都必须在小于 1 秒的时间内全部完成。（参见 NFR-005。） 把 BRC-001 业务规则体现出来，也就是为金级客户（Gold customer）提供额外的收益。

注：表 7-3 中的 NFR-01 和 BRC-001 是两个典型的示例，前者表示已经记录成文档的非功能型需求，后者表示业务规则编目。

业务规则

对于任何一个复杂的 IT 系统来说，业务规则都是其中的关键组件。由于我们有大量的业务规则管理工具可供选用，因此，在大多数系统和应用程序的架构组件中，都可以发现对业务规则的自动化运用。

业务规则是我们对 IT 编程领域中的某些业务操作决策所制定的规则。当今世界的

业务规则与策略变化得十分频繁，企业需要感知并回应这些变化（例如需要感知并回应市场中所出现的各种状况），而且需要使 IT 系统能够迅速地适应它们，以保持竞争优势与差异化优势。要想令 IT 系统变得如此灵活，我们就不能把业务规则嵌入核心编程逻辑中。假如把这些规则嵌进去，那么应用程序就无法灵活地应对变化了。由于规则会随着业务指标与关键绩效指标（key performance indicator, KPI）而频繁地改变，因此，我们需要把业务规则从核心逻辑中拿出来，以便在系统运行时能够对其加以修改。

7.3.2.2 接口规范

笔者在讲解逻辑层面的组件设计时，就提出了确定子系统的接口这一想法。由于子系统本质上是由功能较为内聚的一群组件所形成的逻辑群组，因此，子系统的接口实际上也就是该子系统内的部件所具备的接口。这些部件才是真正的物理实体，它们是以可执行代码的形式体现出来的。

现在我们就来讲解组件接口，尤其是组件接口的定义及设计。

接口是一种软件构件，软件组件通过这样的构件向外界公布自身的功能。从技术上讲，接口是由一系列操作或方法所描述出来的契约。制定接口规范，主要就是认定这些操作或方法，并将它们归集到接口的边界之内。

首先，我们要对组件所拥有的每个系统用例进行分析，分析时要牢记复杂程度及内聚程度等关键因素。有些系统用例本质上是原子（atomic）用例[⊖]，这样的用例，应该归为某个接口中的一项操作，例如"获取客户概要信息"（Retrieve Customer Profile）就属于这种用例。此外还有一种用例，通常需要用完整的接口来表示，例如"储蓄账户管理"（Savings Accounts Management）即是如此。需要注意的是，在用文档来记录各种用例时，我们所采用的粒度可能会互不相同。比如，我们在捕获某些用例时，可能会绘制多条流程，使得某实体的创建操作出现在主流程中，而其更新操作与删除操作，则出现在其他各条流程中。这样的用例，可以选用下面两种方式来解决：

1. 对用例进行重构及拆解，把发生在实体上的主要操作，单独提取到相关的用例中。

2. 或者，考虑以接口级别来实现该用例，也就是把这些逻辑上较为内聚的操作，放在同一个接口中。

通过用例分析把所有的操作都确定好之后，我们就可以正式开始定义接口了。笔者推荐的办法是，把那些能够体现出逻辑内聚性的操作归为一组，这一组操作所针对的应该是同一套业务实体，而且它们与本组之外的其他各组操作之间，应该是彼此没有重叠

⊖ 是指那种不需要继续进行细分的用例。——译者注

的。通过这种办法，我们可以把某个组件所应公布的一系列接口确定下来。图 7-4 演示了怎样将系统用例以方法操作的形式映射到接口上。

友情提示：笔者给出的这个办法，绝对不是认定接口及其操作的唯一办法。不过在我自己所试过的几个办法中，只有这个更容易取得成功，因此我觉得它是行之有效的。

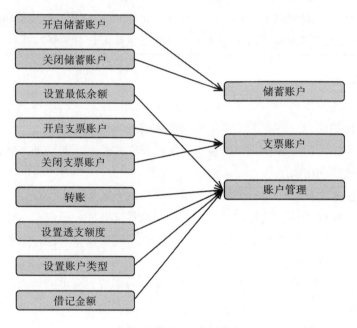

图 7-4　把操作关联到接口

我们一定要把这些成果用一种便于交流的方式捕获下来。接口设计的第一部分，是把接口及其操作连同适当的签名及参数列表一起加以记录，并进行建模。大家可以按照表 7-4 中的格式来捕获这些信息。

表 7-4　对组件的接口详情进行捕获

该接口所属的那个组件所具备的 ID	COMP-01-01
接口的名称及 ID	名称：Savings Account（储蓄账户）
	ID：IF-01-01-01
接口的操作	1. Account openSavingsAccount(custProfile: CustomerProfile)
	2. Boolean closeSavingsAccount(account: Account)

此时我们已经把接口确定下来了，并且把接口中的方法也定义好了。接下来应该完成的任务，是对本接口与其他接口之间的交互方式进行认定，也就是要辨明接口之间的依赖情况。

接口之间的依赖情况可以分为两种。第一种情况是：某个子系统内部的多个接口之间具备相互依赖关系。第二种情况是：某个子系统内的接口与其他子系统内的接口之间具备关联或依赖关系。依赖关系通常是用 UML 类图（class diagram）来记录的，该图中的每个类，都表示一个接口，而类之间的连线，则可以明确地表示出接口间的依赖关系。还有一种更为详尽的定义方式，那就是在绘制连线的基础上，再给出完整的文本描述，用以详细说明这条依赖关系的具体情况，例如 SavingsAccount::openAccount 依赖于 AccountsManagement::setAccountType。能够像这样详细地进行标注，自然是最好的办法，然而我们在现实工作中所拥有的时间和资金都较为有限，因此未必总是可以保证这一点。

图 7-5 演示了同一个子系统内部的简单依赖关系。图 7-6 演示了子系统与子系统之间的接口依赖关系。

图 7-5　同一个子系统内部的接口依赖关系

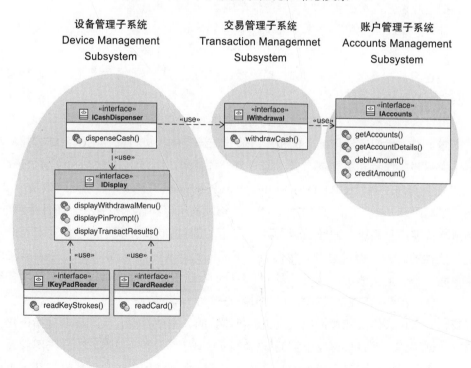

图 7-6　子系统之内的接口依赖关系及子系统之间的接口依赖关系

7.3.2.3 对数据实体进行认定，并将其与子系统关联起来

在前两步中，我们主要关注的是组件的职责。然而在设计组件时，还有一个基本的问题也需要考虑，那就是确定子系统所拥有的数据实体，在实现子系统内的组件时，将会用到这些实体。

我们可以根据逻辑数据模型来完成这项任务，逻辑数据模型能够用来确定当前IT系统中的核心业务实体。子系统中包含一系列有待实现的职责，而这些职责，又需要由封装在子系统内的模块来实现。这些模块所担负的职责，是通过接口来公布的，说得更具体一些，是通过接口中的操作来公布的。接口中的每一项操作，都需要使用相应的数据来实现自身的功能。因此，我们可以从接口操作所使用的参数出发，来推寻那些有可能会同时使用或引用到的数据实体，并将其归入同一个逻辑群组中。下面这些规则可以帮助我们认定数据实体，并将其与相应的子系统关联起来：

1. 对接口的参数列表进行分析、收集和整理。

2. 把参数映射到逻辑数据模型中最为接近的业务实体或数据类型上。

3. 针对组件中的每一个接口来执行上述两个步骤。

4. 把已经认定的数据类型写在一份清单中。

5. 针对子系统中的每一个组件来执行上述4个步骤。

6. 对执行完前5步之后所收集到的数据实体清单进行合并。

7. 在逻辑数据模型中绘制边界，把已经认定的这些数据实体圈起来，并将其与对应的子系统相关联。

在执行这些步骤时，我们经常会发现：有些数据实体同时属于多个子系统。对于这样的实体来说，我们应该仔细分析和评估那些在该实体上进行操作的子系统，并从其中找出作为主要操作者和主要拥有者的那一个子系统来。比如，SUBSYS-01这个子系统，负责在数据实体上执行CRUD（Create、Read、Update、Delete，创建、读取、更新、删除，增删改查）操作，而SUBSYS-04子系统则使用该实体来检查某个属性标志的值，以判断某位客户是高级客户还是普通客户。面对这样的状况，我们应该整理自己的思路并进行理性的思考，通过思考，我们倾向于把该数据实体与SUBSYS-01子系统关联起来。当同一个数据实体可以从属于多个子系统时，大家应该理清自己的思路并进行缜密的思索，有时很快就能想到答案，有时则需要多动一些脑筋。

接口对数据实体的依赖情况是应该进行捕获的，也就是说，我们要明确指出接口所依赖的数据实体，而且最好是能够画成标准的UML图。俗话说得好，一张图胜过千言万语，架构图和设计图宁可多画一些，也绝对不能少画，因为这些图能够捕获到重要的

架构工件及设计工件。我们通常应该用 UML 模型来描绘子系统及其组件对数据实体的拥有权。良好的 UML 模型无需给每个数据实体都标注文本信息，因为我们只需参照逻辑数据模型，即可找到这些实体的详细描述。

7.3.2.4　组件之间的交互

在进行逻辑层面的设计时，我们曾经绘制了一张宏观的组件交互图（参见图 7-3），但那张图中的交互是发生在逻辑层面上的，也就是说，它们仅仅是以伪操作的形式来相互调用的。而现在，我们所进行的是规格层面的详细设计，大家已经对组件职责矩阵、接口规范、数据实体的认定及其与子系统之间的关联等方面有了十分细致的了解，于是，我们完全可以凭这些信息来更新组件交互图，将其中的伪调用变为真方法。由于时机已经成熟，而且相关的内容也已经足够丰富，因此可以对架构上比较重要的那些用例所对应的组件交互图进行更新，把真实的方法调用情况绘制在其中，如图 7-7 所示。

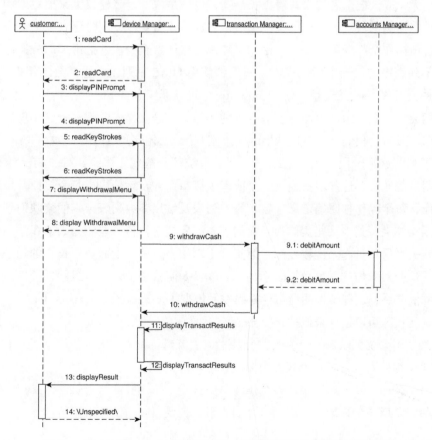

图 7-7　针对"从 ATM 中取款"这一用例所绘制的详细组件协作图

为了简洁起见，图 7-7 并没有给出每一个组件的详情，但我们依然可以看到，Accounts Manager（账户管理器）组件是通过 debitAmount 方法而调用的。笔者想试着对图 7-6 中的工件进行分析，并将其与图 7-7 中的组件交互情况联系起来。我发现 debitAmount 方法是由图 7-6 中的 Accounts Management（账户管理）接口所公布的，而 Accounts Management 这个接口，又是由图 7-7 中的 Accounts Manager（账户管理器）组件所体现的。这一层关系，笔者是可以看出来的，我想大家也应该能看出来吧？

绘制 UML 序列图（sequence diagram）⊖时，最好是能够给图中的每一步组件调用操作都标注一条文本描述信息。

在进行逻辑层面的设计时，我们可能还发现了其他一些对架构比较重要的用例，并且通过其组件交互情况对那些用例进行了详细的描述。而笔者在绘制图 7-7 时所用的这种细致程度，同样适用于那些用例。实际上，在逐渐深入地去探索各种细节和特性的过程中，大家应该把用例列表写得更长一些，也就是说，笔者建议大家把对架构不那么重要的一些用例也写上去。这样做不仅可以增加总体覆盖度，而且还可以把每个接口所提供的各项操作全都经历并验证一遍，或者说，这样做至少能够把绝大部分操作都过一遍。对于列表中的每一个用例来说，我们都使用 UML 序列图来为其绘制组件交互图。每张组件交互图都从某位请求者（requestor，也就是某位 actor（参与者））开始画起，然后我们会在一系列组件上调用一些特定的操作，使这些操作合起来能够实现用例所规定的要求，最后，我们一般会把结果返回给刚开始的那位请求者。

到了当前这个阶段，我们已经把每个子系统都分解成了多个组件，每个组件具备一系列明确的职责，这些职责通过一个或多个接口而公布给外界，每个接口都指定了一系列操作，每个操作都明确定义了输入参数列表及输出参数列表，它们会映射到一个或多个数据实体上，其中某些实体为当前的子系统所拥有，另一些实体则不属于当前子系统。这些关系虽然听起来比较复杂，但实际上却相当简单。上面那个长长的句子，只需要用下面这个对象结构图就可以表示出来。图 7-8 描绘了子系统、组件、接口以及接口操作之间的关系，这种结构图通常称为组件元模型（component meta-model）。

组件元模型可以这样来概括：

❑ 一个子系统可以封装一个或多个组件。

❑ 一个组件可以公布一个或多个接口。

❑ 一个接口可以公布一个或多个操作。

❑ 与一个或多个数据实体进行交互的职责，主要可以由组件来担负。

⊖ 也称为时序图、循序图。下同。——译者注

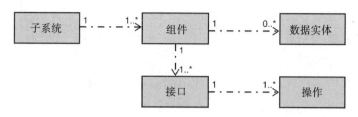

图 7-8 组件元模型

需要强调的是，当我们把子系统初步确定下来之后，可能还需要对其进行后续的完善及重构。如果某个子系统所担负的职责太多，那么它实现起来可能就会过于复杂，如果某个系统所具备的特性不够理想，那么它可能就需要与其他相关的子系统进行合并。此外，并不是每个子系统都需要进行定制，某些子系统表示的可能是已有的资产或产品（例如 ERP 包中的 HR 模块）。

7.3.2.5 把各组件安排到适当的层中

假设我们正在设计一个真实的 IT 系统（例如银行业的应用程序），并且已经把系统中的组件列表（或列表中的一部分）确定下来了，如表 7-5 所示。

表 7-5 简单的银行应用程序所包含的（全部或一部分）组件

子系统	组件
账户管理	账户管理器 支票账户（Checking Account，CKA）管理器 储蓄账户（Savings Account，SA）管理器
安全管理	安全管理器
客户信息管理	客户信息（Customer Profile，CP，客户档案）管理器

除了表 7-5 所列的组件之外，可能还会出现一些不属于任何功能子系统的技术组件，例如下面这些：

❏ **对话框控件（Dialog Control）**——促进界面展示组件与业务逻辑组件之间的通信。

❏ **错误记录程序（Error Logger）**——把与应用程序有关的错误及警告都记录到某个文件中，便于我们以后对应用程序或系统的错误进行诊断。

❏ **关系型数据库管理系统（Relational DBMS）**——保存本系统所需的数据实体。

❏ **企业服务总线（ESB）**——是一个充当信息交换层的中间件组件，用来促进数据及协议的中介、路由以及转换。

❏ **应用程序服务器（Application Server）**——一个中间件组件，应用程序将会部署在这个组件上。

❏ **业务规则引擎（BRE）**——一个中间件组件，我们将会在该组件中制定并存放业务规则。

❑ **目录服务器（Directory Server）**——一个中间件组件，我们将在该组件中对用户凭证及其访问权进行建模及存储。

请大家注意功能组件（也就是表 7-5 中的那些组件）与技术组件之间的区别。功能组件用于封装某些具体的业务功能或其中的某一部分，而技术组件则用来表示像 DialogControl 和 ErrorLogger 这样的实用工具组件，以及像 RDBMS、ESB、BRE、Application Server 这样的技术工具及打包应用程序，有很多功能组件都会用到这些工具。

第 5 章曾经讲过一种企业视图，名字叫做分层视图（Layered View）。在软件架构中，分层是个相当重要的概念与技术，笔者在这里有必要把它所带来的两个好处再讲一遍。

❑ 确保每一层都能体现出一些关键的特征，我们可以由这些特征看出层与层之间在通信时所受到的约束及规则限制，也可以看出不同的层究竟是怎样与一些相当重要的 NFR 关联起来并为其提供支持的。

❑ 帮助我们把各个组件放置在适当的层中。

图 7-9 演示了早前所认定的那些组件应该分别位于架构视图中的哪一层。

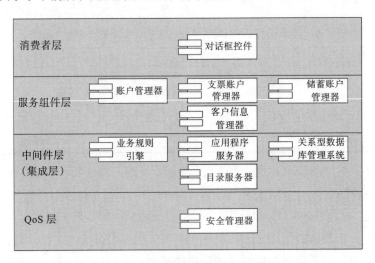

图 7-9　把组件安排到适当的层中

本例显然不是一张完整的分层视图，因为第 5 章所提到的很多层，都没有出现在图 7-9 中，而且还有一些 ESB 之类的组件也没有画上去。不过，这个例子的意图仍然很明确，那就是要强调我们应该把每一个组件都安排到适当的层中。（请注意，QoS 层与集成层本来应该是切面中的两个垂直层，但是图 7-9 为了方便起见，将它们画成了水平层。）

组件的分层视图以及各组件在视图中所处的位置是一份关键的数据。我们可以参考这些数据，来对功能模型进行物理层面的设计。7.3.3 小节就要讲解物理层面的设计。

7.3.3　物理层面的设计

物理层面的设计，基本上是围绕着两个关键的问题来进行的：

☐ 选用什么样的具体技术来实现功能组件与技术组件？对于技术组件来说，其所使用的标准工具或产品，可能会对我们的选择造成影响。

☐ 怎样把应用程序组件初步地分布在一系列节点上，使我们稍后可以方便地安装、配置这些组件，并将其托管到物理硬件节点中？这些组件在物理硬件节点中的部署方式，表示的就是本系统的基础设施拓扑结构。

物理层面的组件设计，主要在于选定具体的实现技术，并确定合适的部署组件（也就是部署节点），使我们能够把功能组件与技术组件适当地放置在这些节点上，令系统得以运行。图 7-10 展示了这些组件的部署方式，通过此图，我们可以看到这些组件分别部署到了哪一个基础设施节点上。

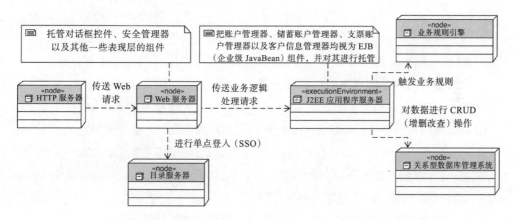

图 7-10　物理级别的组件设计示意图

请注意，图 7-10 中的 HTTP 服务器、目录服务器、Web 服务器、关系型数据库管理系统以及业务规则引擎，都分别放置在专门的实体计算机上，而 J2EE 应用程序服务器也位于它独有的执行环境中。

在决定怎样把组件安排到各个部署节点时，我们会受到很多因素的影响，其中的核心因素是具体的 NFR 以及服务级别协议（service-level agreement，SLA），包括可用性、可扩展性、延迟、吞吐量、用户响应时间、可伸缩性、可移植性以及可维护性等问题。此外，技术也是一个相当关键的因素，是选择 J2EE 还是 .NET？是选用现成的商业（Commercial Off The Shelf，COTS）软件包来实现业务规则，还是请开发团队把业务规则嵌入业务逻辑中？是选用现成的商业门户技术来确保用户体验，还是专门以应用程序前端来确保它？（就刚才所举的银行业范例来说，）这些技术决定都会对组件的部署方式造成影响。

现在我们来看看进行物理层面的设计时所使用的一些思路。对于图 7-9 中的这 10 个组件来说，如果要从实际实现的角度决定每个组件所在的基础设施节点，那我们可能会这样考虑：

- **应该专门用一个节点来做 HTTP 服务器**——应用程序中既有静态的网页内容，又有动态的网页内容。其中静态的那部分内容，专门托管在一台 HTTP 服务器节点上，该节点有内置的缓存功能，而且还使用了其他一些性能优化技术，以确保良好的用户体验。此外，我们还可以根据用户请求的数量来对该节点做镜像，并运用负载均衡机制来分散由用户请求所形成的压力。

- **应该专门用一个节点来做 Web 服务器**——之所以要专门用一个节点来做 Web 服务器，其原因与 HTTP 服务器类似。此外，该节点还必须能够对表现层的组件做水平缩放（第 8 章将会详细讲解水平缩放），并且要能够应对现有的峰值负载以及将来有可能出现的负载量，以便满足本系统在用户体验方面的一些非功能型需求。DialogControl 及 SecurityManager 这两个组件，也托管在该节点上。

- **应该专门用一个节点来做目录服务器**——我们想使用现成的商业产品来实现用户库（user repository），而这种 COTS 产品通常需要放在单独的环境中。

- **应该专门用一个执行环境来做 J2EE 应用程序服务器**——我们在实现账户管理器、储蓄账户管理器、支票账户管理器及客户信息管理器等功能组件时所选用的技术，是一种运行于 J2EE 平台上的无状态会话 EJB（stateless session Enterprise JavaBean），而且我们还需要满足与这些功能组件有关的一些非功能型需求，尤其是要维护每个组件的并发实例数量，于是，必须专门搭建一个规模适当的执行环境。

- **应该专门用一个节点来做业务规则引擎**——我们所使用的那款现成商业产品，建议专门去部署这样的一个环境，而且业务规则引擎在事务性的工作负载方面所体现出的特征，也与架构中的其他功能组件及技术组件有所不同。

- **应该专门用一个节点来做关系型数据库管理系统**——由于我们需要达成一些事务性的负载指标，并且需要满足同时读写（simultaneous read and write，边读边写）等并发方面的需求，因此必须专门用一个计算机节点来搭建环境，以实现这些非功能型需求。

请注意，你在做自己的项目时，可能会采用与上述情况完全不同的方式，来进行物理层面的组件设计并安排这些组件的位置。你的决策可能会受制于具体的 NFR 及 COTS

产品，也可能会受制于自己所选用的实现技术。笔者刚才给出的那个例子，只是提供了一个参考，你可以从中获得一些思路，并构想出制定决策时所依据的一些判断标准。

物理层面的设计与微观设计

   各种流派会用各自不同的方式来定义并记录软件的架构。在 IT 系统的设计中，物理层面的设计也有着不同的解读方式及用法。

   有些人把物理层面的设计看成对组件所做的微观设计。在微观设计的领域中，组件是级别最高的抽象形式。每个组件都可以分解为一系列相互协作的类，这些类合起来，能够实现该组件通过其接口所公布出来的各项操作。设计者可以运用一些行之有效的常见设计模式以及一些最佳的实践方式，来解决某一类特定的问题。我们还可以把多个模式组合起来，用这种复合的设计模式（composite design pattern）来解决组件中的问题。（Gamma et al. [1994] 所著的《Design Patterns》，是一本讲解设计模式的好书。）我们可以用详细的序列图来描述（接口中的）每一项操作，以体现出类（class）模型或对象（object）模型中的那些类，究竟是通过怎样的相互协作把该操作实现出来的。这种详细的设计，会在应用程序中的每一个组件上执行。

   本节所说的物理层面设计，指的是物理层面的组件设计，大家不要把它当成从微观设计领域对物理层面的设计所做的诠释。

   通过上述讲解，大家可以看到，物理层面的组件设计，能够提供很多的信息，这些信息，会对系统架构的操作模型造成影响。第 8 章我们就要讲解操作模型。

   本章最后还要对 Elixir 项目的功能模型做一次案例研究，但是在这之前，笔者想对功能模型这个话题再说几句。从道理上讲，我们固然应该按照概念层面、逻辑层面、规格层面以及物理层面这四个步骤，渐进地设计出良好而全面的功能模型，但实际上，很多项目却面临着时间方面的压力，而且架构师通常也必须缩减某些工作的时长。在时间比较紧迫的情况下，我们通常应该把规格层面的设计，当作功能模型的第一个核心步骤。由于在概念层面与逻辑层面这两个设计阶段中所提出的那些工件，都可以直接构建到规格层面，因此，我们可以在该步骤中，用这些设计工件把实用的架构搭建起来。

7.4 案例研究：Elixir 的功能模型

   开始对 Elixir 做案例研究之前，我们先来看看第 5 章的表 5-1 所确定的那些宏观组件。

这里主要是演示怎样捕获功能模型中的工件，而不是去论述捕获每个工件时所依据的理由。前面那几节讲了一些与捕获功能模型及其各项工件有关的通用技术，笔者在本节所使用的捕获办法，与前面那几节相似。

7.4.1 逻辑层面

本小节演示怎样捕获 Elixir 功能模型中的逻辑层面工件。

7.4.1.1 子系统的认定

Elixir 的四个子系统分别是：Asset Onboarding Management（新资产管理）、Machine Health Management（机器健康管理）、Reporting Management（报表管理）以及 Reliability Maintenance Management（可靠性维护管理）。图 7-11 描绘了这些子系统及其相互关系。

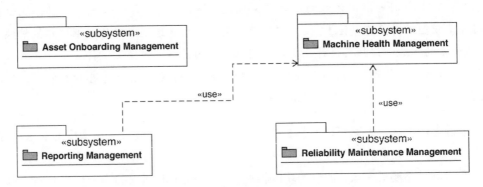

图 7-11　Elixir 系统中的子系统及其相互依赖关系

表 7-6 至表 7-9 分别描述了每一个子系统及其功能。

表 7-6　新资产管理

子系统的 ID：	SUBSYS-01
子系统的名称：	新资产管理
功能：	•管理新加入本系统中的机器类型。 •对于系统中已有的机器类型来说，管理新加入本系统中的该类型机器。
接口：	•添加新的机器类型。 •添加新的机器。 •编辑机器的配置。

表 7-7　机器健康管理

子系统的 ID：	SUBSYS-02
子系统的名称：	机器健康管理
功能：	• 对正在运作的机器进行实时的健康度监测。 • 对运作中的机器执行实时的 KPI（关键绩效指标）计算。 • 在机器的健康状况较为严峻时发出警报。 • 把计算出的机器健康度指标（machine health metric），以 KPI 形式即时地呈现出来。
接口：	• 计算 KPI。 • 发出警报。

表 7-8　可靠性维护管理

子系统的 ID：	SUBSYS-03
子系统的名称：	可靠性维护管理
功能：	• 把机器的故障模式与发出的警报关联起来。 • 当机器面临故障或效率变低时，给出维护建议。
接口：	• 生成维护建议。

表 7-9　报表管理

子系统的 ID：	SUBSYS-04
子系统的名称：	报表管理
功能：	• 为使用该系统的各类用户（这些用户具有不同的角色）创建预定义的报表。 • 对每一个地理区域中的各项资产进行总计，并据此来制定及生成生产率报表。 • 在各资产之间进行性能及故障方面的对比分析。 • 在各地理区域之间，就生产、维护窗口（maintenance window）以及机器故障等方面进行对比分析。
接口：	• 机器生产率报表。 • 区域生产率报表。 • 区域对比分析报表。

7.4.1.2　组件的认定

请注意，本小节所说的这些组件，都是作为子系统的某一部分而存在的功能型组件。除此之外，还有一些更加偏重于技术方面的组件。7.4.2 小节将要讲解规格层面的设计，到了那时，我们会详细讲解技术型的组件。

表 7-10 和表 7-11 描述了 Elixir 的新资产管理子系统中的组件。

由于上面这些表格看上去较为平淡，因此笔者把本来应该放在 7.4.1 至 7.4.3 这三节中的某些详细内容，移到了本书的附录 B 中。

表 7-10　新资产管理器组件所具有的职责

子系统的 ID:	SUBSYS-01
组件的 ID:	COMP-01-01
组件的名称:	新资产管理器（Asset Onboard Manager）
组件的职责:	职责包括： • 添加新的机器类型。 • 添加已有类型的新机器。

表 7-11　资产配置管理器组件所具有的职责

子系统的 ID:	SUBSYS-01
组件的 ID:	COMP-01-02
组件的名称:	资产配置管理器（Asset Configuration Manager）
组件的职责:	职责包括： • 定义机器的配置。 • 更新机器的配置。

7.4.1.3　组件的协作

在逻辑层面，有三个对于架构比较重要的用例，它们是：

❑ 把新机器纳入系统中（Machine Onboarding）。

❑ 针对机器的健康状况而产生警报（Generate Machine Alerts）。

❑ 以工作定单的形式给出维护建议（Recommend Work Orders）。

图 7-12 描绘了 Machine Onboarding 这一用例所对应的组件协作情况。

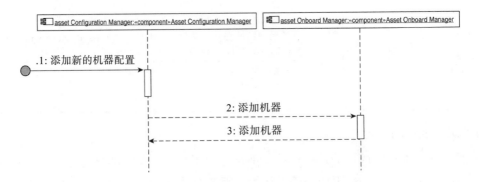

图 7-12　Machine Onboarding 用例的组件协作图

其他两张组件协作视图，请参见本书附录 B。

7.4.2　规格层面

本小节演示 Elixir 功能模型中位于规格层面的工件。

7.4.2.1　组件职责矩阵

表 7-12 和表 7-13 详细描述了新资产管理（Asset Onboarding Management）子系统的两个组件所具备的职责。该子系统是 Elixir 项目的第一个子系统，用来为非功能型需求（NFR）及业务规则提供支持。

表 7-12　新资产管理器组件所具有的职责

子系统的 ID：	SUBSYS-01
组件的 ID：	COMP-01-01
组件的名称：	新资产管理器（Asset Onboard Manager）
组件的职责：	<<已经确定的那些职责，请参见表 7-10>> NFR-01——本系统应该要能够为分布在全球的大约 4000 台机器提供支持。 新机器的加入过程应该是自动完成的，而且应该在 NFR-02 所规定的时间内完成。 NFR-02——对于本系统已经知道且已经拥有的机器类型来说，它应该能够对这种类型的机器进行批量加载。含有 100 台机器的批次作业，应该在少于 1 分钟的时间内完成。每个批次最多可以包含 500 台机器，这样的批次作业，应该在少于 3 分钟的时间内完成。

表 7-13　资产配置管理器组件所具有的职责

子系统的 ID：	SUBSYS-01
组件的 ID：	COMP-01-02
组件的名称：	资产配置管理器（Asset Configuration Manager）
组件的职责：	<<已经确定的那些职责，请参见表 7-11>> BRC-001——同一台机器的不同版本，有着彼此不同的配置。在把新机器纳入系统的过程中，要自动使用适合于当前版本的那份配置。（为了简洁起见，本表格不会描述每个版本与内部机器配置之间的对应情况。）

7.4.2.2　接口规范

Elixir 的新资产管理器（Asset Onboard Manager）组件一共有两个接口，如表 7-14 和表 7-15 所示。

表 7-14　Machine Onboarding 接口的规范

该接口所属的那个组件所具备的 ID	COMP-01-01
接口的名称与 ID	名称：Machine Onboarding（机器上岗） ID：IF-01-01-0
接口的操作	1. String ID addMachine(mProfile: MachineProfile) 2. Boolean editMachine(mProfile: MachineProfile)

表 7-15　Machine Configuration 接口的规范

该接口所属的那个组件所具备的 ID	COMP-01-02
接口的名称与 ID	名称：Machine Configuration（机器配置） ID：IF-01-02-01
接口的操作	1. String ID createConfiguration(cProfile: MachineConfiguration) 2. Boolean editConfiguration(cProfile: Configuration) 3. Boolean changeMachineVersion(mProfile: MachineProfile, cProfile: MachineConfiguration)

其余组件所具备的接口定义，请参见附录 B。

7.4.2.3　把数据实体与子系统关联起来

图 7-13 描绘了最重要的那些数据实体与 Elixir 子系统之间的关联。请注意，该图并没有展示报表管理（Reporting Management）子系统，因为它只是使用这些数据实体来实现具体的用户报表而已，注意，这里的重点在于"使用"。也就是说，该子系统并不拥有特定的数据实体，它只是会在适当的时机用到这些实体。

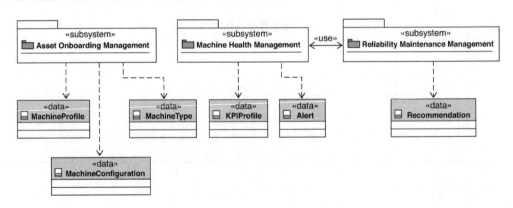

图 7-13　Elixir 中的子系统对数据实体的所有权

7.4.2.4　把各组件安排到适当的层中

图 7-14 是一张典型的分层架构视图，它把 Elixir 中已经确定下来的所有组件（包括功能组件与技术组件），都安排到了适当的层中。其中名叫 ErrorLogger 的那个组件，是 Elixir 系统所特有的，而消费者层、中间件层以及 QoS 层中的组件，则是 Elixir 系统与其他各种软件系统都有可能会用到的。Elixir 系统的消费者层中有一个叫做 Portal Container（门户容器）的组件，它负责对各种用户界面饰件与用户输入之间的交互进行管理。

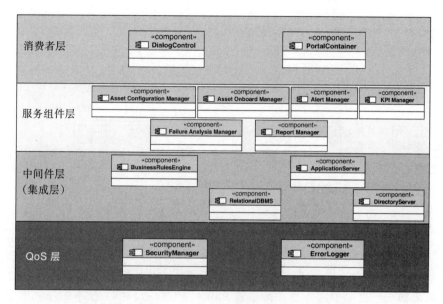

图 7-14　把 Elixir 系统里的组件安排到各架构层中

7.4.3　物理层面

Elixir 系统在物理层面的组件设计，与本章早前讲解物理层面的组件设计时所举的例子类似。图 7-10 以及其中的相关说明，详细指出了我们在做物理层面的设计时所采用的技术以及判断标准。

图 7-15 描绘了 Elixir 系统在物理层面的组件设计，下面只对该图比图 7-10 多出来的那些节点进行解说。

专门用一个节点来做门户服务器——用户请求会发送到门户服务器节点，该节点具备应用程序级别的安全与访问控制能力。它的安全与访问控制能力，是利用目录服务器这个组件来实现的。门户服务器能够维护 Elixir 的界面，并且会把业务逻辑处理请求发送给 J2EE 应用程序服务器组件。由于我们要满足与表现层有关的一些非功能型需求（NFR），因此必须单独用一个节点来做门户服务器。

专门用一个节点来做报表服务器——该节点用来托管现成的商业软件包（COTS package），该软件包可以充当 Elixir 系统的报表引擎，以便生成与机器健康程度及生产情况等指标有关的即时报表及预定义报表，这种报表生成功能，是 Elixir 系统的核心特性。由于多位用户有可能同时发出报表生成请求，而且所要生成的报表数量又相当多，因此，我们必须专门用一个节点来做报表服务器。

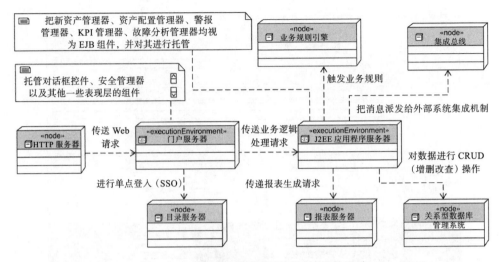

图 7-15　Elixir 系统在物理层面的组件设计

集成总线——这个节点单独用来放置 ESB（企业服务总线）技术组件。由于客户所拥有的 COTS 中间件包已托管到其专属的基础设施（也就是节点）中，因此我们自然会选择这么做。

> **注意**：为了能够把各组件合理地放置在物理节点上，我们需要遵循软件工程中的一些最佳实践原则，并运用相关的软件工程技术。对这些实践原则与技术所做的详细研究，超出了当前的讨论范围。

7.5　小结

功能模型是软件架构中的重要领域。要想搭建出健壮且功能正常的软件架构，就一定要设计出良好的功能模型。功能模型不仅指出了将问题领域分解为一系列架构工件所需的架构技巧，而且还演示了怎样渐进式地处理这些工件，以便将抽象的架构构件逐步细化。通过概念层面、逻辑层面、规格层面以及物理层面这四个主要的设计阶段，我们可以把功能模型迭代式地构建出来，这种做法能够给项目带来相当大的好处。

每个 IT 项目几乎都对时间有着相当高的要求，因此我们不能总是严格地按照这四个步骤去执行。在时间比较紧的情况下，可以从逻辑层面的设计入手，渐进式地构建出详细的功能模型。如果时间极其紧张，那么甚至可以直接从规格层面的设计开始做，这样做虽然有一定的风险，但依然是可行的。假如连规格层面的设计都不肯花适当的时间和精力去做，那就显然违背了整个架构与设计工作的初衷。

　　本章的重点主要是提供一些步骤式的指导意见，使大家明白怎样迭代而渐进地开发功能模型。我们着重讲述了需要捕获的关键工件，以及在决策过程中可以使用的论证手法。尽管具体步骤中有许多细节，但整个框架还是很容易掌握的：

- ❑ 把系统中那些能够归为一组的能力，认定为一个子系统。
- ❑ 对于每个子系统来说，把那些能够一起在子系统内运作，并对该子系统的能力提供支持的内容，认定为子系统的各个组件。
- ❑ 对于系统中的那些核心数据实体来说，确定对每一个数据实体具有主要所有权的那个子系统。
- ❑ 在每一个组件上确定该组件所具备的接口，这些接口合起来要能够实现该组件的功能，并且要能够将这些功能公布出来。
- ❑ 决定各组件在分层系统架构视图中所处的位置，然后将其分别放置在一系列逻辑上的基础设施组件中。

　　功能模型的整个框架，就是这么简单。

　　Elixir 案例研究中的功能模型，现在已经做好了。为了缩短本章篇幅，笔者省略了 Elixir 功能模型中的某些工件，要想完整地查看这些工件的细节，请参见附录 B。

　　如果你已经读到了这里，那不妨好好地自我鼓励一番，因为笔者看到，有很多软件架构师只是做到目前所讲的这些，就已经获得相当好的名声与追捧了。

　　讲完物理层面的功能组件设计之后，接下来应该看看操作模型了，这是第 8 章的主题。

7.6　参考资料

Gamma, E., Helm, R., Johnson, R., & Vlissides, J. (1994). *Design patterns: Elements of reusable object-oriented software.* New York: Addison-Wesley Professional.

IBM. (2005). Component business models: Making specialization real. Retrieved from https://www-935.ibm.com/services/us/imc/pdf/g510-6163-component-business-models.pdf.

Jacobson, I, Booch, G., Rambaugh J. (1999). *The unified software development process.* New York: Addison-Wesley Professional.

Object Management Group (OMG) (2011). Documents associated with Unified Modeling Language (UML), v2.4.1. Retrieved from http://www.omg.org/spec/UML/2.4.1/.

第8章 操作模型

软件一跑开，好事自然来！

如果你觉得目前已经可以收工了，那我就要提个醒：伙计，事情还没完呢。你的功能模型怎么才能投入运转啊？有没有听到某人在喊你："把这些都给我弄好，叫软件跑起来！"

对于定义较为明确的功能模型来说，我们一旦把其中的组件实现出来，就必须要为这些组件安家。也就是说，每个组件都要运行在合适的硬件上，这个硬件要与该组件的工作量及该组件所要支持的需求相称。功能模型关注的是系统的用法，也就是**谁**（who）来使用这个系统、他们**怎样**（how）与该系统相交互，以及该系统需要用**哪些**（which）组件进行交互；而操作模型关注的则是系统的部署环境，也就是这些组件要部署在**哪里**（where），以及它们**什么时候**（when）会得到调用。

本章会着重讲解系统的操作模型（operational model，OM）。该模型能够确定 IT 系统中的组件在各节点之间的地理分布情况，并且能够对这种分布情况进行捕获，同时，它还能够指出组件之间的必要连接。这些连接会为组件之间必须进行的交互提供支持，以便达成 IT 系统在功能和非功能方面的需求。我们在构建操作模型时，要考虑到时间、预算以及技术方面的限制。本章的另一个重点，是告诉大家怎样渐进式地构建 IT 系统的操作模型。构建过程分为三个阶段。首先是构建逻辑操作模型（logical operational model，LOM），然后通过两个更为具体的视图来对 LOM 进行细化，这两个视图是规格操作模型（specification operational model，SOM）以及物理操作模型（physical operational model，POM）。所谓细化（elaboration），意思就是对这个模型进行完善，不断地提升其准确程度，令其更加细致、更加精确。

操作模型这话题的范围很大，详细的硬件架构、网络的拓扑结构与网络架构，以及分布式处理架构等，都在该话题的讨论范围中。不过，本书的核心主题是讲述一些必要的知识和步骤，使软件架构师总是可以用恰到好处的架构工件，来顺利完成自己的工

作，或是对项目开发情况进行督导，因此，本章只打算对软件架构师所必须掌握的那些
OM 元素进行讲解。此外，与其他几章一样，在本章最后，我们也要对 Elixir 系统进行
案例研究，以展示其操作模型中的部分内容。

8.1　为什么需要操作模型

操作模型的目标，是提供一张蓝图，以演示功能组件在运作时所必备的一套网络、
服务器及计算测试平台。这些网络、服务器及测试平台，不仅能够使组件得以运作，而
且还会为组件之间的通信提供支持。操作模型有助于确定并定义下列内容：

❑ 能够放置一个或多个功能组件的一些服务器。

❑ 充当服务器的每台计算机在内存、处理器及存储等方面的能力。

❑ 安装服务器时所依循的网络拓扑结构，也就是这些服务器的地点，以及它们相互
　通信所用的连接。

无论做什么样的软件架构，我们都一定要认识并理解操作模型这一工件所具备的价
值，只有认识到它的重要性，我们才肯花足够的精力去表述这个模型。笔者自己之所以
愿意花时间去做这个模型，是因为下面这些理由：

能够指出组件的排布及结构——为了满足 IT 系统在服务级别方面的需求，以及在
可服务性与可管理性等质量方面的需求，我们需要把功能组件放置在适当的操作节点
上。比如，位于同一个地点的多个组件，可以划分到同一个可部署的单元（deployable
unit）中，以简化其排布。而且在必要时，也可以把某个组件的存储数据，放置在与托
管该组件的节点不同的另外一个节点中。操作模型会把功能方面的交互映射为操作方面
的可部署节点及连接。操作方面的问题，通常也会影响组件的结构。我们可能需要添加
一些技术组件，或是重新调整应用程序组件的结构，以满足系统对组件的分布所提出的
需求、对操作所施加的限制，以及对服务级别所提出的要求。

能够涵盖功能需求与非功能型需求——逻辑层面与规格层面的操作模型视图，会
详细地描述目标 IT 系统中的全部元素所具备的功能特征及非功能特征，而物理层面的
视图，则完整而详尽地指出了系统在计算机能力方面的适当配置，这使得该视图能够对
系统的采购、安装及后续维护提供指导。对于功能模型来说，操作模型是它得以运作的
基础设施，为了构建一个运作起来完全正常的系统，我们必须在操作模型上投入足够的
精力。

能够促使我们对产品进行选择——在我们对系统所要使用的产品及技术进行选择的

过程中，这份蓝图的定义（其中包括硬件、网络及软件技术）也会随着产品和技术的融入，而变得更加有条理。比如，我们可以在 Linux® 与 Windows® 操作系统之间进行选择，在虚拟机与服务器真机之间进行选择，或是在各系列的处理器之间进行选择（例如在 Intel Xeon（至强）的 E 系列处理器和 X 系列处理器之间进行选择），这些都属于硬件方面的选择。技术架构会随着选择的过程而变得更加完备。

能够促进我们用各种指标对项目进行估量——一个定义较为明确的操作模型，能够帮助并促使我们更好地对基础设施的成本进行估量，这种估量既可以用来制定预算，也可以作为对解决方案所做的商业论证中的一部分。对技术所做的选择，还会影响到我们需要掌握的技能。为了完成各种实现及部署活动，我们必须学习与特定产品有关的专门技术。

如果我们认定某些技术组件是操作模型中的一部分，那么就一定要把这些组件同功能组件集成起来。操作模型能够确保软件系统的技术架构与应用程序架构互相汇聚，也就是说，可以确保二者之间相互关联且相互一致。比如，我们可以把一台负责业务流程工作流的运行时服务器当作一个技术组件（它是中间件软件产品的一部分），该组件中包含了与商业组织有关的业务流程定义及信息，这些定义及信息，显然属于应用程序方面的概念。因此，该组件同时担负着应用程序及技术方面的职责。

与功能模型一样，操作模型也有着相当重要的价值，因为它与整个架构都有很大关系。笔者将把讲述功能模型时的一些理念带进操作模型中，以演示操作模型的各个方面，并讲述开发及捕获这些方面时所需的技术。

你可以停下来想一想，自己马上就要同时掌握功能模型和操作模型了，这可是很强大的技能。

8.2 可追溯性与服务级别协议

操作模型是系统架构中的关键组成部分，它可以用系统中的各个音符，谱写出一曲架构之歌。也就是说，操作模型可以把系统中的一切统合起来。我们所定义的 IT 构件或 IT 工件，一定要能够直接或间接地追溯到某个业务构件。对于操作模型来说，这些业务构件是以服务级别[⊖]和质量属性的形式而展现的。

质量属性通常并不会增强系统现有的功能，然而它们却是系统所必须具备的一种特征，这些特征使得终端用户所操作的系统，能够具备一定的性能、精确度及其他以"某

⊖ service level，也称服务水平。下同。——译者注

某性"为名的特性（这些特性的英文单词以 -ilities 为后缀），例如可用性、安全性、易用性、兼容性、可移植性、可修改性、可靠性、可维护性等。我们应该对下面这些典型的 NFR（非功能型需求）属性有所了解。

- **性能**（Performance）——它确定了一套与系统的操作速度有关的时间指标。我们可以用较为模糊的措辞来叙述这些性能方面的指标，例如"搜索应该执行地很快"，也可以给出更为具体的量化描述，例如"在 1TB 的文档数据中搜寻某个文档所花的时间，不应超过 750 毫秒"。

- **精准度与精确度**（Accuracy and precision）——它确定了系统所生成的结果或成果所应具备的精准程度及准确程度。这通常是用可容许的误差范围来进行衡量的，也就是规定系统所生成的结果与技术上正确的结果之间，最多可以有多大的偏差，例如" KPI 的计算结果与实际工程价值之间的误差，应该在 ±1% 以内"。

- **可用性**（Availability）——它确定了系统的正常运行时间占总操作时间的比例。在 SLA（服务级别协议）中，我们通常要求系统的正常运行时间达到"五个 9"，也就是达到 99.999%。

- **安全性**（Security）——它确定了系统及其数据在安全保护方面的需求，也就是说，系统要拦截不应该发生的访问行为，并且要防止把数据暴露给恶意的用户。比如，系统要采用单一登入（single sign-on，SSO）技术来对用户进行验证与授权，要支持传输过程中的数据加密，要支持不可否认性（non-repudiation）等。

- **易用性**（Usability）——它确定了用户在学习本系统、操作本系统，并与本系统进行交互时的方便程度。该指标通常是以本系统用起来是否直观进行衡量的，我们可以根据用户从刚接触系统到能够顺畅使用所经历的学习时间，来对其进行量化。

- **兼容性**（Compatibility）——它确定了该系统能否提供各种类型的支持。比如，我们可以要求系统对旧版本的软件提供向后兼容能力，要求系统能够同时在台式机与平板电脑上渲染用户界面等。

- **可移植性**（Portability）——它确定了系统能否较为方便地部署到各种不同的技术平台上。比如，我们可以要求系统必须同时支持 Windows 与 Linux 操作系统。

- **可修改性**（Modifiability）——它确定了我们对系统进行修改时所需付出的努力。这里的修改指的是向已有的系统中添加新特性，或是对已有的系统进行增强等。我们可以通过对系统进行增强时所耗费的精力，对该指标进行量化。

- **可靠性**（Reliability）——它确定了系统是否可以稳定地保持其性能，是否可以稳定地对故障模式及频率进行预测，以及是否可以稳定地采用我们能够预料到的办法来解决问题。

- **可维护性**（Maintainability）——它确定了我们能否简单而方便地修正系统中的错误，并将其恢复到一致且完整的状态，这实际上说的是系统能否适应各种变化中的环境。该指标通常用从各类错误中恢复系统所需的工时（例如人周，person-week）来衡量，此外，还要把系统为了进行维护所安排的停机时间考虑进去。

- **可扩展性**（Scalability）——确定了系统是否能够灵活地应对各种规模的工作负荷。系统的计算能力（例如处理器的速度、存储、内存）变得越强，通常就越能够应对较大的工作量。水平缩放（scale out，横向扩展）指的是通过增加更多的计算节点来应对这些工作量，而垂直缩放（scale up，纵向扩展）则通过增加更多的系统资源（也就是计算能力）来进行应对。

- **系统管理**（Systems Management）——它确定了系统中的一些功能，这些功能用来管理并控制非常规的事件，或其他"非应用程序型的"（nonapplication）事件，这些事件可能是连续的（例如性能监控），也可能是间歇的（例如软件的升级，这也可以认为是系统的可维护性）。

除了上面这些之外，当然还有很多其他的 NFR 属性，例如可复用性以及健壮性等，它们都属于系统的特征。不过，为了依循恰到好处的原则，我们刚才只把最为常用的那些属性列了出来。

在本节结束之前，笔者要说的是：无论构建什么系统，都必须严肃地对待 SLA。当你正准备将系统投入使用时，小心别在 SLA 上栽跟头。SLA 是有法律和契约效力的，如果未能遵守，那么可能会产生违约金或罚款等财务方面的影响。假如你不确定自己做出来的系统能否满足量化的 SLA，例如能否在 99.999% 的时间内保持正常运作，以及能否支持 20 种国际语言等，那就请试着以 SLO（服务级别目标，service-level objective）的角度来进行思考。SLO 是一种意向声明，它是针对单个的性能指标所做的陈述，例如系统将尽量保证在 99% 的时间内正常运转，页面最多 10 秒钟就刷新一次等。与 SLA 不同的是，SLO 为我们留下了一些讨论空间和回旋余地，也就是说，它们有可能会产生法律及财务方面的影响，也有可能不会有这方面的影响。

8.3　制定操作模型

操作模型以迭代的方式进行开发，每次迭代都会比上次更为具体，这使得我们可以把宏观的抽象概念逐步演化为具体的部署和执行工件。笔者所要着重讲述的三个迭代阶段分别是：概念操作模型（conceptual operational model，COM）、规格操作模型（specification operational model，SOM）以及物理操作模型（physical operational model，POM）。

COM 是级别最高的抽象，它以一种与具体技术完全无关的方式，来对业务解决方案的分布结构进行宏观的总览。SOM 强调的是技术服务的定义，解决方案要想生效，就必须依赖这些技术服务。POM 专注于产品和执行平台，它们使得解决方案中的功能型需求与非功能型需求得以满足。COM-SOM-POM 这三者看上去似乎应该按照顺序来做，但实际上也不尽然。比如，如果操作模型的开发周期是 6 个月，那我们完全可以在第二周时就去思考 POM，只是在那个时候不需要对 POM 进行全面的制定而已。接下来还需要再用几页的篇幅，才能使大家充分了解 COM-SOM-POM 的正式定义。现在先看一组简要的描述：

COM——它提供了一张与具体技术无关的操作模型视图。COM 只关注应用程序级别的组件，我们之所以把这些组件确定下来，并将其画在视图中，是为了展示它们之间直接发生的通信活动。至于对这些通信活动起到促进作用的技术组件，则不在关注范围内。

SOM——它是对 COM 视图所做的一种转化或一种适当的增强，用来将一系列技术组件融入其中。我们把这些技术组件确定下来，并为其定义适当的规格，以便对业务功能及每个组件所要满足的服务级别协议提供适当的支持。

POM——它为系统的采购、安装及后续维护提供了蓝图。从功能模型中得出的功能规范，会影响并约束着我们对软件产品（或组件）所进行的认定，我们确信这些软件产品可以为相关的 NFR 提供支持。软件组件要在物理服务器（节点）上执行。这些软件组件合起来确定的是系统的功能模型，而运行软件组件的这些物理服务器（节点），确定的则是系统的物理操作蓝图。

操作模型中的上述层面或表现形式，通常是在开发过程中逐渐得以演化或细化的，其演化方式，与本书第 7 章所讲的操作模型很接近。

8.3.1 概念操作模型

COM 通过一系列活动而得以构建。我们基于下面这几种基本的技术来开发 COM：确定区域及地点，确定系统中的概念节点，把节点放置在相应的区域和地点上，把节点的放置情况规整为一系列可部署的单元。接下来，我们就在本小节中详细讲解这些技术及活动。

比如，考虑一个零售业的场景。笔者故意没有以早前章节所用的银行业作例子，这是因为对于系统的 OM 开发来说，零售业更能够体现出其中的变化。从宏观角度来看，这个零售业的场景相当简单（这也是笔者刻意而为）。零售系统的用户能够以离线模式或在线模式来操作该系统。用户一般会在各家零售商店里查看库存并提交订单。库存管理系统（Stock Management System，SMS）及订单管理系统（Order Management System，OMS）这两个后端系统，形成了数据与系统界面的核心。

COM 的开发可以分成下列 4 个主要步骤：

1. 定义区域及地点。

2. 确定组件。

3. 放置组件。

4. 论证并验证 COM。

8.3.1.1　定义区域及地点

首先要寻找并认定（外部或内部的）各个系统组件所要放置到的那些地点，用户和其他的外部系统，要从这些地点来访问本系统。我们用区域（zone）来指代那些具有同样安全需求的地点（location）。区域是系统图景中的一个地区，该地区内的组件，共享同一套非功能型需求（NFR）。

在表述 OM 工件时，笔者建议大家能够采用并遵循某些标准的图示法。示意图中的符号种类应该尽量少一些，以便尽量降低复杂度。

无论采用怎样的图示，都至少应该按照一套固定的命名方式，来给参与者（actor）及系统组件起名字，这样做总是有好处的。我们可能会允许某个区域中的工件（参与者或组件）去访问相邻区域中的工件，也有可能会禁止这种访问行为。于是，我们就需要用一些指示符来描绘区域之间的通信情况，使人明白这两个区域之间是否可以相互通信。比如，用双竖线表示这两个区域之间禁止通信。图 8-1 这张示意图，演示了零售业场景中的地点与区域。

这张图中的每一个区域，都有"Lxx, < 区域名 >"格式的标签，标签下方有一对小括号，其中写有数字。Lxx 是标准的缩写代号，用来指代某个地点，每一个地点所对应的 xx，都是互不相同的。括号内的数字用来表示基数（cardinality）。比如，L1 的基数是 1000，这说明该系统可能拥有 1000 名公司客户，这些客户本质上是相似的，但有可能位于不同的地方。L4 的基数是 1 或 3。如果基数是 1，那就表示系统中只有一个数据中心实例，该实例需要提供每周 7 天、每天 24 小时的支持；若基数是 3，则表示系统中有 3 个数据中心，它们为不同的地域提供服务，也就是"chasing the sun"（追逐太阳）模式。请注意，L1 和 L2 之间是双线，L4 与 L6 之间是单线。双线意味着这两个区域之间有严格的界限，二者之间不允许建立连接；而单线则表示两个区域之间有着某种（高速或低速的）连接。

L1, 公司客户
(1k)
L2, 私人客户
(1m)
L7, 门店
(100)
L3, 互联网服务
(0 - n)
L9, 应用程序管理服务
(1)
L8, 总部
(1)
L6, 其他互联网服务
(n)
L4, 中心站点运行时服务
(1, 3)
L5, 公司服务
(1)

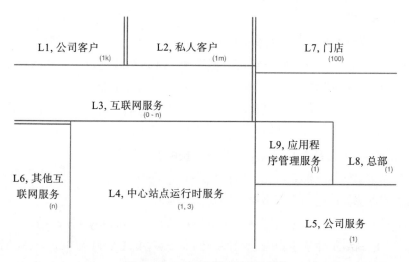

图 8-1 COM 中的地点及区域

架构师完全可以对这套区域标注法做进一步的修改或扩充，然而只要掌握了前面这几条简单的原则，解决方案架构师就可以很好地把演化中的操作模型表示出来了。

我们还可以给区域涂色，用以表示这些区域有着不同的访问限制及安全措施。最常见的分类法，是把区域划分为互联网（Internet）、内部网（intranet）、DMZ（demilitarized zone，外围网络）、外部网（extranet）、不受信任的区域（untrusted zone）以及安全的区域（secured zone）等几类。图 8-2 演示了对这些区域所做的分类。

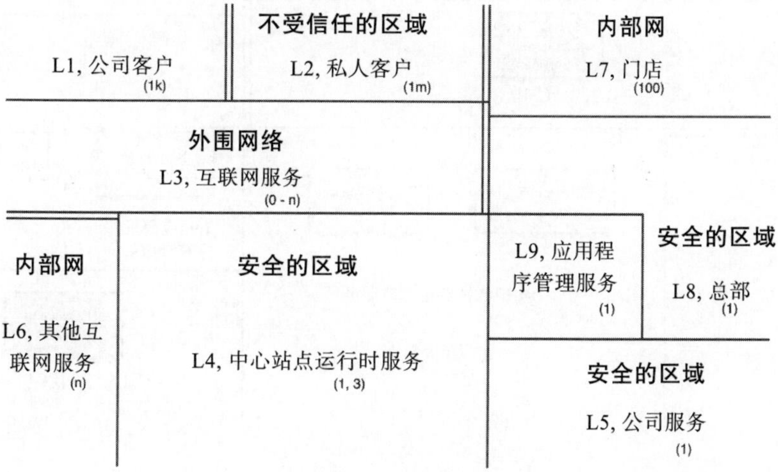

不受信任的区域
L1, 公司客户
(1k)
L2, 私人客户
(1m)
内部网
L7, 门店
(100)
外围网络
L3, 互联网服务
(0 - n)
内部网
L6, 其他互联网服务
(n)
安全的区域
L4, 中心站点运行时服务
(1, 3)
L9, 应用程序管理服务
(1)
安全的区域
L8, 总部
(1)
安全的区域
L5, 公司服务
(1)

图 8-2 对 COM 中的各区域进行分类

8.3.1.2　认定组件

我们用概念组件节点（conceptual component node）来表示潜在的基础设施节点（infrastructure node），基础设施节点可以托管一个或多个应用程序级别的功能组件。概念组件能够把服务级别需求（service-level requirement，也就是非功能型需求，NFR）与功能组件（这些组件是在功能模型中提出的，请参见第 7 章）适当地对应起来。我们可以通过下面几种分析方式认定概念节点：

❑ 不同的系统参与者是怎样与本系统相对接的？

❑ 本系统是怎样与外部系统相对接的？

❑ 某个节点怎样满足一个或多个非功能型需求？

❑ 在不同的地点上，需要有哪些类型的可部署实体（deployable entity）？

我们不会把网络工件认定为概念组件，例如局域网（LAN）、广域网（WAN）、路由器，以及 p 系列和 x 系列服务器等特定的硬件设备及组件，就不属于概念组件。换句话说，COM 中的概念组件，是用来在部署之后的系统中，为一个或多个功能组件提供居所的。图 8-3 演示了 COM 中的一系列概念组件及参与者，并描述了它们在不同地区的分布情况。[⊖]

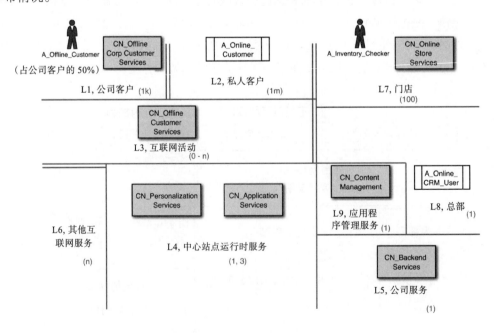

图 8-3　多个概念组件分布在 COM 的不同区域中

⊖　图中以 A_ 的内容，表示 Actor（参与者）。——译者注

8.3.1.3　放置组件

把功能模型与操作模型整合起来时，最大的难题在于怎样把功能组件放置到操作模型中。从理论上来说，我们可以直接去摆放这些组件，但这样做通常是相当困难的。有没有一种技术，能够用较为规范的流程，在功能模型与操作模型之间架起一座桥梁呢？下面我们就来讲解这样的一种技术，它叫做可部署

图 8-4　可部署的单元经常能够用来沟通功能模型与操作模型

的单元（Deployable unit），如图 8-4 所示。（读者也可以参见这篇文章：《Deployment Operational Models》[n.d.]。）

注意：所谓"功能"，就包含在图 8-4 的组件模型中（详情参见第 7 章）。

你可能觉得自己已经学得够多了，但笔者现在还要再讲一套分类办法，这次，是针对可部署的单元而制定的。我们把可部署的单元（Deployable unit，DU）分为四类：数据型的可部署单元（Data Deployable Unit，DDU）、表现型的可部署单元（Presentation Deployable Unit，PDU）、执行型的可部署单元（Execution Deployable Unit，EDU）以及安装型的可部署单元（Installation Deployable Unit，IDU）：

- ❑ DDU——用来表示组件给某个行为或功能提供支持时所需的数据，这些数据就是从这个地点提供给组件的。数据中有一些值得关注的方面，例如数据量、数据刷新率、数据的存档及保留策略等。
- ❑ PDU——为了使组件的功能得到利用，系统需要通过各种技术来给功能的使用者提供访问机制，而 PDU 就是用来对这些技术进行表示的。它会为本系统与外部参与者（例如使用笔记本电脑及手持设备的实际用户）之间的接口，以及本系统与其他系统之间的接口提供支持。
- ❑ EDU——重点关注组件的执行问题，例如对处理器速度、内存以及磁盘空间等计算能力的需求，以及对组件的调用频率等。
- ❑ IDU——重点关注组件的安装问题，例如安装所需的配置文件，以及组件的升级流程等。

简单地说，解决方案架构师可以只关注 DDU 和 PDU 这两种单元，外加 EDU 中的某些方面。大家请记住，要想把 OM 完全制定出来，就必须有一名专职的基础设施架构师，对于具备一定规模的系统来说，更是如此。下面几节所讲的技术，可以给 OM

的开发提供一个良好的开端，而且我们在确认并验证本系统的操作模型时，也可以利用这些技术来与基础设施架构师进行有效的沟通。

现在我们就花些时间，仔细看一看怎样来摆放不同类型的 DU。首先，要把 xDU（x 可以是 P、D 或 E）指派给对应的概念组件（conceptual component，CN）。

（1）放置 PDU（表现型的可部署单元）

我们可以根据用户的类型（也就是某个地点的用户角色），来推测用户与系统相对接时所需的表现组件应该是什么种类。有一条经验法则，那就是给每一个系统接口都赋予一个 PDU。该 PDU 会为参与者提供支持，使其能够访问系统本身或系统之间的接口。

以图 8-3 为例，我们可以把名为 U_PrivBrowser 的 PDU 指派到 CN_Online_Customer_Services 组件，使得名为 A_Online_Customer 的参与者，可以访问相关的系统特性。与之类似，我们也可以把 U_Inventory 指派给 CN_Online_Store_Services，把 U_SMS 及 U_OMS 指派给 CN_Backend_Services。图 8-6 是一张完整的示意图，大家可以看到 COM 中的每一个 PDU 所在的位置。

（2）放置 DDU（数据型的可部署单元）

我们按照放置 PDU 的办法来放置 DDU，这样应该比较简单一些，而且容易看出各个 PDU 所需要的数据。不过，DDU 的放置还有一些稍微复杂的问题需要考虑。

在零售业的例子中，我们经常会遇到在线提交的订单和离线提交的订单，而且每家门店也需要更新其库存记录。这些记录不仅需要在本地进行更新，而且也需要更新到中心库存管理系统中。除了要对库存数据进行本地更新并对提交的订单进行临时存储之外，还要在后端的办公室，也就是后端的服务中进行更新。因此，DDU 需要同时支持两种形式，而且一个数据实体可能也需要有多种类型的 DDU 及其实例。比如，对于 Inventory 业务实体来说，每家门店可能都需要对应于一个 DDU（可以把它称为 D_Inventory_Upd_Local），以便使我们能够对该门店进行局部更新，同时还需要用另外一个 DDU（可以把它称为 D_Inventory_Upd_Aggr）来把门店级别的所有 DDU 聚合起来，以便将其最终更新到后端办公室中的主库存系统里。对于提交的订单来说，通常也需要采用相同的套路，也就是说，可以先把它存放在本地（我们把这种 DDU 称为 D_Order_Upd_Local），然后分阶段地更新到中心订单管理系统中（我们把这种 DDU 称为 D_Order_Upd），这种更新可以每天执行一遍，也可以按照某种预定的频率来执行。图 8-6 是一张整合后的图表，它列出了每个 DDU 在 COM 中所处的位置。

DDU 还有其他一些变化形式可能也需要考虑。比如，在客户关系管理系统（CRM）中，某些数据实体的数据量不是特别大，而且变化得也不是特别频繁，因此，我们或许可以将其放置在内存中的数据缓存里。而同一个 CRM 中，还有着另外一些数据实体，它们变化得非常频繁，并且拥有数量极大的事务性数据，因此，我们需要用一种能够频繁写入大量数据的机制来支持这些实体。由此可见，各种数据在操作方面可能有着不同的特征，它们需要用类型适当的 DDU 来分别进行表示。总之，为了选用最为合适的 DDU 来表示数据，我们可能需要考虑到很多种数据特征。在这些需要考虑的特征中，下面几项是特别常见的：

- 数据所在的地点所处的**范围**（scope），例如数据是放在局部存储区，还是放在中心存储区。
- 数据的**易变性**（volatility）。也就是数据的刷新频率。
- 任何给定的实体所使用的**数据量**（volume），也就是应用程序所使用和交换的数据量。
- 数据的**速度**（velocity），也就是数据从外部来源进入本 IT 系统的速度。
- 数据实体的**生命期**（lifetime），也就是数据在多久之后会进行归档或备份。

并不是说所有的业务实体或数据实体，最后都要通过多个可部署的单元来进行实例化。有时可以把全部的 CRUD（增删改查）操作都放在同一个地方执行。所以不用太过担心。

（3）放置 EDU（执行型的可部署单元）

在认定好 PDU 及 DDU 之后，我们自然就应该把注意力转到 EDU 的放置上。在放置 EDU 时，有这几个选项可供选择，它们分别是，放置在接近数据的地方，放置在接近接口的地方，以及同时接近二者（这意味着我们需要对 EDU 进行分割）。

把执行单元和数据单元放置在同一个地点，显然是我们默认应该采用的办法，采用这个办法，意味着我们承认数据与应用程序代码之间的密切关系，因为应用程序的代码就是数据的主要拥有者（参见第 7 章）。因此，在很多情况下，这种办法可能是最为简单，而且看起来也最为稳妥的选择。然而有时，业务功能可能需要用一种互动特别频繁，但是数据访问量却比较少的方式来进行处理，在这种情况下，即便数据（或许因为各种原因）没有和终端用户放在一起，我们也依然应该把执行单元放置在离终端用户最近的地方。大家一定要注意，如果有多个组件在服务级别需求上体现出了共同点，那我们可能就需要把与这些组件相对应的 EDU，全都合并到同一个 EDU 中。

在零售业的范例中，名为 E_Submit_Inventory_Upd 的 EDU，放置在离 CN_Online_Store_Services 这个概念组件较近的地方，也就是说，这个 EDU 的位置与触发更新操作的本地店面较为接近。还有另外一个 EDU 叫做 E_Consolidate_Inventory_Upd，它的位置则与数据较为接近，也就是接近于后端办公室中名为 CN_Backend_Services 的那个概念组件。同理，E_Create_Order 这个 EDU 离接口比较近，而另一个名为 E_Consolidate_Order 的 EDU，则放置在距离 CN_Backend_Services 这个概念组件较为接近的地方。E_Browse 这个 EDU，放置在 PDU 的旁边，离线客户与在线客户需要通过这个 PDU 来浏览库存。图 8-6 演示了 COM 中的每一个 EDU 所在的位置。

笔者以零售业为例来讲解 COM 时，并没有给出太多的深度用例，这样做有一个重要目标，那就是想引导大家去观察典型的 COM。在图 8-3 中，以 CN 开头的那些名称，起得都很直观，我们只需根据那些名字，就可以理解概念节点的意图。你在为自己的项目做 OM 时所得到的 COM 图，可能与本例有较大的区别。

注意：概念组件（conceptual component）和概念节点（conceptual node）这两种说法是同一个意思。

把所有的可部署单元（DU）都放置好之后，就可以来关注它们之间的互动了。根据 PDU <-> EDU 关系矩阵以及 DDU <-> EDU 关系矩阵，我们可以推出这些 DU 之间的交互情况。

需要注意的问题有：

❑ 交互行为，发生在放置于概念节点中的 DU 之间。

❑ 我们所关注的交互，主要是不同节点中的 DU 所进行的交互。

❑ 在某些情况下，DU 之间的交互发生在同一种概念节点的不同实例上，这种行为也需要加以关注。比如，如果某个 L3 实例的 CN 节点上有一些 DU，而另一些 L3 实例中的同一种 CN 节点上，也有着同样的一些 DU，那么这两者之间的交互就需要加以关注。请注意，系统中可能会出现多个 L3 实例。

DU 之间的交互情况，可以很好地帮助我们决定 EDU 的位置。为了说明这一点，我们对零售业的例子稍加修改。现在要求数据必须集中存放在后端办公室里，如图 8-5 所示。此外，（或许由于各种原因，）组件的属性也必须集中存放在图 8-5 中标有 HQ 的那个节点里，这些数据在图中以名为 D3 的可部署单元来表示。在修改后的例子中，分布于各地的用户需要通过适当的表现组件 U1，并经由执行组件 P3 来访问这些数据。

这些可部署的组件之间，应该怎样来连接呢？

连接方案有很多，我们主要考虑下面两个：

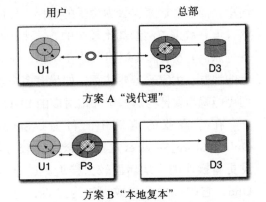

图 8-5 两种 EDU 放置方案

1. 第一种方案是把 P3 与 D3 都放在总部（HQ）组件节点中，并在用户（User）组件节点中放置一个"浅代理"（shallow proxy）技术组件，以充当 U1 组件和 P3 组件的中间人。在架构中，这是一种相当常见的安排方式，我们可能会使用 CORBA 或 DCOM 对象代理（object broker）等分布式的计算技术来实现它。

2. 第二种方案是把 P3 和 U1 放在一起，并通过某种形式的中间件，把必要的组件属性从 D3 获取到 P3 中。这也是一种相当常见的安排方式，只不过通常并没有现成的技术可供选用。就笔者撰写本书时的情形而言，我们一般通过定做的（也就是自定义开发的）中间件代码实现它。

这两个方案哪一个更好呢？我们可以不假思索地回答一句"看情况而定"（it depends）。这个答案固然没错，但除了这句套话之外，我们或许还应该进行一些定性的分析，以指出解决方案在操作方面所应满足的服务级别需求与相关特征，并根据这些分析结果来做出明智的决策。现在就来看看这两个方案各自的优点和缺点。

方案 1（浅代理）：

优点：

❑ U1 与 P3 进行交互的响应时间，应该会相当稳定。

缺点：

❑ 如果位于浅代理中间件上的需求变多，那么系统管理起来就会更加复杂。

❑ 响应时间可能会比较长，当 U1 与 P3 之间的网速较慢或跳数（hop）较多时，这个问题尤其突出。

方案 2（本地复本）：

优点：

❑ 一旦把属性获取到，其后的响应速度就比较快了。

缺点：

❑ 由于我们要自己去定制中间件代码，因此可能需要用较大的精力来做代码管理。

❑ 初次获取属性时的响应时间可能会比较长，当网速较慢或是受限时，这个问题尤为突出。

从上面这些描述，我们可以感觉到，EDU 的放置方案其实有很多种。服务级别需求（或服务级别协议）以及技术方面的因素，通常会对决策过程起到关键作用。

现在我们回到修改前的那个例子，也就是为了演示 COM 而举的那个零售业场景。图 8-6 展示了该范例的 COM。

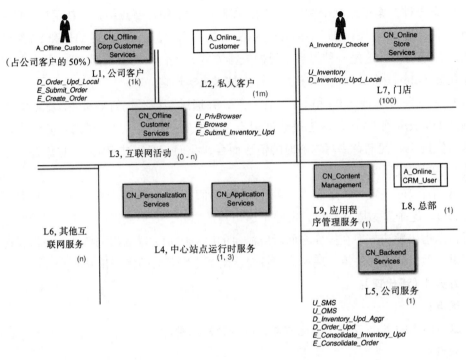

图 8-6　以零售业为例，演示 COM 中所放置的 PDU、DDU 及 EDU

注意：可部署的单元，在图 8-6 中以斜体标出。

8.3.1.4　论证并验证 COM

在结束 COM 的制定工作之前，你必须（或者说你应该）对 COM 进行验证。首先我们应该对已经开发出来的 COM 有一种良好的感觉，并且要有一些测试技巧来验证这个 COM。这些测试用来判断 COM 的样貌和感觉是否合宜。比如，下面的这些测试问题，就应该位于我们的考虑范围之内：这个 COM 能不能以目前可用的技术实现出来？当前的这种 DU 分布情况，能不能把 NFR 实现出来？满足 NFR 所需的成本，是否位于合理的范围之内（这需要进行预算及成本效益分析）？如果 COM 能够令人满意地通过上述测试，那么笔者推荐你再执行最后一个步骤：仔细选取一些对架构比较重要的用例场景，把 COM 放在这些场景中演练一遍。这是个很有效的做法，它使得我们能够验证出操作模型的可行性。图 8-7 和图 8-8 演示了零售业场景中的 COM 验证过程。

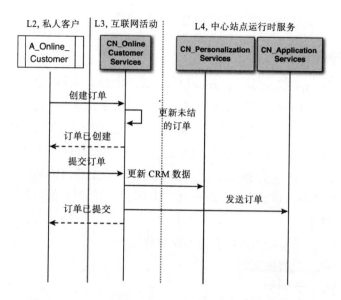

图 8-7 针对"订单创建"这个使用场景来演练 COM

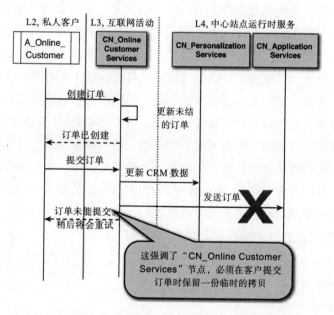

图 8-8 这张演练图强调了错误处理能力及某些设计决策

尽管这个子小节讲的内容比较多,但这主要是为了使大家能够对 COM 有扎实的了解与领悟,以便更为顺畅地学习 SOM 及 POM。更为重要的是,身为解决方案架构师,你要在 COM 上投入很多的时间,直到 COM 能够与系统需求相符为止,到了那时,你就可以把 SOM 及 POM 的开发工作交给基础设施架构师了。

8.3.2　规格操作模型

规格操作模型（specification operational model，SOM）确定并定义了一些令解决方案能够得以运作的技术服务及其规范，这些服务及规范都是为同一个目标而设立的，那就是要使解决方案能够满足所有的非功能型需求。如果说 COM 确定了操作模型的形体，那么 SOM 就在这个基础上使它能够跑起来，换句话说，在对运行时拓扑结构进行实例化的过程中，SOM 使得我们能够再向前迈进了一步。尽管本章主要讲的是操作模型中最为常用的那些方面，但本小节所讲的内容，却构成了其中某些专门领域的基础，这些领域是：

❏ 制定安全模型。
❏ 分析并设计保持系统可用性所需的流程与技术。
❏ 为弹性与系统扩展做规划。
❏ 性能建模与能力规划。

为技术服务及组件制定规范，实际上就是要回答"COM 怎样实例化？""系统的每一个部分要想运作，需要具备哪些 IT 能力？"等问题。它主要关注的是基础设施组件，也就是要把这些组件的规格定义出来，以便为 COM 提供支持，使其能够得以实例化。尽管技术规格的制定工作因产品与厂商而异，但都会对基础设施产品及物理平台的选择起到推动作用。此外，它也确定了我们应该如何为应用程序级别的 DU 放置策略提供技术支持，也就是确定了我们应该怎样保证分布式的数据复本能够得到适当的更新，以及怎样实现适当的事务控制或工作流管理机制等。与 COM 类似，我们也需要对这些基础设施产品进行排演，以确保它们是有效且完备的。技术服务及其相关组件，构成了本系统的一幅运行时架构视图，这幅视图指出了一些节点及连接，我们需要对这些节点与连接进行定义、设计、开发及部署。SOM 应该给 IT 操作人员提供一些有价值的信息，使得他们明白系统的实际运行方式及运行原理。

SOM 的开发可以分为下面三个主要的步骤：

1. 确定规格节点。
2. 确定技术组件。
3. 论证并验证 SOM。

8.3.2.1　确定规格节点

首先要做的就是确定规格节点（specification node，规范节点，SN）。我们要检视各种概念节点（CN），并按照它们在服务级别需求方面的相似程度，对其进行分组。在这个过程中，为了适应各种类型的用户以及不同的服务级别需求，有可能要对 CN 进行分割。更明确地说，是要对可部署的单元（PDU、DDU 及 EDU）进行重新安排，也就是对其进行分割、合并及重构。值得注意的是：功能模型重在将组件按照功能进行分组，并以此来确定各个子系统，而操作模型则重在将组件按照服务级别需求进行分组，并以此来认定规格节点。

　　一方面要对 DU 进行分割及重构，另一方面又要根据它们在服务级别需求上面的相似程度对其进行合并，这是不是有些奇怪呢？确实是有点怪，不过下面这个例子或许能把它讲得清楚一些。

　　以零售业为例，假设用户需要分成使用移动设备的用户以及使用工作站的用户这两类，也就是说，有些用户通过移动设备下订单，另一些用户通常使用工作站来操控系统。为了同时支持这两类用户，我们可以对负责处理订单创建工作的 PDU 及 EDU 节点进行划分。PDU 可以分成两个 DU，并分别放置在两个 SN 中，一个叫做 SN_Create_Order_Mobile，用来针对使用移动设备的用户，另一个叫做 SN_Create_Order，用来针对使用台式电脑的用户。EDU 可以分成三个 DU，一个用来接受由使用移动设备的用户所输入的信息（SN_Order_Accept_Mobile），另一个用来处理由桌面用户所发起的数据访问（SN_Order_Accept），还有一个则用来处理由后端系统所发起的数据访问（SN_Order_Retrieve）。我们可以把这些确定下来的 SN 都视为虚拟机，每台虚拟机上都放置着各种应用程序级别的组件。这些 SN 可能需要一些安装可部署单元（installation DU），以便对它所托管的各种应用程序组件进行安装与管理。

　　总之，在认定 SN 的过程中，我们要对 DU 进行编排，按照它们在各种 NFR（例如响应时间、吞吐量、可用性、可靠性、性能、安全、易管理性等）方面的共性，对其进行分割或合并。这些 DU 需要放置在 SN 上，以确保 NFR 能够得到满足。

8.3.2.2　确定技术组件

　　本步骤的重点，是把其他一些必要的 SN 节点找出来，并把满足特定的服务级别协议所需的技术组件确定下来。

　　上一步所确定的那些 SN，主要是根据 DU 以及所要满足的 NFR 而得来的。我们要确保这些 SN 可以彼此进行通信，也就是确保这些虚拟机之间能够彼此连通，同时还要保证它们可以与新确定的其他 SN 相连通（我们可能会因为组件之间的互连等集成方面的需求确定一些新的 SN）。这意味着我们需要确定一些技术组件，以便将已经认定的这些 SN 以及它们之间的相互连接实现出来。需要强调的是，由于任何一个 SN 都可以托管多个 DU 及组件，因此，SN 内部的这些组件之间也要像 SN 与 SN 之间一样，能够彼此进行通信，于是，我们就必须用适当的互连技术来满足这些服务级别方面的需求。这可能需要再引入一些 SN，例如需要引入一些新的 SN 来促进交互。

现在用零售业举例。我们考虑门店与后端办公室之间的组件通信。某些数据交换任务是相当关键的，必须以同步的方式来执行，因此需要使用吞吐量较高且具备亚秒级响应时间的网关（我们将其认定为 SN_Messaging_Mgr）。而另外一些使用场景对吞吐量的要求则比较宽松，因而可以用异步的方式分批传送数据（我们将其认定为 SN_File_Transfer_Mgr），这是个切实可行而且较为节约成本的做法。大家可以想见：门店与后端办公室之间在概念上虽然只有一条通信线路，但是 SN 之间的互连却需要用两种不同的技术组件来实现。我们需要用网关、防火墙以及目录服务等设施（SN_Access_Control）来直接或间接地为业务功能提供支持。

个人说明

敬爱的读者：

请允许我说些私事。

现在是 2015 年 3 月 5 日。刚写完上面那段文字，我就接到公司高管打来的电话，知道自己获得了 IBM 杰出工程师（Distinguished Engineer，DE）的头衔，并正式成为 Industrial Sector（产业部）的 CTO（首席技术官）。

我的父亲在 45 天之前，也就是 2015 年 1 月 19 日过世了。我习惯叫他 "baba"，在孟加拉语中，这个词指的是父亲。从前我很希望自己能成为 DE，而父亲的愿望比我还要强烈，他坚信我一定可以获得这个职称。我知道他长久以来，一直在盼望这一天的到来。我也很想把职业生涯中的这个重要成就告诉他，我想打电话给他，让他知道我今天终于成为 DE 了。

此刻，我的心情很沉重，因为我没办法打电话给父亲，我再也听不到他的声音了。我多么希望他能听我说话啊，我想说："baba，我拿到 DE 了，真的！能有这个成就，全凭你的鼓励。我说过，自己成为 DE 之后，第一个就要告诉的人就是你。我相信你就在我的身旁。baba，愿你安好。"

感谢读者听我说完这些话。

技术组件用来解决系统中各个方面的问题。某些技术组件直接对 DU 提供支持（这些 DU 分为表现型 DU、数据型 DU 和执行型 DU），另外一些技术组件则用来应对系统中的其他方面，比如每个 SN 的操作系统及物理硬件（例如网络接口、处理器速度、处理器类型以及内存等）、连通各种 DU 的中间件集成组件（例如消息队列、文件处理程序

等)、某些系统管理组件(例如性能监控、停机管理等)以及某些应用程序专属的组件(例如错误记录程序、诊断程序等)。我们需要注意的是,怎样用不同类型的技术组件来分别实现不同的系统特征。比如,用中间件集成组件来提供它们所需支持的协议及安全机制,并用它来满足数据交换方面的流量指标和吞吐量指标;用系统管理组件来对系统的停机以及系统支持工作进行规划;用硬件组件来决定系统的扩展潜力以及各种扩展方式。

集成组件以及连通这些组件的各类连接,都具备着一些关键的属性及特征,这些属性及特征,能够用来满足系统的 NFR。系统的某一些互连特征,可以为我们提供重要的信息:

- **连接类型**——数据的交换是采用同步模式还是异步模式?
- **事务**——事务的最小尺寸、最大尺寸以及平均尺寸。
- **延迟**——在主要的系统组件之间传输最小尺寸、最大尺寸以及平均尺寸的事务,各需要多长时间?
- **带宽**——需要多大的网络带宽,才能满足事务量和处理延迟方面的要求?

对技术组件进行认定,可以令我们看到一幅更加清晰的图景,使我们得知本系统在硬件、操作、通信以及管理等方面的特征。这些特征,正是制定 POM 时所需要的关键信息。

8.3.2.3 论证并验证 SOM

俗话说得好,"布丁味道如何,尝一下才知道",这句话对 SOM 也不例外。制定解决方案架构时,一定要仔细评估 SOM(在技术、成本、资源及工期等方面)的可行性。我们评估 SOM 的办法与 COM 相同,也就是把它放在使用场景中排演,以确保其在通常的情况及遭遇故障的情况下,均可以满足非功能型需求并达到预期的服务水准。

评估 SOM 的技术可行性时,我们应该考虑很多方面,其中包括但不限于:

- **DDU 的特征**——容量、数据类型、数据完整性以及安全性。
- **EDU 的特征**——响应延迟时间、执行量、可用性以及事务类型(例如,是分批处理还是实时处理)。
- **系统完整性**——系统如果不能把提交上来的事务顺利执行完,那就应该回滚到先前的正常状态。
- **数据在各区域及各地点的多个 SN 之间的分布情况**——系统是否能够满足事务完整性以及响应时间方面的需求?

我们之所以要评估 SOM 的技术可行性,是为了保证它确实有助于实现服务级别方面的需求,并且能够给某些架构决策提供支持,这些决策主要用来解决系统的 NFR。

对于这个零售业的范例来说,我们已经分析了系统中的一部分,并确定了很多的

SN，现在把这些 SN 清点一遍：

- **SN_Create_Order_Mobile**（SN_从移动设备创建订单）——一个封装了表现层 CN 的虚拟机，这些 CN 用来协调从移动设备提交上来的订单所具备的各种细节。
- **SN_Create_Order**（SN_创建订单）——一个封装表现层 CN 的虚拟机，这些 CN 用来协调从台式机提交上来的订单所具备的各种细节。
- **SN_Order_Accept_Mobile**（SN_接受移动设备提交的订单）——一个封装执行层 CN 的虚拟机，这些 CN 用来触发并处理由移动设备所发起的订单创建业务逻辑。
- **SN_Order_Accept**（SN_接受订单）——一个封装执行层 CN 的虚拟机，这些 CN 用来触发并处理由台式机所发起的订单创建逻辑。
- **SN_Order_Retrieve**（SN_获取订单）——一个与 SN_Order_Accept_Mobile 节点及 SN_Order_Accept 节点协同运作的虚拟机，它可以把订单详情发送给后端办公室中的订单管理系统，也可以从订单管理系统中获取订单详情。
- **SN_Messaging_Mgr**（SN_消息管理器）——一个技术组件，它能够以高速度、低延迟的方式，在门店及后端办公室之间异步地传输数据。
- **SN_File_Transfer_Mgr**(SN_文件传输管理器)——一个技术组件，它能够以（相对于 SN_Messaging_Mgr 来说）速度较低且延迟较高的方式，在门店及后端办公室间分批传输数据。
- **SN_Access_Control**（SN_访问控制）——一个技术组件，能够对用户进行验证及授权，也能够进行由策略所驱动的其他安全管理。
- **SN_Systems_Mgmt_Local**（SN_本地系统管理）——一个技术组件，用来在每家门店的所在地实现系统监控及系统管理，每家间门店都有这样的一个组件。
- **SN_Systems_Mgmt_Central**（SN_中心系统管理）——一个技术组件，用来在后端办公室实现系统监控及系统管理。
- **SN_Data_Services**（SN_数据服务）——一个技术服务，在后端办公室中以数据适配器的身份来运作，它能够对系统中各个数据库的访问操作进行抽象。
- **SN_Order_Management_Services**（SN_订单管理服务）——一套技术服务，可以把订单管理系统的功能特征公布出来。

在验证 SOM 的过程中，笔者建议大家像图 8-9 这样，以序列图（sequence diagram）的方式按步骤进行排演。要注意一个问题，在对 SOM 进行细化时，并不需要把所有的用例全都用序列图演练一遍，而是只应该演练对架构有着重要意义的用例。这更加说明了一条实用的原则，那就是我们一定要关注在架构上起着关键作用并有着基础地位的用例，因为这些用例引领着系统的总体架构与蓝图。

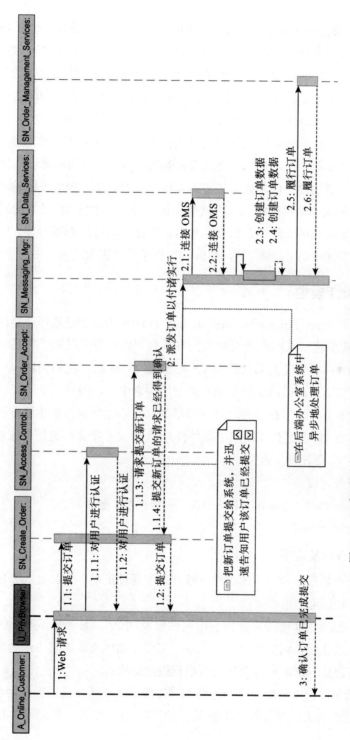

图 8-9 以序列图来演练零售业范例中的"订单提交"这一使用场景

总之，SOM 关注的是解决方案的应用组件及技术组件的放置，也就是说，它关注的是如何把 CN(概念节点)、(具备一定存储空间、处理器和内存的) 计算机、安装单元、中间件与外部的展示功能放置在特定的节点上，以及如何确定并建立这些节点之间的通信及互动渠道。如果能做到这一点，那么系统就可以满足解决方案中的功能需求与非功能型需求了，预算、技能以及技术可行性等因素，也包含在这些需求之内。

需要说明的是，除非你正在从基础设施架构师向解决方案架构师转型，否则，一般都应该把 SOM 的细化与补完工作，交给和你搭档的基础设施架构师。你要关注的是更为宏观的图景，也就是要关注总体解决方案架构中其他那几个较为关键的方面。如果你原来是从基础设施架构师做起的，那么此时应该能够坦然地把 SOM 交给同事；如果你是直接从解决方案架构师做起的，那么在做其余工作之前可以先缓一缓，因为你已经把方案的基本轮廓描述出来了，剩下的 SOM 细节交给同事去做就好。

8.3.3　物理操作模型

物理操作模型（physical operational model，POM）关注的是选用适当的技术与产品来对 SOM 进行实例化，以实现所需的功能并达到预期的服务级别。它是一张蓝图，用来描绘本系统的采购、安装及后续维护工作。创建 POM 时，我们要做出一些决策，并且要在可行性、成本以及风险这三个相互冲突的因素中，取得适当的平衡，以便实现出系统所应具备的能力。为了在三者之间求得平衡，我们经常需要于功能方面和非功能方面做出一定的妥协（例如延长工期或削减特性），令解决方案变得更稳妥或更加划算。

POM 的三个主要开发步骤是：

1. 实现节点及连接。

2. 确保其满足 QoS（Quality of Service，服务质量）要求。

3. 论证并验证 POM。

8.3.3.1　实现节点及连接

本步骤的重点是选出最合适的硬件、软件及中间件产品，令其合起来能够满足系统的功能需求及非功能型需求。

选取基础设施组件（硬件、软件、中间件以及网络），通常并不是一件特别容易的事，因为选取的过程会受到很多因素的影响。笔者下面就来谈谈其中最为常见、最需要加以考虑的一些因素，它们一般会对决策过程造成影响：

❑ **产品在市场中的成熟度**——无论营销宣传册把某种新产品说得如何美好，我们通常都不应该去采用尚处在早期阶段中的产品。(不要过分迷恋于尝试新产品，叫别人去当小白鼠吧。)

- **产品能够在多大程度上满足系统的功能规格**——我们应该考虑当前想要选用的这件产品是否有能力与本系统所选用的其他产品相互集成，而且要考虑它是否有过成功集成的案例。

- **安装并配置产品所需的物理拓扑结构**——比如，某些产品是很容易进行安装和配置的，它们既可以在企业自己的数据中心里运作，也同样适用于云端的数据中心。然而其他一些产品，例如某些特定的硬件设备，或许就没办法像在传统的数据中心里那样，轻易地安装到云端数据中心了。

- **厂商对待该产品的态度以及厂商的可靠程度和过往表现**——某些产品厂商可能没有适当地建立区域性的产品维护和支持机构。此外，厂商会用怎样的策略来维护该产品，会用怎样的办法来延长该产品的生命期并增强其能力，这也是个有待考虑的关键因素（例如产品的生命期是否即将结束）。我们还必须进行评估及验证工作，判断该产品从前是否曾经有效地运用于我们所感兴趣的领域中。

- **本企业的架构蓝图以及本公司的方针**——现有的架构蓝图，会为企业对产品的选用设定一套方针。而且本企业与产品厂商之间的关系，也会直接或间接地影响公司在选择产品厂商时的态度。我们通常会遇到这样一种情况，例如公司目前已经全面使用了 IBM 的各类产品，如果你再想考虑选用一款非 IBM 产品，那么可能就会比较难办，而且可能会在技术集成方面遇到障碍。

- **为了满足非功能型需求而安装该产品时，需要有哪些硬件基础设施做支撑**——某些产品进行垂直扩展是相当容易的，也就是说，我们可以轻易地为其添加更多的内存、换用更快的处理器系列及存储设备。而另外一些产品，或许必须快速地进行水平扩展，也就是必须增加更多的服务器或产品实例，才能满足所需的扩展要求。一般来说，扩展会极大地影响系统的成本。

由于选择产品的过程相当复杂且相当耗时，因此，我们一直都必须积极寻找一些能够简化并推动此过程的机会。笔者通常喜欢抓住那些有利于促发自然选择的契机。下面列出一些自己曾经尝试过的有效办法：

- 确定进行产品选择时所需遵照的前提，并明确了解本企业的策略、本企业对产品厂商的偏好，以及本企业针对产品的选用所订立的规则。这样做可以缩小自己的撒网范围，别等到采购产品时，才发现它不合乎企业的规范。

- 判断该产品是否曾经在类似的行业及类似的功能场景（functional landscape）中取得过成功。

❑ 了解预先选定好的产品将会怎样影响其余的选择过程。比如，选择同一家厂商的产品，是否会更容易进行集成，也更容易获得厂商的支持？进行这样的评估，可以使我们确定问题的来源。

上面这些信息，是否足以使你能够对产品的选择过程进行督导呢？作为企业的整体架构师，此时你或许会觉得这些已经完全够用了。因为你可以保证适当的流程与技术都已经就位，这些流程与技术，不仅能够协助基础设施架构师以正规的办法对产品进行选择，而且还能够使你自己可以对选择的结果进行评审与验证。

你可别真的以为这一步已经彻底完成了，因为节点之间的连接还没有确定出来。已经选定的这些产品，彼此之间如何通信？有多少产品需要连接？它们应该在几个地点进行连接？这些地点的连线是彼此完全相同，还是要根据非功能型需求或网络带宽的限制等因素而有所变化？

现在以零售业为例，来考虑节点之间的连接。COM 已经确定了一系列区域及地点，而且确定了每个区域所放置的逻辑节点。功能方面的需求，使得我们必须要把这些逻辑节点连接起来，以满足一个或多个用例场景。而非功能方面的需求，则决定了数据交换的特征及方式，例如，是采用请求－应答的方式，还是采用异步的分批数据传输方式。

节点之间的连接及其设计与实现，正好位于网络架构师的工作范围中。网络架构师日常面对的是 LAN、WAN、MPLS（Multi-Protocol Label Switching，多协议标签交换）、路由器以及交换机。网络拓扑结构会提供系统运作所必需的连接，身为企业架构师，你需要理解它的设计原理及构建情况。

用道路来比拟网络拓扑

几个月前，笔者参加了一个企业架构师培训课程，导师当时用一套优雅的比喻，来描述我们在定义网络拓扑时所需考虑的各种细节。这套以交通及道路来进行的比喻，给我留下了深刻的印象，现在就把它分享给大家。

课程的导师说，（各种系统组件之间的）逻辑连接，就好比两座城市（也就是两个逻辑节点）之间的全部行车路线。有些旅程需要迅速结束，还有一些则可以拖比较长的时间。有些道路上会有载着货物的重型卡车通过；行经另一些道路的车辆中，或许只坐着司机一个人而并没有多少货物。为了满足各种不同的行车需求，我们需要建设一套最优的道路网，而这套道路网，和系统网络拓扑结构中的物理连接很像。

继续用道路来打比方。有的路是高速公路，有的路是乡村小路，有的路整天都有车在跑，有的路则只在高峰期与周末时才会有很多车。

> 最后，导师提醒我们，除了这套道路网之外，还有其他一些完全不同的网络，也能够满足旅行的需要，例如可以坐飞机。因此，对于网络拓扑来说，除了可以考虑广泛使用的 LAN 与 WAN 之外，在某些情况下，或许也可以接受速度较慢的实物邮件，有时为了促进与用户之间的沟通，还可以考虑打电话。

我们一定要把系统所需满足的 NFR 告诉网络架构师，同时也要把架构中与节点间的数据交换方案有关的各种选项提供给他。而要想制定出节点之间的数据交换方案，则意味着我们很有必要把节点之间的连接情况表示成正规的矩阵，以便形成适当的网络拓扑结构。接下来我们就开始探寻这样的连接矩阵。

笔者通常采用某些矩阵运算技巧来得到节点间的连接矩阵，这个子小节的其余内容，就用来详述这些技巧。读者需要有线性代数（尤其是矩阵运算）的某些基础知识，当然你也可以跳过这些与数学的关系较为密切的内容，直接去看下一个子小节。即便你不能够从稍后要讲的数学知识中学到很多内容，也至少应该理解笔者的关键用意，也就是说：

架构师不仅要明白节点之间的连接方式，而且还要对连接的相对强度（relative strength，相对强弱）有一个概念。比如，节点 N_1 可能会与另外一个名为 N_2 的节点相连，这条连接的相对权重是 3。除了 N_2 之外，N_1 可能还会与 N_3 及 N_4 相连，这两条连接的相对权重分别是 2 和 5，而 N_2 节点或许只会与 N_1 这一个节点相连。有一个网络要把 N_1 与操作拓扑结构中的其余节点相连，还有一个网络需要将 N_2 与系统的其余部分相连，在这种情况下，前一个网络显然应该构建得比后一个网络更加健壮，而且其带宽也应该更高。

这里之所以要讲矩阵代数运算，是为了使大家掌握一种数学技巧，以帮助自己进行这样的推理。

为了使这部分内容更容易理解，你可以先看看下面这个文字框，复习一下矩阵代数的知识。

矩阵代数

如果第一个矩阵的列数等于第二个矩阵的行数，那么这两个矩阵就可以相乘。假设第一个矩阵有 m 行 n 列，第二个矩阵有 n 行 p 列，那么相乘后的矩阵就有 m 行 p 列：

$$C_{mp} = A_{mn} \times B_{np}$$

矩阵的转置操作，是把某个矩阵的行与列互相交换。比方说，如果矩阵 A 有 m 行 n 列，那么 A 的转置矩阵就有 n 行 m 列：

$$B_{nm} = (A_{mn})^{\mathrm{T}}$$

现在来做一下矩阵的代数运算。我们的目标是确定每个节点与其余节点之间的连接情况，并了解这些连线的相对权重。这次讨论之中所说的节点，用来表示物理服务器，这种服务器上面，托管着一个或多个中间件组件或软件产品。根据前面制定好的 COM，我们可以清楚地看到这些 DU 之间的互连情况。

假设 A 是 DU accesses DU 矩阵（DU 与 DU 之间的访问关系矩阵）。由于早前我们在制定 SOM 时，已经把各个 DU 都安排到了适当的节点中，因此现在可以得到一个 Node hosts DU 矩阵（也就是节点与 DU 之间的托管关系矩阵，该矩阵的行表示节点，列表示 DU），我们将其记为 B。接下来引入第三个矩阵，它是 DU belongs to Node 矩阵，用来表示 DU 与节点之间的从属关系，这个矩阵是对 B 矩阵进行转置而得到的，也就是说，这个矩阵的行，表示的是 DU，而它的列，表示的则是节点。我们的目标是找出 Node is connected to Node 矩阵（节点与节点之间的连接关系矩阵），矩阵中的每一个单元格，都表示两节点之间的连接所具备的相对强度。为了把节点与节点之间的连接状况表述出来（也就是为了寻找 Node is connected to Node 矩阵），我们需要执行一些巧妙的矩阵运算（参见下面的文字框）。

用矩阵运算来确定节点之间的连接情况

笔者在 IBM 的同事 Bertus Eggen 先生提出了一个巧妙的矩阵运算技巧，可以用来推导节点之间的连接情况。在运用该技巧所得到的矩阵中，每个单元格都能够表示出两节点之间的连线所具备的相对强度。

接下来，笔者就采用 Bertus 在解释其想法时所举的例子，来演示这个技巧。

假设矩阵 A 表示 26 个 DU 之间的互连情况，也就是说，A 是 DU accesses DU 矩阵。这种类型的矩阵通常称为邻接矩阵：

$A_{26,26}$（参见图 8-10）。

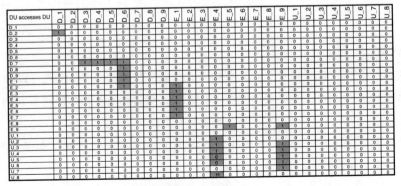

图 8-10　矩阵 A

矩阵 B 表示 6 个节点如何托管这 26 个 DU，也就是说，矩阵 B 是个 Node hosts DU 矩阵：

$B_{6,26}$（参见图 8-11）。

该节点是否托管此 DU	U_3	D_3	D_4	E_9	E_5	U_8	U_4	D_6	E_7	E_1	U_6	D_9	E_2	U_5	U_7	D_7	E_8	E_6	U_1	D_1	D_8	D_5	E_3	U_2	D_2	E_4
客户关系管理	1	1	1	1	1	0	0	0	0	0	0	0	0	0	0	0	0	0	0	0	0	0	0	0	0	0
库存管理	0	0	0	0	0	1	1	1	1	1	0	0	0	0	0	0	0	0	0	0	0	0	0	0	0	0
订单管理	0	0	0	0	0	0	0	0	0	0	1	1	1	0	0	0	0	0	0	0	0	0	0	0	0	0
订单录入	0	0	0	0	0	0	0	0	0	0	0	0	0	1	1	1	1	1	0	0	0	0	0	0	0	0
目录管理	0	0	0	0	0	0	0	0	0	0	0	0	0	0	0	0	0	0	1	1	1	1	1	0	0	0
内容管理	0	0	0	0	0	0	0	0	0	0	0	0	0	0	0	1	0	0	0	0	0	0	0	1	1	1

图 8-11 矩阵 B

对矩阵 B 进行转置，得到 DU belongs to Node 矩阵：

$(B_{6,26})^{\mathrm{T}}$（参见图 8-12）。

该 DU 是否属于此节点	客户关系管理	库存管理	订单管理	订单录入	目录管理	内容管理
U_3	1	0	0	0	0	0
D_3	1	0	0	0	0	0
D_4	1	0	0	0	0	0
E_9	1	0	0	0	0	0
E_5	1	0	0	0	0	0
U_8	0	1	0	0	0	0
U_4	0	1	0	0	0	0
D_6	0	1	0	0	0	0
E_7	0	1	0	0	0	0
E_1	0	1	0	0	0	0
U_6	0	0	1	0	0	0
D_9	0	0	1	0	0	0
E_2	0	0	1	0	0	0
U_5	0	0	0	1	0	0
U_7	0	0	0	1	0	0
D_7	0	0	0	1	0	1
E_8	0	0	0	1	0	0
E_6	0	0	0	1	0	0
U_1	0	0	0	0	1	0
D_1	0	0	0	0	1	0
D_8	0	0	0	0	1	0
D_5	0	0	0	0	1	0
E_3	0	0	0	0	1	0
U_2	0	0	0	0	0	1
D_2	0	0	0	0	0	1
E_4	0	0	0	0	0	1

图 8-12 矩阵 B^{T}

执行下列乘法操作，即可得到矩阵 Y：

$Y_{6,6} = B_{6,26} \times A_{26,26} \times (B_{6,26})^{\mathrm{T}}$（参见图 8-13）。

节点与节点之间的连接	客户关系管理	库存管理	订单管理	订单录入	目录管理	内容管理
客户关系管理	1	0	0	0	0	0
库存管理	3	4	0	0	0	0
订单管理	0	4	0	0	0	0
订单录入	0	3	0	2	0	0
目录管理	0	0	4	3	0	0
内容管理	0	1	12	2	0	0

图 8-13　矩阵 Y

现在大家看到，矩阵 Y 正是我们要找的那个节点与节点之间的连接矩阵。

尤其要注意单元格里的值。这些值表示各节点之间的连线所具备的强弱度或权重。

请看文字框中的 Y 矩阵，该矩阵的每一个单元格，都表示相关的两个节点之间所具备的通信强弱度或互动强弱度。

网络架构师可以从这里接手工作。在决定网络带宽需求时，节点之间的交互权重，是个很关键的因素。此外，数据交换的地点、区域、频率和交换量，以及产品与应用程序组件的物理部署拓扑结构，也是决定网络拓扑及其物理体现的重要因素。

尽管需要请专职的网络架构师来最终确定网络基础设施，但我们还是应该先准备好充足的信息并订立适当的方针，以便验证这些连接是否能够正确地实现出来，并且判断它们是否能够适当地支持系统在非功能及服务级别方面的需求。

8.3.3.2　确保节点及其连接满足服务质量（QoS）要求

上一个步骤能够确保物理操作模型已经得到定义，我们选好了其中的产品与技术，也确定了连接这些产品所需的网络布局与基础设施。把这些产品连接起来，就能够为系统所应有的功能以及绝大部分 NFR 提供支持。

这一步的重点，是对产品、技术以及网络的配置进行完善，使某些关键的 NFR（例如性能、能力规划、容错以及灾难恢复等）也能在这个完善的过程中得到应对。QoS 这个话题，可以用一整本书来谈，而本章只关注其中的某些重要方面，解决方案架构师需要认识、理解并领悟这些方面，以便使自己能够更好地与基础设施架构师一起，用正规的流程来制定 POM。

系统的性能是一项很关键的指标，它决定着最终用户是否能够接受并乐意使用本系统。性能描述了系统的操作速度，也就是本系统响应用户请求的速度。如果要在性能这个语境下谈论 QoS，那就应该以一种确定的方式对系统的行为进行定义，使人明白本系统在负载增加时，会采用什么办法来保持或降低其原有的能力，以满足性能方面的各项要求。现在我们来思考一下：当系统的负载增加时，会发生什么事情？

首先要厘清的问题是，什么叫做负载增加？假设有一个操作型的系统。它每次运行都有可能产生新的事务数据。这些数据会存放在持久化存储设备中，生成的数据量也会随着时间而变多。于是，系统就需要在数据库中的数据量变大之后（例如从 5GB 变为 1TB），依然能够于合理的延迟时间内对查询请求给出响应，这就是系统在负载增大时维持其性能的能力。

还可以再举一个例子，使用本系统的用户数量，会随着时间的推移而增多，于是，同时访问用户界面的人，可能就会比原来更多一些。如果同时访问本系统的用户从 10 位增加到 125 位，那么我们就需要观察系统能不能通过生成或刷新用户界面，来把延迟时间控制在合理的范围内，这可以用来衡量系统的性能。实际上，系统的性能与它的可扩展性之间，仅仅有着相当微妙的差别。可扩展性说的是系统在以确定的方式来维持或降低其性能水平这一前提下，能够在多大程度上通过扩展来应对更多的负载量。

可扩展性（scalability）通常以两种方式来进行描述、定义及实现，它们分别是水平（horizontal）扩展及垂直（vertical）扩展。简单地说，水平扩展是运用各种技术来向资源池中添加更多的计算机（也就是服务器），使得基础设施能够满足本系统的需求，这也称为横向扩展（scale out）；而垂直扩展则是运用各种技术来向现有的资源池中添加更多的计算能力（也就是添加更多的处理器、内存以及存储空间），使得基础设施能够满足本系统的需求，这也称为纵向扩展（scale up）。在横向扩展的架构中，我们可以对数据进行分区，也可以把工作量指派到资源池中的各台服务器上，如果架构搭建得合适，那么这样做可以实现真正的平行（parallelism）计算及管线化（pipelining）处理。这种架构也使得系统具备较高的容错能力，也就是说，即便其中的某一部分资源发生故障，系统也依然能够运作（系统中还有另外一套资源也能实现相同的功能，因而可以承担原有的工作）。在纵向扩展的架构中，我们只能够把工作量指派给不同的核心（也就是不同的处理器及内存），所有的核心都位于同一个服务器资源中。

纵向扩展技术的一个缺点在于，你要把所有的鸡蛋都放在同一个篮子里（put all your eggs in one basket，孤注一掷），这个篮子指的就是服务器。只要这台服务器出现故障，整个系统就无法运作。除了这个缺点之外还有一个问题：纵向扩展是有一定限度的，如果达到了这个限度之后，系统依然无法满足性能要求，那你就得开始考虑如何把基础设施架构从纵向扩展变为横向扩展了，也就是说，你需要给资源池中添加新的资源（服务器）。横向扩展的架构自然要比纵向扩展的架构更加健壮也更易扩充，但它依然要面对一些挑战：添加新服务器会增加系统的成本，而且也会在维护及监控方面产生更多的要求。

学到了上面这些与可扩展性有关的指标和技术之后，现在大家应该对如何确保并管理系统的 QoS，有了一个很好的理解。你可以把系统的负载量**划分**到多台服务器上，也可以把多台服务器所承担的各种工作都**合并**到同一个节点中。此外，你所选择的架构方式，当然也会对其他一些 QoS 特征造成影响，例如可管理性、可维护性、可用性、可靠性以及系统管理等。

8.3.3.3 论证并验证 POM

我们一定要确保 POM 不仅能够真实地呈现 COM 与 SOM，而且还能够考虑到不同的操作在各个方面所表现的差异。系统的功能，是由分布在多个物理单元上的操作合起来实现的，这可以称为"联邦式的操作"（federated operations）。前面所讲的那个零售业范例，就可以很好地演示这一点，在该范例中有多家区域门店以及一间后台办公室，它们都会执行各自的操作。因此我们一定要认识到不同地点的 POM 组件之间有何区别，并运用该信息来促进 POM 的论证。

在进行反复论证的过程中，我们经常会把几种变化情况总结成一套可供选择的模型。现在以本章的零售业场景为例进行讲解。零售业场景的操作情境中有很多地点，它们分别表示多家区域门店和一间后端中心办公室。比如，New York 有三家门店，London 有两家门店，Charlotte 和 Nottingham 各有一家门店。一个办法是只定义一种POM，也就是为每家门店都使用大小相同的 POM 及同一套实现机制。如果采用这个办法，那么这种 POM 就必须要能够支持最大的工作量，这对于身处 New York 和 London 的门店来说是很合适的，但是对于身处 Charlotte 和 Nottingham 的门店来说，是不是有些过于庞大了呢？显然是这样的。还有另外一个办法，是根据各地区门店所要完成的工作量指标来定义两种或多种能力不同的 POM 模型。这种办法应该是比较合适的。

基于云端的虚拟化技术，也需要仔细考量。比如，有个分布式的云模型，其中一个数据中心位于 Washington D.C.，另一个位于印度。系统的用户主要位于北美、印度以及俄罗斯东部。按照常识来说，北美的用户应该由位于 Washington D.C. 的数据中心来处理，而印度的用户则应该由位于印度的数据中心来处理。但问题是，俄罗斯东部的用户应该由哪个数据中心来处理呢？单从地理距离来看，你可能会选择印度。在这种情况下，很多人都会忽视地下电缆与海底电缆之间的根本区别。与东方的网络状况相比，西方的网络更加稳定，而且带宽也更加富余。如果从一台位于俄罗斯的电脑上去 ping 位于印度的数据中心，那你会发现，延迟时间竟然比 ping 美国的数据中心还要高出很多。只要世界还没有大同，就仍然会存在网络状况的差异。因此，在论证 POM 时，一定要考虑网络带宽。

俗话说，"既要信任，也要确认"（trust but verify），我们在宣称自己的 POM 有效之前，一定要先验证它。与基础设施架构师及网络架构师协同工作，是特别重要的。我们要把 POM 放在各种用例、使用场景及 NFR 中演练一遍，以确保它确实是按照规范构建出来的。另外，我们也应该把有待验证和测试的各个条目，都写在一份验证清单里。

要想验证自己即将提出的 POM 是否能够同时满足功能需求与服务级别需求，我们就必须查明下列几个方面：

- ❑ 这个 POM 怎样解决性能、可用性、容错以及灾难恢复等方面的问题。
- ❑ 不同类型的用户通过不同的网络（可能是私有、公共或受限的网络）访问本系统时，这个 POM 怎样保证系统的安全。
- ❑ 这个 POM 怎样（通过适当的工具来）监控系统，怎样（通过适当的支持和增强流程来）维护系统。
- ❑ 这个 POM 怎样（通过适当的缺陷跟踪工具及流程来）探测、指出并解决系统中的状况。

笔者在讲解 SOM 时曾经给出过一些建议，现在我仍然要推荐大家采用类似的方式，利用演练图技术来对 POM 进行排演。我们应该用物理服务器及其相互连接，来绘制这种 POM 演练图。在验证 SOM 时，我们要关注系统的功能是否有效，而在验证 POM 时，我们则应该注重与性能有关的 NFR（例如系统在不同的工作负荷下所表现出来的延迟时间）以及容错方面的问题（例如系统所发生的故障以及系统从故障中所进行的恢复）。在对这部分内容进行总结之前，请大家先回顾第 5 章图 5-4 中的那张表格。本章在制定 OM 时曾经指出了一些细节，读者可以用这些细节信息来反复地完善那张表格中的数据，并加深自己对那些数据的理解。

操作模型中的三个大任务，也就是 COM、SOM 及 POM 的制定工作，到这里就全部讲完了。开始进行 Elixir 案例研究之前，笔者再提一个建议，身为解决方案架构师，你主要应该关注 COM，但也要确保由基础设施架构师与网络架构师所制定的 SOM 及 POM 都是较为合理的。你应该信任同事，然而还应该利用自己对全局的认识，来验证并确认由这些架构师所提出的设计理念及工件。务实的解决方案架构师，不仅能做好自己的工作，而且能成熟地与同事进行对等的合作。

8.4 案例研究：Elixir 的操作模型

请大家参看表 5-1 中确定的那些 Elixir 宏观组件来学习本节。继续阅读下面的内容之前，建议先回顾第 5 章的 5.6 节，那一节给出了 Elixir 项目的架构概述。

为了简洁起见，笔者此处重在捕获操作模型中的工件，而不打算讲解捕获每件工件时所依据的理由。本章早前曾讲述了捕获操作模型及其中各种工件的通用方式，接下来我们在捕获这些工件时所用的办法，与早前讲解的通用方式是类似的。在 Elixir 的操作模型（OM）中，COM 里的组件及工件，其细节将会展示得比 SOM 及 POM 更加详细。

8.4.1 COM

Elixir 系统中有下列区域及地点，如图 8-14 所示：

❑ **不受信任的区域**（Untrusted Zone）——工作现场的操作中心以及服务中心（Service Center），都在这个区域里，前者在图中以机器操作中心（Machine Ops Center）来表示，它也包括正在运作的实际设备，后者则是我们对系统进行监控的地方。在这两个地点上，并没有施加特别的安全措施。

❑ **内部网区域**（Intranet Zone）——公司的内部网区域，会给公司中的各间办公室提供一套安全的网络。本公司在全世界可能会有多达 1000（1K）间办公室。公司职员会从位于该区域中的各个地点上访问本系统。

❑ **外围网络区域**（Demilitarized Zone）——该区域用来放置面向互联网的机器与服务器。区域中一共有 3 个地点，其中的两个分别表示地区站点，另外一个表示中心站点。这个区域通常也称为 DMZ。

❑ **安全的区域**（Secured Zone）——大多数服务器都位于该区域中。这个区域不能通过互联网公开地访问，我们要给区域中的服务器施加访问限制，公司的机密信息存放在这些服务器上。Elixir 中有两种这样的区域，其中一种用来覆盖每一个地区站点，另外一种用来覆盖中心站点。

❑ **后端办公室区域**（Back Office Zone）——公司系统所在的区域。该区域的安全要求非常高，用户只能在特定策略的限制之下，从安全的区域来访问本区域。

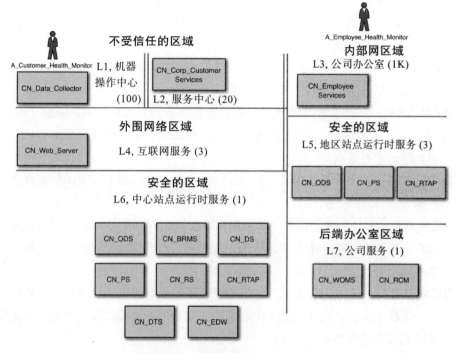

图 8-14 Elixir 系统的 COM

与 Elixir 系统相交互的两个主要参与者分别是：

❑ **A_Customer_Health_Monitor**——访问系统服务的公司客户。

❑ **A_Employee_Health_Monitor**——访问系统服务的公司雇员。

我们在 Elixir 系统中认定下列 CN（概念节点）：

❑ **CN_Data_Collector**——一个概念节点，它会从工作场地的操作中收集数据，并对其进行准备，以便将这些数据派发给地区站点或中心站点。

❑ **CN_Corp_Customer_Services**——一个概念节点，它使得公司的客户可以通过本系统的用户界面来浏览系统并与之交互。

❑ **CN_Employee_Services**——一个概念节点，它使得公司的雇员可以通过本系统的用户界面来浏览系统并与之交互。

❑ **CN_Web_Server**——一个概念节点，用来拦截所有的用户请求，并将其适当地路由到表现层中的系统组件上。该节点位于 DMZ 里，在全部节点中，只有它拥有面向公网的 IP 地址。

❑ CN_ODS——一个概念节点，用来表示操作数据存储（operational data store）。中心站点及每个地区站点，都各自拥有该节点的一个实例。

❑ CN_PS——一个概念节点，用来托管表现层中的系统组件。中心站点及每个地区站点，都各自拥有该节点的一个实例。

❑ CN_RTAP——一个概念节点，用来对传入的数据进行实时处理并生成 KPI。中心站点及每个地区站点，都各自拥有该节点的一个实例。

❑ CN_EDW——一个概念节点，用来托管数据仓库（data warehouse）和数据集市（data mart），以满足系统在报表方面的各种需求。该节点在全系统中只有一个实例，位于中心站点。

❑ CN_DTS——一个概念节点，用来在 CN_ODS 节点与 CN_EDW 节点之间交换数据。

❑ CN_RS——一个概念节点，用来为系统在报表方面的各种需求提供支持。该节点在全系统中只有一个实例，位于中心站点，它会向中心站点及每个地区站点提供报表服务。

❑ CN_BRMS——一个概念节点，用来托管各种业务规则引擎组件。全系统中只有一个这样的实例，该实例位于中心站点，它会向中心站点及每个地区站点提供业务规则方面的服务。

❑ CN_DS——一个概念节点，用来存放每位用户的详细信息及其验证与授权凭据。

❑ CN_WOMS——一个概念节点，用来托管本公司的工作定单管理系统。

❑ CN_RCM——一个概念节点，用来托管本公司的 RCM 系统（以可靠性为中心的维护系统）。

大家可以把图 8-14 与第 5 章的图，尤其是图 5-5 对比一下。图 5-5 画的是 Elixir 的企业视图，那张视图中有很多个 ABB（架构构建块），其中包括 PES 系统、CAD 系统以及企业的 HRMS 系统。可是在刚才的 COM 模型中，我们却没有用任何一个概念节点来表示上述三者。之所以没有把 CAD 及企业的 HRMS 表示出来，是因为 Elixir 的初次发行版中不会包含这两部分，而忽略 PES 系统，则是另有原因的。PES 系统的数据要传给 CN_EDW（Engineering Data Warehouse，工程数据仓库），但 BWM 公司的 IT 部门决定采用某些数据集成技术（参见 9.4 节）来处理这些数据的传输问题。因此，数据传输对于系统的其余部分来说，就是透明的，为了使架构尽量简洁，笔者把 PES 系统以及处理其数据传输工作所用的那个系统，都从图中省略掉了。如果你愿意，当然也可以把它们画上去，但我觉得还是简单一些比较好。

图 8-15 描述了 Elixir 系统中的各类 PDU、DDU 及 EDU。其中的可部署单元，以斜体印刷。接下来我们将按照三种 DU 类别，简要地描述这些可部署单元。

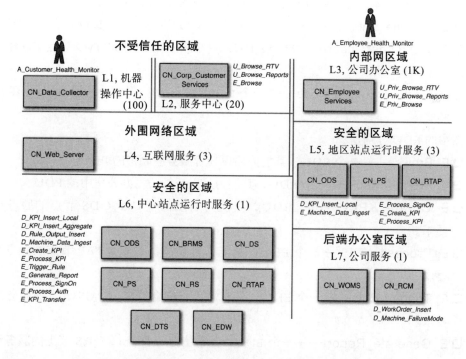

图 8-15 把已经认定的 DU 标注在 Elixir 系统的 COM 图上

图中的 PDU 分别是：

❑ **U_Browse_RTV**——一个 PDU，使得公司的客户可以访问实时的可视化界面。

❑ **U_Browse_Reports**——一个 PDU，使得公司的客户可以访问商务智能报表及其可视的用户界面。

❑ **U_Priv_Browse_RTV**——一个 PDU，使得公司的雇员可以访问实时的可视化界面。

❑ **U_Priv_Browse_Report**——一个 PDU，使得公司的雇员可以访问商务智能报表及其可视的用户界面。

图中的 DDU 分别是：

❑ **D_KPI_Insert_Local**——一个 DDU，用来表示由 CN_RTAP 节点所生成的 KPI 数据实体。

❑ **D_KPI_Insert_Aggregate**——一个 DDU，用来累计每一轮机器操作所生成的 KPI 值。该实体在 CN_EDW 节点中进行持久化。

❑ **D_Rule_Output_Insert**——一个 DDU，用来表示对业务规则的输出进行封装的那种数据实体，这些业务规则是在 CN_BRMS 节点上触发并执行的。

❑ **D_Machine_Data_Ingest**——一个 DDU，用来封装进入 CN_RTAP 节点的消息包。

❑ **D_WorkOrder_Insert**——一个 DDU，用来表示在 CN_WOMS 节点中创建的工作定单项。

❑ **D_Machine_FailureMode**——一个 DDU，用来表示从 CN_RCM 节点中获取的实体。

图中的 EDU 分别是：

❑ **E_Browse**——一个 EDU，其能力足以托管服务中心中的 PDU。

❑ **E_Priv_Browse**——一个 EDU，其能力足以托管公司办公室中的 PDU。

❑ **E_Create_KPI**——一个 EDU，其能力足以符合 CN_ODS 节点的服务级别要求。

❑ **E_Process_KPI**——一个 EDU，其能力足以符合 CN_RTAP 节点的服务级别要求。

❑ **E_Trigger_Rule**——一个 EDU，其能力足以符合 CN_BRMS 节点的服务级别要求。

❑ **E_Generate_Report**——一个 EDU，其能力足以符合 CN_RS 节点的服务级别要求。

❑ **E_Process_SignOn**——一个 EDU，其能力足以符合 CN_PS 节点的服务级别要求。

❑ **E_Process_Auth**——一个 EDU，其能力足以符合 CN_DS 节点的服务级别要求。

❑ **E_KPI_Transfer**——一个 EDU，其能力足以符合 CN_DTS 节点的服务级别要求。

请注意，笔者并没有针对后端办公室区域（Back Office Zone）中的节点来认定相应的 EDU，这是因为该区域已经成为公司 IT 环境的一部分，于是，我们没有必要再去对其中各个节点的位置与能力进行定义和设计。这么做还是为了尽量保持简洁，简洁是一种应该融入架构师精神中的美德。

8.4.2　SOM

Elixir 系统的 SOM 包含一系列规格层面的节点，它们分布于 OM 的各个区域中。图 8-16 演示了 Elixir 的 SOM。

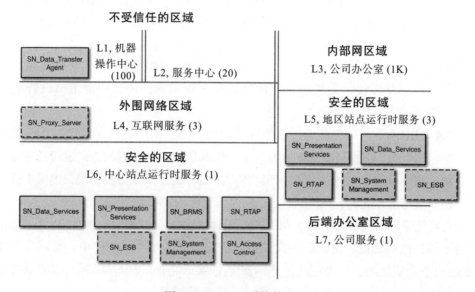

图 8-16　Elixir 系统的 SOM

这一小节的其余内容，就用来简述每一个 SOM 节点。

- **SN_Data_Transfer Agent**——一个规格层面的节点，用来托管 CN_Data_ Collector 概念节点。

- **SN_Proxy_Server**——一个规格节点，该节点是作为技术组件而实现的，它用来拦截用户的请求并进行负载均衡及安全检查，此外还具备缓存及压缩功能。该节点先把用户的请求拦截下来，然后再去决定是否允许用户访问其所需的应用程序功能。

- **SN_Data_Services**——一个规格节点，用来托管与数据存储及数据传输有关的组件。它应该具备两种不同的能力模型。第一种能力模型，用来为中心站点运行时服务区（Central Site Runtime Services zone）中的 CN_DTS、CN_EDW 及 CN_ODS 概念节点提供托管支持。第二种能力模型，只用来为地区站点运行时服务区（Regional Site Runtime Services zone）中的每个 CN_ODS 节点提供托管支持。

- **SN_Presentation_Services**——一个规格节点，用来托管 CN_PS 概念节点。

- **SN_BRMS**——一个规格节点，用来托管 CN_BRMS 概念节点。

- **SN_RTAP**——一个规格节点，用来托管 CN_RTAP 概念节点。

- **SN_Systems_Management**——一个规格节点，该节点是作为技术组件而实现的，它用来为某个给定地点上的所有组件提供相关支持，以满足系统监控及系统管理方面的需求。该组件支持两种不同的能力模型，分别适用于中心站点运行时服务及地区站点运行时服务。

- **SN_Access_Control**——一个实现为技术组件的规格节点，它使得用户能够得到验证及授权，此外，它还能够对安全管理方面的运行时策略进行必要的运用。

- **SN_ESB**——一个实现为技术组件的规格节点，用来在地区站点运行时服务及中心站点运行时服务所处的地点之间，以高速度、低延迟的方式进行异步数据传输。该技术节点也能够为各种不同的数据集、消息以及传输协议，提供中介、转换以及路由方面的支持。

一定要注意，某些技术组件，例如 SN_BRMS、SN_RTAP 及 SN_ESB 等，都是企业级的组件，也就是说，这些组件或许会在企业内的多个系统中使用，而不是单单给 Elixir 这一个系统使用。此外还要注意，在定义 SOM 的过程中，绘制演练图是必须要做的一个环节，只不过笔者在本小节中把这些图省略掉了。

8.4.3　POM

图 8-17 是 Elixir 系统的 POM 图。

要想制定 POM，就必须从真实的客户场景入手。企业会使用一些现有的技术来为客户服务，其中的主要技术是针对 CN_EDW 的 Teradata（天睿）和针对 CN_PS 的 Microsoft SharePoint。此外，由于公司更喜欢用 IBM 的产品来进行分析，因此在选择技术时，也会偏向由 IBM 所提供的技术。身为解决方案架构师，读者在自己的工作场景中所制定的 POM，可能会与本例有很大的区别，甚至有可能与 Elixir 项目根本没有任何相似之处。笔者在案例研究中展示这个 POM，是想给大家提供一些建议，你在实际工作中，可以根据这些建议来设计并表述自己的 POM。

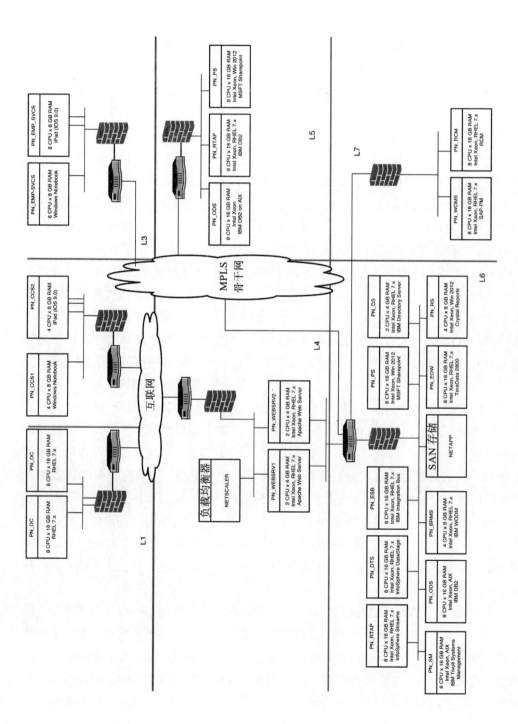

图 8-17　Elixir 系统的 POM

8.5　小结

操作模型是软件架构中的基础领域，它重在强调系统中的非功能方面。在解决方案架构中，这绝不是一个可以轻松应对的领域。操作模型通过三个主要的阶段迭代开发而成，这三个阶段分别是：概念操作模型（COM）的开发、规格操作模型（SOM）的开发以及物理操作模型（POM）的开发。COM 是一张与具体技术无关的操作模型视图，它主要关注应用程序层面的组件。SOM 则把注意力转向服务级别的需求，它要引入一些可执行的计算节点，以供应用程序层面的组件在这些节点上运行，而且还要确定一系列技术组件，以支持系统对互连、集成、管理、监控以及网络等方面的需求。我们所认定的这些技术组件以及为这些组件所制定的规范，可以给业务功能以及相应的服务级别协议提供支持。POM 为系统的采购、安装以及后续的监控与维护工作提供了蓝图，它可以把硬件基础设施与所需的物理服务器统合起来，使得系统能够完全正常地运作。

在 OM 的实际开发中，我们经常会平行地执行其中的某些阶段。SOM 可以分两次迭代来进行开发。第一次迭代可以关注应用程序层面的组件，第二次迭代则可以关注技术层面的组件，这些组件能够为应用程序组件提供支持，以确保其可以使系统体现出必要的特征。POM 同样可以分两次迭代来开发。第一次迭代主要是选择组件，也就是把构建 OM 中的各个部分所要用到的技术与产品确定下来。稍后的第二次迭代，则要关注怎样把这些技术与产品合在一起进行配置，令其能够按照最终的规格来运作。在工作中，我们经常把 POM 的第一次迭代与 SOM 的两轮迭代放在同一时间段内执行。

第 7 章我们说过，每个 IT 项目的开发时间，基本上都是比较紧张的，在制定操作模型时，也要考虑这个问题。我们必须抓住各种机会，尽量平行地去执行操作模型中的各个阶段。我们必须对系统的背景知识、IT 环境、架构蓝图、厂商选择策略以及个人与组织的偏好有所理解和认识，并且要能够适当地对这些知识加以利用。成本及时间方面的限制，可能迫使你必须直接从 SOM 入手，并据此来制定最终的 POM。在这种情况下，笔者建议你把 SOM 的第一轮迭代当成事实上的 COM。在有限的时间中，你应该多抽出一点时间给 SOM 阶段，并且应该告诉项目经理，你已经把整个 COM 阶段都省略了。

在本章末尾，笔者强烈建议身为解决方案架构师的你，应该与一位经验丰富的基础设施架构师一起制定正式的操作模型，而且你还要勇于寻求网络架构师的帮助。笔者将基础设施架构师与网络架构师这两种角色，统称为专家架构师（specialist architect）。尽管本章并没有深入讲解安全及测试等领域，但安全架构师与测试架构师，也同样属于专家架构师。有了前面所学到的这些内容，你应该已经知道怎样与这些专家架构师相互协作了吧？也就是说，你应该能够指引他们一起来构建操作模型。

Elixir 案例研究的操作模型，到这里就完成了。

现在请放松，回想一下自己学到的这些内容。你已经学到了解决方案架构师所应该掌握的很多个方面了。

8.6　参考资料

"Deployment Operational Models." (n.d.). Retrieved from http://dodcio.defense.gov/Portals/0/Documents/DODAF/Vol_1_Sect_7-2-2_Deployment-Operational_Models.pdf

第 9 章 集成：方式与模式

小积木们，集合吧，把我想要的东西搭起来！

很久以前，IT 系统只需要一个 Web 前端和一个后端数据库就够了，这样的 IT 系统足以使企业通过 IT 自动化来获得竞争优势，然而现在，情况却不同了。目前的 IT 生态环境，必须支持由小系统所组成的大系统，这样的大系统里有着复杂的相互连接关系，而且其数据也是多种多样的。这些数据在数据量与速度方面各有不同，我们需要将其转化为信息，并把信息转化为知识，进而把知识转化为见解。因此，业界对系统集成的要求，从来没有像今天这样迫切。

本章将要研究与系统集成有关的基本技术。我们的重点是要理解系统集成的各个方面，并认清各种模式所适用的场景。这些模式实际上是把一些可以反复运用的技巧总结下来，使得我们能够在面向客户的解决方案、后端系统、数据以及外部系统之间进行相互连接。(IT 系统这一语境之下的) 模式是很有用的，我们应该把一个或多个这样的模式放在实际场景中进行实例化，并用它们来解决架构中的问题，以便将其真正价值体现出来。通过本章的案例研究，我们会看到其中的某些集成模式同样适用于 Elixir 系统。

如果能很好地掌握某些关键的集成技术与模式，那么你将会获得超凡的架构技能。

9.1 为什么需要进行集成

相当多的组织都对 IT 系统和遗留系统投入了大量资金，它们经常打算利用这些系统。将系统视为公司资产，使得我们必须自觉地进行协作，以尽量延长这些系统的使用期和寿命。公司必须提出及时且可行的方案，才能够应对越来越多的客户，这就要求我们构建一条集成管道 (integration pipeline)，以便从数据中产生信息，从信息中形成知识，从知识中提出见解，并把这些见解化为行动步骤。

适当集成起来的系统，能够为业务敏捷度 (business agility) 提供支持，也就是令公司能够更好地适应迅速变化的业务需求，并且能够用相应的 IT 能力来应对这些变化。我们要做到物尽其用，也就是要把各种集成模式运用到适当的场景中，某些模式用来对数据进行高效的路由，某些模式用来适应不同的技术，某些模式用来执行数据量较低的异步交换，还有一些模式则用来在不同的系统之间进行中介。每一个集成模式都有一套使用步骤，这些模式合起来使我们能够以一种连贯的方式来解决某些基本的架构问题。

9.2　集成方式

务实的架构师经常要面对一些反复出现的问题，这些问题谈论的是怎样才能把两个或多个系统的能力有效且灵活地加以利用。比如，我们可能需要解决如下问题：

❑ 系统 X 与系统 Y 从前并没有交互关系，现在应该怎样将二者集成起来？

❑ 怎样才能用最佳的方式把系统 A 与系统 B 和系统 C 相互连接起来，同时又使得系统 A 的事务吞吐量不受影响？

这些问题是不是听起来很熟悉？

集成是有很多种方式的。实际工作中，我们通常可以利用下面这几种方式，来解决大部分的集成问题：

❑ 用户界面（user interface，UI）层面的集成，也称为透明集成（glass integration）。

❑ 数据层面的集成。

❑ 面向消息的集成。

❑ 基于 API(应用程序编程接口) 的集成。

❑ 基于服务的集成。

这些集成方式之间的区别，体现在两个方面（请参见图 9-1）：

❑ **集成的层面**——这说的是集成发生在架构栈（architecture stack）中的哪一层里。比如，我们既可以通过两个系统在服务层所发布的服务，来把这两个系统集成起来，也可以直接把消费者层（也就是表现层）中的组件拼合在一起。（请复习第 5 章所讲的分层架构视图。）

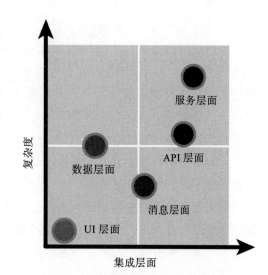

图 9-1　各种集成方式在集成层面与集成复杂度方面的区别

❑ **集成的复杂度**——在实现各种集成活动时，可能会遇到困难度各不相同的技术问题。比如，数据层面的集成或基于 API 的集成，可能要比表现逻辑（presentation logic）方面的集成更加复杂，因为前两者不仅在功能上比较难于实现，而且还要为非功能型需求（NFR）提供支持。

下面几个小节将会详细讲解每一种集成方式。

9.2.1 用户界面的集成

需要在表现层进行集成（也就是需要进行用户界面的集成）的系统，通常是那种以表现层为前端的系统，但因为过于老旧而无法在系统层进行集成。之所以不能在系统层进行集成，通常是因为遗留的后端系统不支持某些技术，或是该系统所公布的 API 比较难于使用。这样的系统要想集成，就需要对其后端的遗留系统进行翻新，也就是说，我们一方面要继续保留后端这个稳固的遗留系统，另一方面又要打造一套更好的用户界面，使得系统的界面风格看上去新一些。

这种集成方式，可以用下列技术来实现：

❑ 为现有的遗留系统研发一套较新的前端。很多大型主机（mainframe）和遗留系统，使用的都是黑底绿字（green screen，绿屏）的界面，我们应该把这种界面改成新式的交互界面。

❑ 研发或使用一款中介程序，将用户对新式前端的操作行为转换成某种数据格式，并采用相应的传输协议，与遗留系统进行通信。

用户界面的集成，有其自身的优点及缺点。它的优点在于，和发生在某个系统层（也就是数据层、API 层或服务层）里的集成相比，这种集成方式实现起来相对简单一些，我们无需修改后端系统，而且还有可能可以对宿主系统的安全机制进行复用。它的缺点在于，遗留系统的屏幕有诸多限制（例如界面的滚动问题，界面中各个字段在屏幕上的绝对位置问题等），而且我们也不一定能找到会使用这些遗留技术的人，这几个问题，都不太容易解决。这种集成方式可以令那些即将退役的系统再坚持一些时间，但它的效果究竟好不好，你得自己掂量。

请注意，尽管很多人都认为这种方式是最为简单的集成手段，但实际上，由于遗留系统本身比较古旧，而且我们还要使用非常特殊的用户界面技术来进行集成，因此这种集成的效果通常很糟糕。所以，不要误以为你选了个最简单的办法。

9.2.2 数据层面的集成

数据层面的集成是最为常用的多系统集成技术。采用这种方式时，我们要实现一套复制与同步的流程，这套流程会对两个或多个数据系统的底层数据模型进行连接，以便把这些彼此之间可能完全不同的系统相互集成起来。当我们要构建新系统，而且这些新系统还要访问各种现有系统的数据时，是最常用到这种技术的。这种集成技术使得我们无需从头开始构建数据，而是可以直接复用现有的数据，只不过复用之前要先根据待构建的系统所提出的要求，来对这些数据的形式进行整理。

数据集成技术可以分成两个大类：联合（federation）与复制（replication）。下面我们来详细讲解这两类技术。

使用联合的办法进行集成时，源数据都留在它们本来的位置上。我们要仔细分析即将构建的这个系统会有哪些数据需求，并据此指定语义数据模型（semantic model，请参见下方的文字框）。该模型会进行一定的抽象，以便使模型用户与底层的物理数据源或系统相互解耦。用联合的办法进行集成，可以为数据消费者提供数据接口，我们从一个或多个源系统或记录系统（system of record，SOR）中获取数据，以实现此接口。使用该技术时，无需把多个源系统中的相关数据全都复制到同一个数据仓库中，而是只需要把那些数据都留在它们各自的位置上，并通过一套数据接口，以你自己想要的方式去使用这些数据即可。图 9-2 描绘了该技术的实现原理。

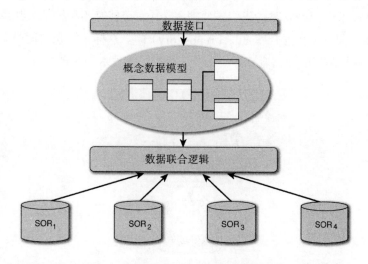

图 9-2　用联合的办法来进行数据集成

该技术的优点在于无需移动或复制源数据，然而它也有个明显的缺点，那就是联合数据所用的逻辑，是和底层的记录系统相互耦合起来的，一旦后者发生变化，前者就必须同时进行修改。此外，该技术还有其他一些优点和缺点，不过笔者所列出的这两条，应该足以促使你对是否采用该技术形成自己的看法。

语义模型

语义模型是一种（逻辑层面或概念层面的）抽象模型，它定义了一系列实体及其含义，而且还确定了实体之间的关系。

这种关系，通常遵循着主–谓–宾的形式。比如，在"John 教代数"这个句子中，John 是主语，"教"是谓语，它描述了主语所进行的动作，而这个动作，施加在宾语"代数"身上。这样的一种关系表述形式，与人类的认知相符，或者说，与我们看待现实世界的方式相符。

我们在这里所要讨论的语义模型，一般通过逻辑数据模型或概念数据模型而得以体现，这种数据模型定义了各个实体及其相互关系。实体与实体之间的关系，遵循着主–谓–宾这样的三元组形式，这些三元组可以彼此连接，以形成层级结构或网格结构，在这些结构中，主语可以对不同的宾语施行多个动作（也就是运用多个谓词）。我们可以用 SPARQL 等语义查询语言，来查询、获取并分析实体之间的关系。此外，语义模型这种表现形式，也令我们能够以一种与具体技术无关的方式，从使用模式（usage pattern）的角度来观察这些实体及其相互关系。

使用复制技术进行集成时，我们先要把多个（有可能互不相同的）源系统全部拷贝（或者说复制到）同一个数据仓库（data repository）中。这样，概念数据模型就会作为一个整体，出现在复制好的数据仓库中。图 9-3 描绘了该技术的实现方式。

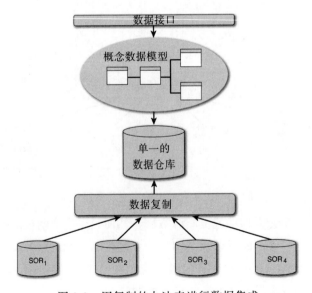

图 9-3 用复制的办法来进行数据集成

9.2.3 消息层面的集成

消息层面的集成技术，是一种通过异步或伪同步的通信方式，来促进后端系统与数据库相集成的技术。这种技术会在一个或多个源系统与一个或多个目标系统之间，形成松散的耦合。源系统可以视为数据的生产者，而目标系统则可视为数据的消费者。

基本的通信单位称作消息，它通常以文本形式来表现两个或多个系统之间的数据交换。这种能力，是由名为 MOM（message-oriented middleware，面向消息的中间件）的软件系统来提供的。我们要对 MOM 进行配置，并在其中建立一些通信路径（这些路径称作通道，channel），以便将信息的生产者与信息的消费者连接起来。

在真正的异步通信模式中，消息的生产者可以向消息队列发布一条消息，而一个或多个消费程序，则可以向队列订阅自己感兴趣的消息。每个消费程序都按照它自己的集成方法来消费消息。在伪同步模式中，消息传递中间件（messaging middleware）会定期询问源系统，看它那里是否有新的数据。如果中间件获取到了新的数据，那么就会令该数据出现在消息队列中，而身为消息消费者的那些系统，则采用与异步模式相同的办法来进行消费。（参见下方的文字框。）

> **消息队列及话题**
>
> 对于 MOM 技术来说，队列（queue）就是一种用于在应用程序之间进行可靠通信的组件。它支持点对点（point-to-point）的消息传递模型，该模型可以确保只有一位消费者接收消息。此外，队列还可以保证消费者所接收的消息是按照这些消息的投递顺序来排列的。接收方可以浏览该队列，并把自己想要消费的那些消息选出来。
>
> 话题（topic）是一种支持发布 – 订阅模型（publish-subscribe）的 MOM 技术组件。多个消费者可以订阅同一条消息，它们都会各自收到该消息的一份拷贝。这些消息的投递顺序未必与其发送顺序相同，而且每条消息也未必只会处理一次。在向列表中所有活动的订阅者发布消息期间，话题会一直持有这条消息。

一定要注意，数据生产者可能同时身兼数据消费者的角色，反过来也是如此。某个系统可以向消息传递中间件发布数据，从这个意义上来说，该系统是消息的生产者，但是同一个系统，又可以从消息传递中间件里获取预定义的消息，并对其进行消费，从这个意义上来说，它又成了数据的消费者。这种数据交换技术，通常称为发布者 – 订阅者（publisher-subscriber，pub-sub）技术。采用 pub-sub 技术来进行数据交换，不仅使得多个消费程序能够订阅同一条消息，而且还使得消息的生产者能够成为消息的消费者，反过来说，也使得消息的消费者能够成为消息的生产者。图 9-4 描绘了与这种集成技术有关的宏观组件。

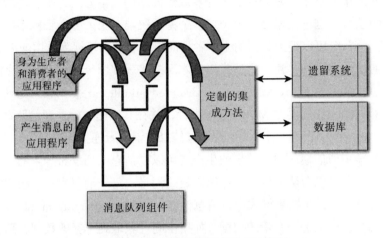

图 9-4　消息层面的集成技术示意图

继续来谈松散耦合。消息的生产者之所以能够与消息的消费者解耦，其关键就在于消息传递中间件。图 9-4 中有一部分叫作定制的集成方法（Custom Integration Methods），这些方法都是作为适配器（adapter）实现的。适配器是一段采用特定的技术所编写的代码，用来与特定的技术系统相对接。适配器可以把交换协议及数据格式等技术细节遮盖掉，它所提供的接口，能够对数据进行转换，使得我们可以从底层系统中获取数据，或是将数据发送到底层系统中。你可能听过 JDBC 适配器和遗留适配器（legacy adapter）等说法。JDBC 适配器实现了数据通信所需的 Java for DataBase Connectivity 协议，遗留适配器实现了数据交换所需的遗留 API 及数据格式。在彼此差异较大的多个系统之间进行消息层面的集成时，适配器是个很重要的因素，它使得我们可以直接修改底层的后端系统，而无需顾及调用后端系统的那个客户端，而且也使得客户端无需知晓后端系统所使用的底层数据模型。

消息层面的集成可以用很多种处理模型来实现，其中较为常见的是发送－遗忘（send and forget）模型及存储－转发（store and forward）模型。如果使用发送－遗忘的办法，那么发送消息的应用程序只需把消息发送给 MOM 的消息通道即可，然后，它就可以把发送消息的职责彻底遗忘，MOM 负责在后台把消息传送给接收的应用程序。存储－转发技术可以保证消息确实得到投递，它用在那种消息的消费方只在某些间歇可用的场景中。如果采用这种办法，那么消息传递中间件就会把消息存储在发送方应用程序的物理服务器上，然后将该消息转发给接收方的应用程序，并将其存储在接收方应用程序的物理服务器上。等到接收消息的应用程序确认自己收到了消息，我们就把存放在服务器中的消息拷贝删掉。

在系统之间进行耦合较为松散的集成时，消息层面的集成技术及其各种变化形式，是经常会用到的。

9.2.4　API 层面的集成

API（应用程序编程接口）层面的集成技术，是通过一系列可供调用的函数，来把多个系统集成到一起，这些函数都是针对待集成的那些系统而公布的。待集成的系统可以是定制的应用程序（例如用 J2EE 或 .NET 开发的应用程序），可以是打包的应用程序（例如 SAP、JDEdward 等），也可以是遗留程序（例如 IBM mainframe 3270 应用程序），这些系统会把各自特有的应用程序功能封装起来，并将其公布为接口，使得集成者可以通过接口来调用这些功能。这样的 API 会将底层系统紧密地集成起来，它们主要都是同步的 API。

API 层面的集成在业界已经施行了几十年，而且有着相当成熟的市场，各种系统厂商都在不断地提供新产品。通过 API 层面的集成，我们可以用**复合业务服务**（composite business service）的形式来制作高端的应用程序，这是一种很常见的做法。复合业务服务可以用下面两种不同的方式来构建：

- **同一个功能，多个实现**——在这样的场景中，多个应用程序或系统会公布同一个应用程序功能，也就是说，这些系统会通过该功能来提供同一种业务能力，例如以信用卡进行支付的能力。它们会用一致的接口（例如 makePayment）体现这套标准的 API，并将其公布给外界来调用。这个接口将由各系统分别实现。通常要等到运行时，也就是要等到调用该接口时，才去决定到底应该执行由哪一个系统所给出的实现。运行时的这种路由行为，一般是由一系列策略来控制的，而这些策略，则是根据受调用的某个 API 提供者或系统来制定的。比如，有一个信用卡网关系统，可以接收 MasterCard（万事达）、Visa 及 American Express（美国运通）这三种信用卡。尽管它们三者都可以完成支付功能，但其交易费用可能有所区别。交易费用是由相关的策略及规则决定的，这些策略及规则只会在运行时，也就是调用接口时，才会加以运用。

- **把多个功能合并成一个业务流程**——在这样的场景中，我们要把不同的应用程序所公布的功能，编排成一个端对端的业务流程。实现这个业务流程时，可以利用业务流程管理（business process management，BPM）引擎所提供的黏合机制，将各系统所提供的 API 集成起来。BPM 引擎会对各系统的 API 进行整合，维护这些 API 之间的调用顺序，管理后续的交互过程中所发生的状态变化，并为端对端的流程提供事务完整性方面的支持。比如，在电商应用程序中，browseItems 接口是由某个原来供大型主机所使用的遗留库存系统提供的，createOrder 接口是由某个 .NET 应用程序提供的，而 makePayment 接口则是由第三方的信用卡网关应用程序提供的。由于参与该业务流程的每个系统都采用了不同的实现技术，因此我们可能需要使用与这些技术相对应的适配器，来分别调用由这些系统公布的 API。

API 层面的集成方式，其主要优势在于，调用方的程序，不需要知道公布这些 API 的系统所使用的底层数据模型或应用程序逻辑。因此，当我们修改这些底层逻辑与模型时，集成后的程序只会受到很小的影响。这种集成方式所面临的挑战，在于怎样恰当地选择所要公布的功能。API 实现起来可能需要较大的成本，例如某些技术或许是遗留技术，能够熟练使用这种技术的人或许很难找得到。此外，为了令 API 正常地运作，我们必须保证后端系统的可用性，而且为了使 API 能够在 CORBA 及 DCOM 等分布式的环境中运作，我们可能还需要付出昂贵的实现费用。（请参阅本章的参考资料所给出的 Object Management Group 及 Microsoft Technet 等文章。）

> 注意：API 这个词的使用范围在逐渐扩大，它现在也用来指代 Web API。Web API 是一种定义好的接口，企业与使用该企业资源的应用程序（其中通常包括移动应用程序），会通过这些接口进行交互。在讨论 API 时，很多人指的其实是 Web API，不过本小节所给出的传统 API 定义，依然是成立的。

9.2.5 服务层面的集成

业界通常把服务层面的集成，视为系统集成的终极目标。笔者在 IBM 的同事 Ali Arsanjani 博士（2004）曾经用一段非常简洁的话来描述这种集成方式：

> 面向服务的集成是对企业应用集成（Enterprise Application Integration，EAI）的一种演化，它把专属的连接替换为以 ESB（企业服务总线）形式的标准连接，这种连接的位置是透明的，而且能提供一套灵活的路由、中介及转换能力。

正如上面的引文所说，服务层面的集成与 API 层面的集成相比，其重要区别就在于它要使用一套标准的技术框架来实现、公布并调用业务功能。如果想从多个不同的应用程序领域中拿出一些跨进程的分布式功能（也就是运行在多个实体服务器及网络中的功能），并且想用这些功能编排出一条业务流程，那么服务层面的集成技术就显得非常合适了。在各种服务层面的集成技术中，最为流行的办法是通过 Web Service 来进行集成。

本章并不打算深入讲解 Web Service（Web 服务）的细节，然而我们还是要提一下最为常用的那些解决方案所具备的拓扑结构：

❑ **直接连接**（Direct Connection）——在这种拓扑结构中，应用程序会提供一种可以访问业务数据及业务功能的简单服务，或是提供一种可以直接访问底层数据库的机制。在这种简单的配置方式之下，多个服务消费者可以调用同一个 Web Service（这个 Web Service 指的是一种技术，我们用该技术来公布刚才所说的那种服务或机制），不过服务的消费者必须提前知道 Web Service 所在的位置（也就是端点 URL，endpoint URL），以便发起对服务接口的早期绑定（early binding），如图 9-5 所示。

❑ **动态绑定**（Dynamic Binding）——在这种拓扑结构中，服务的消费者只需要提前知道服务注册表即可（参见 Abeysinghe 2014）。消费者在运行时，会从服务注册表（service registry，服务注册中心）中查出 Web Service 的真正位置，并动态地绑定到该服务的端点 URL，以调用这个服务，如图 9-6 所示。

❑ **组合服务**（Composition Service）——在这种拓扑结构中，服务的消费者会采用与动态绑定相同的方式来进行定位，然而它所定位到的那个服务，并不是一个单纯的服务，而是在多个后端 Web Service 之上的一个外观（facade）服务。这个外观服务会对后端的 Web Service 进行调用及组合，以实现出最终的功能，如图 9-7 所示。

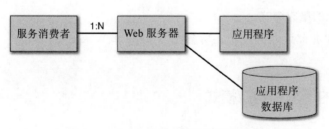

图 9-5　Web Service 的直接连接模式

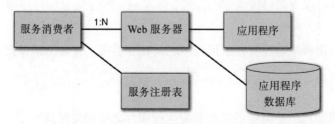

图 9-6　Web Service 的动态绑定模式

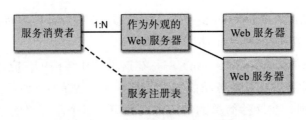

图 9-7　Web Service 的组合服务模式

到这里，我们就把 5 种最常用到的服务集成技术全都简要介绍了一遍。

9.3　集成模式

现在大家已经学到很多种集成方式了，我们还应该总结出一套可以反复使用的解决方案，以便与这些集成方式互为补充。下面就来讲解集成模式。

假如要详细地讨论各种集成模式，那得用一整本书的篇幅，因此，本章只是打算强调特别关键的几种集成模式，这些模式能够用来解决问题空间中的很多问题。本着本书所坚持的理念，笔者打算采用 80-20 原则来挑选我们应该讲解的集成模式，也就是优先讲解最为常见的模式，然后再研究一些可以用来解决特殊问题的模式。如果你能自己提出新的集成模式，那就更好了。

下面几小节将会引导你关注实际工作中经常会用到的模式。请大家准备好，我们将逐个介绍一连串的集成模式。

想要深入研究此话题的读者，可参阅 Gregor 和 Woolf (2003)，这是一本讲解集成模式的专著。

9.3.1　同步的请求 - 响应模式

问题陈述

怎样以一种可以立刻得到响应的方式，从源应用程序向目标应用程序发送消息？

解决方案

在发送方应用程序与接收方应用程序之间建立连接，并使用接口把消息由发送方发给接收方。

假设

❏ 作为消息源和消息目标的那两个应用程序，必须同时保持运作，而且消息请求必须实时地进行处理，发出请求的应用程序也要以同步的方式来等待响应。

❑ 在同一轮的请求与响应过程中，通常只能有一条消息得到处理。

9.3.2　批次模式

问题陈述

在源应用程序与目标应用程序有可能无法同时运作的场景中，怎样把消息从前者发送给后者？

解决方案

每隔一定的时间，就从源应用程序向目标应用程序发送一次数据。

假设

❑ 不需要做实时处理。

❑ 关注点并不在于实时处理，而在于我们所要处理的数据量，比最优的请求 – 应答模式所能处理的数据量还要大。

❑ 处理完一组消息之后，可以选择给源应用程序发送一条响应信息。

9.3.3　同步的批次请求 – 应答模式

问题陈述

怎样发送多条消息，并使得这些消息一起得到处理？

解决方案

从发送方应用程序向接收方应用程序同时发送一组消息，接收方收到消息之后，给发送方发送一条确认信息。消息处理的结果可以稍后再提供。

假设

❑ 输入请求中所包含的消息数量通常大于 1。

❑ 同一组消息需要一起进行处理。

9.3.4　异步的批次请求 – 应答模式

问题陈述

怎样发送大量消息，并使得这些消息一起得到处理？

解决方案

将大量消息分批发送，也就是说，不以实时的方式来进行发送。消息接收方不会立刻给出确认信息，也不会立刻提供处理结果。

假设

❑ 输入请求中所包含的消息数量通常大于 1。

❑ 发送的消息量很大。

9.3.5　存储并转发模式

问题陈述

如何确保一条消息即便在消息传递系统（也就是 MOM）发生故障的情况下，也一定能够送达接收方？

解决方案

在沿着 MOM 传递消息的过程中，每个点都会将该消息保存在本地的持久化存储区中。发送方将消息拷贝一份，放在本地的持久化存储区中，然后把该消息传给链条中的下一个接收方。只有等接收方收到消息并给出确认之后，发送操作才算正式完成，发送方会把消息复本从本地存储区中删掉。消息链条中的每一个点，都采用这种先将消息存于本地，然后等待下一个接收方给出确认的方式来传递消息，直至最终目标收到该消息为止。

假设

❑ MOM 技术能够对消息进行持久化。

9.3.6　发布 – 订阅模式

问题陈述

怎样把消息同时发给多个接收方？

解决方案

MOM 有一项特性，叫作消息话题（message topic），它允许接收方应用程序订阅这种话题。我们利用该特性，把消息发布到消息话题中，使得所有订阅该话题的接收方，都可以来消费这条消息。

假设

❑ 源应用程序（也就是发送方）并不知晓接收方的应用程序。

❑ 源应用程序通常并不指望收到应答信息。

❑ 或许无法在所有目标应用程序之间保持事务完整性。

9.3.7　聚合模式

问题陈述

源应用程序所发出的请求，必须用多个目标应用程序所提供的功能来满足。

解决方案

我们根据源应用程序所发来的请求，创建一些针对目标应用程序的请求，然后平行地执行这些与具体的目标应用程序相关的请求，最后把每个目标应用程序所给出的结果汇集起来（该模式之所以叫做聚合，原因就在于我们要对处理结果进行汇集），并向源应用程序发回应答信息。

假设

❑ 需要有一套消息的中介与路由逻辑来做中间方，该中间方用来创建针对目标应用程序的请求，把这些请求路由到目标应用程序，并对目标应用程序所给出的响应进行聚合。

9.3.8　管道与过滤器模式

问题陈述

怎样对复杂消息的处理过程进行拆解和简化，以便将其归纳为可供复用的构建块？

解决方案

把问题拆解成可供复用的函数，然后把这些函数按顺序连接起来，以便获得预期的结果。这些可供复用的函数称为过滤器，将某个过滤器的输出结果与下一个过滤器的输入端相连的组件，称为管道。每个过滤器都有一个输入端口和一个输出端口，管道用来在工作流中两个相邻的过滤器之间建立连接。

假设

❑ 传过来的消息比较复杂，必须按顺序对其进行各种处理，然后才能够执行预期的动作或是得到预期的结果。

9.3.9　消息路由器模式

问题陈述

如果发送方不知道消息的最终目标，那么怎样把消息正确地路由到接收方？

解决方案

引入一种特殊类型的过滤器，也就是路由器，它会把消息发给另外一条输出通道，或是发给工作流中的下一个过滤器。路由逻辑是根据施行于消息内容之上的业务规则来确定的。消息内容与业务规则将会指引消息到达最终的目标。

还有一种情况，那就是有多个输出目的地（消息通道）都根据某些条件及规则，宣称自己能够处理这条消息。路由器在收到消息时，会对（由不同的目标通道所发布的）各种条件进行评估，并动态地选择该消息所要发送到的目标。

假设

❑ 决定路由逻辑的那些业务规则，已经配置到 MOM 中了，并且会随着系统而启动。

9.3.10 消息转换器模式

问题陈述

如果发送方应用程序与接收方应用程序所使用的消息格式不同，那么它们之间应该怎样通信？

解决方案

先把原有的请求信息转换或转译为（接收方应用程序能够理解的）某种消息格式，然后再把消息发给接收方。消息转译通常由一个起中介作用的消息传递组件来完成，该组件是 MOM 的一部分。

假设

❑ 发送方应用程序与接收方应用程序不是一类程序，它们使用的是不同的技术。

笔者在本小节中讲解了 10 个常用的集成模式。这些模式有很多变种，其中的某些变种，也可以单独列为一种模式。另外，我们也经常会把多个模式组合起来，以解决某个特定的集成问题。

请记住，上面给出的这份集成模式列表，并没有涵盖全部的模式，然而它会给你带来足够的实用知识，使你能够利用适当的集成技术和集成模式来处理解决方案架构中的集成问题。

9.4 案例研究：Elixir 的集成视图

Elixir 系统的架构使用了两种层面的集成，一种是数据层面的集成，另一种是消息层面的集成。它还用到了两个集成模式，分别是异步的批次请求 – 响应模式以及消息路由器模式。

现在请回顾第 5 章所演示的那些 Elixir 架构组件。笔者从数据与信息以及技术推动力这两个层中挑选了一些组件，这些组件是 Elixir 集成视图中的主要参与者。表 9-1 采用缩写来指代这些组件，你可以翻回第 5 章复习一下它们的含义。

图 9-8 描绘了系统数据流中的一部分，其中有的地方使用了某种集成方式，有的地方使用了某种集成模式，还有的地方则同时用到了集成方式与集成模式。

表 9-1　集成视图中的组件列表

数据与信息	技术推动力
PES	DCA
WOMS	BRE
ODS	RTAP
EDW	ESB
CAD	WOMS 适配器

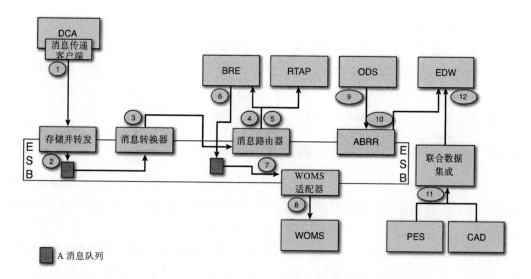

图 9-8　Elixir 系统数据与信息流的集成视图

接下来我们就讲解图中的 4 条数据流，讲解过程中会强调数据流所经过的集成模式。讲解分为 4 组，标签 1～5 是第一组，标签 6～8 是第二组，标签 9 和 10 是第三组，标签 11 和 12 是第四组。本节的其余内容，分别用来解释这 4 个小组所对应的 4 条数据流。

9.4.1　标签 1～5 所表示的数据流

DCA 采用消息传递客户端（Messaging Client）来与 ESB 相连，并将机器数据（也就是消息）派发到预先定义的某个（或某组）队列中。它采用存储及转发模式来确保消息一定能够得到投递。接下来会出现一个实现了消息转换器模式的 ESB 组件，该组件拿到消息之后，会把接收到的这种格式转换为另外一种预先商定的格式（例如把传感器数据从时间序列格式转换成 JSON 格式）。转换之后的消息，会发送给消息路由器的输入节点。路由器会将消息派发到 BRE 和 RTAP 这两个系统。

注意：为了把示意图画得比较简洁，笔者刻意省略了某些细节。比如，消息路由器
会运用业务规则来决定消息的接收者。对于本例来说，BRE 与 RTAP 都有
资格成为接收者，它们各自可以收到不同类型的消息。消息路由器组件会把
不同的消息放到不同的队列中，BRE 与 RTAP 分别监听这些队列，并从中
挑选相关的消息进行处理。

9.4.2　标签 6 ~ 8 所表示的数据流

BRE 所输出的内容，是由 Elixir 生成的一系列建议。这些建议以异步的方式生成，
它们会放入一个消息队列中。我们对 WOMS 适配器进行配置，使其能够监听传入该队
列的消息。如果有新的消息发过来，那么 WOMS 适配器就会拿到这条消息，将其转换
成 WOMS 系统可以理解的消息包，并调用 WOMS 的 API，以传达消息中的信息。

注意：在本例中，WOMS 会创建一张新的工作定单。

9.4.3　标签 9 ~ 10 所表示的数据流

在开始讲解之前笔者要先说一句，图 9-8 中采用了一个原来没有提到的缩写，那
就是 ABRR，它表示异步的批次请求 – 应答（Asynchronous Batch Request–Response）
模式。

每隔一段时间，就需要把 ODS 中的数据移动到 EDW 中，每次移动的数据量特别
大。于是，我们用异步的批次请求 – 应答模式，来以一种异步的方式分批移动这些数
据，该模式会定期得到触发。

注意：EDW 中的数据用来制作商务报表并进行业务分析。

9.4.4　标签 11 ~ 12 所表示的数据流

EDW 会把多个记录系统中的数据聚合起来。Elixir 采用联合数据集成（Federated
Data Integration）模式，来整合 CAD 及 PES 这两个系统中的数据，该模式是一种数据
层面的集成模式（参见图 9-2），它会对（这两个源系统中的）必要数据进行拷贝，并把
拷贝出来的这一份数据移动到 EDW 中。

注意：如果把图 9-8 中的这条数据流与图 9-2 中的元素相对照，那么 CAD 与 PES
就相当于两个 SOR，联合数据集成就相当于对数据进行复制，而 EDW 则相
当于保存数据复本的仓库。还要注意的是，尽管 Elixir 的首个发行版中并不

打算包含 CAD 系统，但由于它所需的集成模式与集成 PES 系统时所用的模式很相似，因此我们还是把 CAD 系统画在了数据流中。只不过在发行第一个版本时，不需要把 CAD 的集成部分实现出来而已。

现在我们已经在 Elixir 系统的架构中用到很多种集成模式了。

9.5　小结

本章关注两个主要的话题：集成方式与集成模式。我们讨论了 5 种主要的集成方式，分别是 UI 层面、消息层面、数据层面、API 层面以及服务层面的集成。我们（从实现的角度）讨论了这些集成方式在复杂度上的区别，而且还谈了各自的优势与劣势。这 5 种方式中，使用范围最广的是消息层面的集成方式，它已经在业界使用了很多年，而且它的变化形式，也是这 5 种集成方式中最多的一种。UI 层面的集成方式有着专门的用法，它用来对遗留系统的用户界面进行翻新。数据层面的集成也是一种特别常见的集成方式，而且也在多年的实际应用中经过了反复的尝试与测试。软件厂商可能会通过接口公布软件所具备的能力，如果我们要用这些接口实现规模更大的集成，那么可以考虑采用 API 层面的集成方式。服务层面的集成比 API 层面的集成更为高端，它对分布式系统之间的交流方式与参与方式进行标准化，使得我们更容易对这些系统的各项能力进行设计与编排，以构建出更为复杂的系统。

本章还讲解了 10 种基本的集成模式，它们既可以单独使用，又可以相互组合，以解决某些特定的集成问题。这 10 种基本模式虽然不能涵盖所有的集成模式，但是却可以提供一个坚实的基础。如果这些模式以及它们之间的组合方式依然不能解决某个集成问题，那么你可以就此研发其他一些集成模式。从本章所讲的这 10 种模式出发，你应该可以提出更好的模式。

通过案例研究，我们为 Elixir 项目的解决方案架构制作了集成视图，将来可以继续细化并完善这张视图。笔者选用数据流视图来描绘该系统所用到的各种集成方式与集成模式，以及这些方式与模式之间的配合情况，它们合起来可以把解决方案中的一部分，也就是解决方案中与集成有关的那些方面实现出来。

集成方式与集成模式，是成熟的解决方案架构师所必须掌握的基本能力，也就是说，架构师必须要知道怎样在企业级解决方案的架构与设计中使用这些技术与技巧。实际上，笔者把是否具备集成能力视为解决方案架构师能否胜任其工作的一项关键判断标准。架构师即便不知道太多的软件产品和技术也没关系，只要学起来就好；但若缺乏集成方面的技能，则无法很好地完成解决方案的架构工作，至少我自己在寻找解决方案架构师时，不会选用这样的人。

如果你能坚持看到这里，并且按照本书所给出的建议来做，那么你的架构水平应该能比不采用这些方法的人要高，而与还没有开始看这本书的人相比，你的领先优势就更大了。

接下来，我们该讲些什么呢？

9.6 参考资料

Abeysinghe, A. (2014, July 24). API registry and service registry. *Solution Architecture Blog*. Retrieved from http://wso2.com/blogs/architecture/2014/07/api-registry-and-service-registry/

Arsanjani, A. (2004, November 9). Service-oriented modeling and architecture: How to identify, specify, and realize services for your SOA. *IBM developerWorks*. Retrieved from http://www.ibm.com/developerworks/library/ws-soa-design1.

Gregor, H., & Woolf, B. (2003). *Enterprise integration patterns: Designing, building, and deploying messaging solutions.* New York: Addison-Wesley Professional.

Microsoft Technet. (n.d.). Distributed component object model. Retrieved from https://technet.microsoft.com/en-us/library/cc958799.aspx

Object Management Group (OMG). (n.d.). The CORBA specification. Retrieved from http://www.omg.org/spec/CORBA/

第 10 章　基础设施问题

路铺好了，赶紧出发！

日常生活中经常听到有人问："基础设施建得怎么样？"政治、交通、医疗等很多领域，都会有这个问题，软件开发也不例外。对于系统的运作来说，网络、托管主机以及服务器等硬件基础设施，是至关重要的组件。要想正常地部署、访问并使用系统，就必须把硬件基础设施做好。而且系统对非功能型需求的支持能力，也极度依赖于基础设施组件的形态、大小以及排布方式。

本章将会简要地讲解与主机托管有关的某些关键因素，使得大家能够更有效率地利用计算资源（处理器速度与系列、处理器类型、内存）及存储资源。我们还会讲解怎样通过基础设施来满足可用性及可靠性方面的要求，怎样用具有一定特征的网络来确保足够的带宽，以及发挥 IT 系统中某些关键架构构建块的能力时所应考虑的指标。此外，我们还会演示某些基础设施因素对 Elixir 系统的部署模型所造成的影响。

> **注意：** 本章中的计算（compute）一词，通常用来表示具备专门功能的各种处理器类型、指令处理速度各异的各种处理器，以及具有一定内存规格的各处理器系列所具备的处理能力。

从实际工作的角度来讲，解决方案架构师需要有足够多的知识，以便对解决方案的设计工作进行督导，促使项目团队搭建出规模适当的基础设施。如果你能够以基础设施专家的姿态发言，而且能够针对能力规划与计算资源托管等设计问题展开有效的讨论，那么你会显得更加杰出。这样的解决方案架构师可以称得上架构全才了。

在开始学习本章的内容之前，先郑重声明两点：

- ❑ 本章不打算专门针对基础设施架构进行详尽的讲解，而是想提醒解决方案架构师去注意其中的某些关键问题。对于大部分系统来说，架构师都必须解决这些问题。
- ❑ 本章不会谈论怎样才能成为一名基础设施架构师，而是想指出一些基础设施方面的关键概念，这些概念会反复出现在大多数复杂度适中或复杂度较高的 IT 系统中。

10.1 为什么要把基础设施做好

任何一个 IT 系统，都必须要架构一套清晰且合用的基础设施。用阴阳理论打个比方。系统的功能是阴面，它确保系统可以表现出预期的行为，而系统在运作时所凭依的基础设施平台则是阳面，它确保这些预期的行为能够以响应较为迅速的方式及时地表现出来，并且能够从故障中得以恢复。

云计算的出现，以及计算资源的联合化与虚拟化趋势，使得业界对基础设施提出了越来越多的看法，同时，网络技术的大幅进步，也更加丰富了业界的观念。比如，IBM 的 Aspera® 技术（参见 IBM "Aspera high-speed transfer"）采用突破性的传输协议，能够不受数据类型、数据尺寸及网络状况等因素的影响，在现有的基础设施上以最高速度来满足极大的数据需求。基础设施技术的繁荣会产生相当实际的效果，有很多公司都通过采用适当的基础设施技术，获得了巨大的投资回报（returns on investment，ROI）。要想实现物理操作模型（参见第 8 章），就必须投入足够的精力来设计系统的 IT 基础设施。

从商业角度来看，IBM 商业价值研究院做过一项研究（参见 IBM Institute of Business Value (n.d.)），该研究表明："71% 的现代企业认为 IT 基础设施对竞争优势的提升以及利润与收入的优化起着关键作用，然而只有不到 10% 的企业认为自己的 IT 基础设施已经完全能够满足与移动技术、社交媒体、大数据及云计算有关的日常计算需求"。随着计算范式（computing paradigm）的进步，基础设施的重要性还会越来越大。

准备好了吗？现在就正式开始谈基础设施问题。

10.2 需要考虑的基础设施问题

一名务实的解决方案架构师，总是会把控住基础设施的建设工作。你应该把前进的大方向选对。

下面几个小节要讲解基础设施中的 5 个重要方面：

❑ 网络
❑ 托管
❑ 高可用性与容错性
❑ 灾难恢复
❑ 能力规划

10.2.1　网络

网络基础设施模型会受到多种因素的影响，其中包括站点或数据中心的大小、数据的传输量与传输频率，以及服务级别协议中与性能、吞吐量以及系统正常运行时间有关的条款。虽说数据中心会对底层网络模型、拓扑结构与实际的互连方式进行抽象，但本小节还是要把某些宏观的基本知识简要地讲解一下，以帮助大家对网络拓扑结构施加影响并做出决定。

标准的网络模型是一种分层模型，其中的 3 层分别是访问层、分布层与核心层（参见图 10-1）：

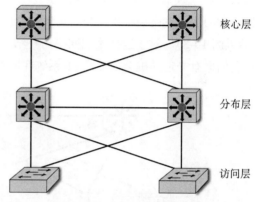

图 10-1　标准的三层网络模型

- **访问层**（Access layer）——该层会向用户及设备提供网络访问能力。我们一般根据系统的用户数量来决定是采用交换机还是采用集线器，前者速度较快，但是比较昂贵，后者速度较慢，但是比较便宜。我们可能会向设备及用户同时提供有线访问和无线访问。

- **分布层**（Distribution layer）——该层会在访问层的实体与核心层之间进行中介，使得这些实体能够与核心层相连。此外，它也会促进多个访问层之间的通信。这一层中的网络设备，通常是路由器与分层交换机。我们经常需要成对地部署这些设备，以确保网络的冗余性，从而令网络变得更加可靠。

- **核心层**（Core layer）——该层提供应用程序服务及存储服务。这一层中的网络设备负责把多个分布层网络聚合起来，以促进这些网络之间的互连，此外，它还会给本层中的服务提供速度很快的网络访问，并使得这些服务之间也能够快速地通信。

Cisco (2008, April 15) 更加详细地讲解了三层网络模型。

数据中心的大小和复杂度，决定了集线器、交换机、多层交换机、交换区块（switch block）、路由器以及网络线缆等网络组件与设备的复杂程度。这种复杂程度体现在冗余度、可靠性、带宽、处理能力以及分布拓扑等方面，之所以要这样，是为了使系统能够承担一定的网络负载量，以满足 SLA 中的规定。

任何一个标准的数据中心，都应该提供上述三层所具备的全部能力。按照标准的配置方式，这三层的功能，全都放在同一个交换机中。很多人认为，除了那种极其简单的网络拓扑结构之外，至少应该有两台这样的交换机，才能保证最为基本的网络冗余（参见图10-2）。然而若是基础设施组件（也就是服务器以及服务器之间的互连等）过于庞大，以致无法用同一台交换机来应对，那我们通常就会把网络拓扑结构拆解为多个层次，而不会把这些功能放在同一台交换机中。考虑到成本、规模经济以及 SLA 等因素，核心层

访问层、分布层及核心层的功能均位于同一层中

图 10-2　单层的网络拓扑结构，它把三层网络模型中的所有功能都放在同一层中

应该专门用一台交换机来支持，访问层及分布层，可以合起来由另外一台交换机来支持（参见图10-3）。对于这种多层网络拓扑结构来说，其连线的数量会比单层结构更多，因此我们也有一定的机会来提升 IT 系统在网络方面的冗余度与可靠度。

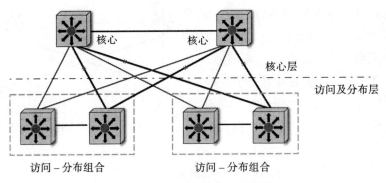

图 10-3　多层的网络拓扑结构

　　网络层也可以用来实现分段（segmentation），以确保基础设施资源能够以安全的方式得到共享，并且能够根据资源利用需求进行适当的分配。访问层的分段通常用虚拟局域网（virtual local area network，VLAN）来完成，它使得由访问层中的设备及服务器所构成的多个小组，都可以共享同一台交换机。而对于分布与交换层来说，可供考虑的选项则要多一些，其中最常用的办法是根据 MPLS/VPN 技术来实现。如果需要给用户及应用程序再添加一层安全保障，那么可以添设虚拟防火墙（也就是将虚拟防火墙插入分布层的交换机）。

MPLS/VPN

　　MPLS 是 Multiple Protocol Label Switching（多协议标签交换）的缩写，VPN 是 Virtual Private Network（虚拟私人网络）的缩写。

　　MPLS 是一种基于网络标准的技术，它能够在多种网络协议之间极快地传递网

络包。比如，可以在 IP（Internet Protocol）协议、ATM（Asynchronous Transport Mode，异步传输模式）协议以及帧中继（frame relay）协议之间进行传递。

VPN 使用互联网等共享的电信基础设施来提供安全访问机制，这种做法通常比购买或租用电信专线更为廉价。

MPLS/VPN 这个词，读作"MPLS over VPN"，这种技术能够在安全的 VPN 网络通道中以极快的速度来交换数据包。换句话说，MPLS/VPN 技术能够以易于扩展的方式来实现可靠、迅速且安全的端对端虚拟通信。

Pepelnjak and Guichard (2000)、Pepelnjak 等人 (2003) 及 SearchEnterpriseWAN (n.d.) 更为详细地讲解了 MPLS 及 VPN。

要想创建虚拟数据中心，通常的做法是在访问层中使用 VLAN、在分布层中使用虚拟防火墙，并在核心层交换机中使用 MPLS/VPN。

QoS（Quality of Service，服务质量）是一项关键指标，用来衡量骨干网络的效力。它涉及一系列技术，这些技术会对网络中的带宽、延迟、网络抖动（jitter）以及丢包问题进行管理。我们经常根据 QoS 来调整优先级方案，以便优先为某一类应用程序提供服务。其中的技巧是依照服务级别需求等指标来对应用程序以及访问这些程序的用户进行分类，并根据分类情况来区别对待不同的网络流量。

即便没有太多的网络架构与设计经验，你也不需要过分担心。因为理解了本小节所讲解的概念之后，你就会有更为充分的准备，从而可以向网络架构师或基础设施架构师提出更加确切的问题，以保证他们确实在认真而严格地进行网络层面的设计工作。在当前这个云计算的时代中，网络是通过服务化的（As-a-Service）模型来提供的，因此，网络基础设施的建设在很多情况下都可以通过选择合适的模型解决，而不太需要从头开始进行搭建。

10.2.2 托管

托管（hosting，寄存）的主要目标，在于利用虚拟化、高效、有弹性且安全的基础设施平台，来动态地提供基础设施服务及相关的服务管理机制，从而避免形成分散且低效的计算孤岛（island of computing）。

尽管传统的企业级 IT 数据中心以及专门置于企业内部的数据中心依然会存在，但是云计算已经得到了广泛的宣传及充分的关注，因此很多企业都针对云计算来制定自己的托管策略。根据 Gartner (2009) 所说，"有三股大的潮流正在向着云端技术而汇聚，它们分别是通过互联网对计算进行服务化、虚拟化以及标准化的潮流。"根据 2015 年的情况来看，当年的预测无疑是正确的，而且云计算的趋势在未来几年里还会更加强劲。云端托管（cloud hosting）起初可以分为私有云（private cloud）和公用云（public cloud）两大类。然而现在混合式的（hybrid）云端拓扑结构及部署模型也已经变得很常见了，因此，我们可以把云端托管模型分为公用、私有和公私混合这三类。

云端托管模型

公用的云端部署模型可以向多家大企业提供基于云端的服务（有可能提供 IaaS、PaaS 或 SaaS 其中之一，也有可能同时提供三者）。资源通常是在企业之间共享的，而其管理与维护，则由云端服务的提供者来负责。由于该模型是一种共享计算资源的模型，因此通常会由多家企业同时来租用。如果企业不想预先对骨干计算资源进行投资，但同时又要执行一些计算量很大的应用程序开发、测试、部署及扩展工作，那么一般可以考虑采用这种模型来实现。

私有的云端部署模型，是专门为某一家企业而运作的。云端主机既可以放在企业内部，也可以放在企业外部，它的支持与维护，可以由企业内的 IT 人员来做，也可以交给外部的云服务提供商来做。该模型通常用于安全需求较高且必须严格遵从监管法规的场合。

混合的云端部署模型是由私有的云端部署组件与公用的云端部署组件所构成的混合体。它同时具备这两者的优势，也就是说，它一方面通过私有云来提供专门的计算基础设施及安全保障，另一方面又把某些系统及应用程序放在公用云上以节省开销。放在公用云中的系统与程序，是那种对安全与隐私要求不太严格，而且能够在共享的工作环境里共存的系统与程序。有很多组织出于种种原因，需要在公用云与私有云之间灵活地进行搭配，对于这些组织来说，混合的云端模型是较为合适的。

选择托管策略通常比较耗费时间，而且还要考虑各种细节问题。上述文字框中的内容或许可以为你提供一些指导。

从托管架构的角度来看，对服务器、网络、硬件、计算资源、存储资源以及设备进行托管的那些物理组件，都属于基础组件，传统的 IT 企业几十年来一直在使用它们。然而托管技术真正呈现指数级爆发，则是从业界采用服务化模型（As-a-Service model）之后才开始的。云端模型会对这些基础组件进行抽象，并将其能力作为一项服务发布出来，以供消费方进行消费。服务的消费方不需要了解组件的物理位置及排布方式，这正是虚拟化技术所带来的好处。云端托管架构中一共有三种层面的虚拟化方式，它们的抽象程度逐渐增高。越往上走，就越不需要了解物理组件。尽管 IBM、Google 及 Amazon

等云端服务提供商一直都在推出抽象程度更高的服务化产品，但是这三个最基本的虚拟化层面依然是存在的。

现在我们就来详细讲解这三个虚拟化层面，它们分别是 IaaS（Infrastructure as a Service，基础设施即服务、基础设施服务化）、PaaS（Platform as a Service，平台即服务、平台服务化）以及 SaaS（Software as a Service，软件即服务、软件服务化）。

- ❏ IaaS——这是物理资源层面的虚拟化方式，它会对服务器、计算资源、网络、硬件、存储资源以及数据中心等物理资源进行虚拟化，以实现快速的供给与使用。这实际上是对计算资源、存储资源以及资源之间的相互连接（网络及数据中心骨干）进行虚拟化。这种虚拟化环境通常以虚拟机（virtual machine，VM）的形式提供，这些虚拟机归云端托管服务的提供商所有，提供商会对它们进行托管、管理及维护。IBM SoftLayer®（Softlayer n.d.）、Amazon EC2（Amazon n.d.）、Google Compute Engine（Google n.d.）以及 Azure Virtual Machines（Microsoft n.d.）都属于 IaaS 服务提供商。

- ❏ PaaS——这是中间件层面的虚拟化方式，它会对数据库、应用程序的开发工具与编排工具、.NET 与 J2EE 等运行时环境，以及应用程序的部署工具等中间件组件进行虚拟，从而形成一个能够给应用程序的开发、测试及部署提供全程支持的完整平台。该平台是作为一项服务而发布的，它构建在 IaaS 层之上，并且对 IaaS 中的底层硬件、网络以及服务器组件做了抽象。该平台使得我们几乎能够瞬间打造一个与用户的喜好及选择相符的完整环境，此外，用户也可以突破于这些选项，来自由地调整计算资源及环境所具备的能力。就目前来看，IBM Bluemix™（IBM n.d.）及 Google App Engine（Google n.d.）都属于典型的 PaaS 提供商。

- ❏ SaaS——这是应用程序层面的虚拟化方式，它会把应用程序完整地公布出来，使得访问者可以通过桌面浏览器以及原生的手机应用程序等传输渠道来对这些程序进行全程的访问。对于 SaaS 的使用者来说，用户界面、数据、中间件组件，连同存储资源、网络、服务器以及计算资源等，全部都是隐藏起来的，它们会由托管服务的提供者来进行管理。定制的应用程序，CRM、ERP 及 HR 应用程序，针对特定行业的应用程序以及业务流程，都属于 SaaS 产品。

有一些善于创新的公司及解决方案提供商，正在继续扩大 SaaS 的范围，它们推出了诸如 Solution as a Service（解决方案即服务、解决方案服务化）以及 Analytics as a Service（分析即服务、分析服务化）等专门的产品。此外，还有其他一些类似的或更为新颖的产品也已经推出或很有可能推出。

从托管的角度来看，传统的企业 IT 系统与现在这种基于云端的托管方案之间有一个共同点，那就是它们都需要使用服务器、存储资源、硬件、计算资源、网络以及相关的外部设备等物理资源。无论采用哪种办法，我们都必须认真地规划、采购、安装并配置这些资源。不过，它们之间的共性只有这么多。除了这个共性之外，基于云端的托管方案与传统方案之间有着很大的区别，云端方案采用虚拟化技术来提升易用性并尽量降低（终端用户所需的）成本及配置时间，而且还不会产生管理上的开销（企业的 IT 部门现在必然都很喜欢这一点）。为了使 IT 企业能够更方便、更广泛地使用这些云端技术，需要有专门的人员来完成相关的云端管理工作，他们会收取一定的费用并以此谋生（所以说，"免费和易用"只是相对而言的），于是，这就形成了一个以云端服务管理（cloud services management）为中心的领域，该领域对云计算业务的繁荣起着关键的作用。

云管理服务（Cloud Management Service，CMS）本身就是一门学问，但是笔者并不会在这里详细地进行讲述，而是只打算根据自己的经验，把其中最实用、最常见，而且在构建解决方案时最容易讨论到的那几个方面列出来。解决方案架构师即便不直接处理这些问题，也应该要能够参与到对这些问题的讨论中。表 10-1 列出了这样的一些话题。

表 10-1　典型的云管理服务所提供的许多（但不是全部）功能及特性

CMS 主题区域	主题区域下的子领域
基础设施管理	**配给**（Provisioning）——一个流程，用于安装并配置所有的硬件、计算资源、存储资源、中间件、网络以及相关的外部设备。 **容量管理**（Capacity Management）——一个流程，用来对数据中心在硬件、计算资源及存储资源等方面的容量进行监控及管理，实际上也就是对已经配给的所有组件进行监控及管理。 **监控**（Monitoring）——一些工具及流程，用来监测基础设施组件的使用情况与健康度，并提前探知有可能发生的故障及中断。 **备份与恢复**（Backup & Restore）——一些工具及流程，用来对服务器、应用程序及操作系统镜像、虚拟机、存储资源、磁盘以及其他必要的外部设备进行备份及恢复。 **高可用性**（High Availability）——对网络、硬件以及服务器进行配置，使其具备弹性及冗余度，以便使系统在整体基础设施上能够保持一定的正常运行时间。 **灾难恢复**（Disaster Recovery）——一些工具、技术及流程，用来确保数据中心本身以及所有的基础设施组件都能够从容地面对故障，并有效地从故障中恢复。比如，电力供应、散热设备、安全机制以及其他相关组件。 **安全**（Security）——一些技术、协议及密码措施，用来支持对资源的安全访问。

（续）

CMS 主题区域	主题区域下的子领域
服务生命周期	**服务创建**（Service Creation）——一些流程与工具，用来把每一层中的能力，包装成一系列可供发布并且可以为人所知晓的服务，使得这些服务的健康度与使用情况可以得到监测。 **服务请求处理**（Service Request Processing）——一些流程、工具及技术，使得我们可以访问针对 IaaS、PaaS 或 SaaS 层中的服务所发出的用户请求，并使得这些请求能够得到监控及受理。 **服务供给**（Service Provisioning）——对提供的服务进行安装及配置，使得用户能够轻松地发现并访问这些服务。 **许可管理**（License Management）——一个向用户收取服务使用费的流程，它可以判断用户是否有权使用这些服务，以及用户的使用权是否已经到期，还可以对使用权进行续期。
订购管理	**服务目录**（Service Catalog）——一份对外发布的列表，它列出了由服务提供商所提供的各项云端托管服务，以供使用者挑选。 **服务订购**（Service Ordering）——一个自动或手动的流程，用户可以通过该流程对提供商所提供的一项或多项服务进行订阅（通常需要支付一定的费用）。 **服务定价**（Service Pricing）——按照服务类别及其用法所编排的服务价目表。 **服务计量**（Service Metering）——一些监测工具，用来监测并汇报某位用户或某个用户群对某项服务的使用情况。针对服务的使用情况进行收费时所采取的计价策略，是根据 SLA 及用户合约来确定的。

　　通过上面这张表格，大家应该能够明确地看到：真正的管理工作是由云端服务的提供者在幕后完成的。尽管我们并没有把所有的 CMS 特性全都列出来，但是你作为解决方案架构师，应该已经能够根据列出来的这些特性，来向基础设施架构师确切地提问了。在与基础设施架构师互相协作，并对其进行指导和监督的过程中，你要通过这些问题确保他能够设计并实现出合适的托管方案。比如，你可以问，**厂商 X 提供什么样的 PaaS 特性？高级服务都有哪些不同的 SLA 档次？厂商 X 收取的服务使用费在市场上算不算比较实惠？**你应该大胆地提出这些问题，甚至还可以提出很多更为直率的问题。

10.2.3　高可用性与容错性

　　高可用性（high availability，HA）指的是应用程序是否能够具备稳定的正常运行时间（uptime），也就是说整个应用程序或其中最关键的那些部件，能不能够以一种可以预见且可以确定的方式，来保持一定的正常运行时间。这项能力反映出应用程序对系统故障的容忍度，从而可以用来衡量它从系统故障中恢复的能力（resiliency，弹性）——恢复能力较高的系统，会更加努力地保持连续运作。**高可用性与容错性**（fault tolerance）这两个说法的含义通常是相同的。

从架构的观点来看，HA 属于非功能型需求，它可以确保系统的架构能够满足与系统的正常运行时间及恢复能力有关的要求。要想寻找、确定并解决整个系统拓扑中的各个故障点，最好是能够对操作系统、中间件、数据库、存储资源、网络以及应用程序做出彻底的评估。我们可以在评估过程中对组件进行故障分析，通过基础设施来监控事务流，并且对确实发生或有可能发生的运行中断问题进行分析。对系统所做的评估，可能会影响灾难恢复的架构及计划（这是 10.2.4 小节的话题）。

概括地说，我们可以用下面几个简单的步骤来处理系统的 HA 架构（当然你还是要注意其中的细节）：

1. 确定系统的故障单点（single point of failure，SPoF）。

2. 评估 SPoF 的故障概率，以及对其进行修复或是从故障中恢复所需的成本。

3. 为关键的 SPoF 组件引入冗余机制。

4. 研发一套详细的图示法，用以描述 HA 系统拓扑（这套图示法通常比较专业，而且看起来有些深奥）。

> **注意：** 上述步骤中并没有包含成本影响分析（cost impact analysis）。我们可以认为它并不是软件架构中的一个方面，然而在公司中，成本和预算确实会对解决方案在实现上的可行性造成明确的影响。

表 10-2 列出了一些经常需要处理的 SPoF，并且对通常所说的修复成本进行了对比。

表 10-2　系统中最为常见的 SPoF

SPoF	修复成本
网络	高
硬件	高
操作系统（OS）	中
磁盘子系统	中
数据库	低
应用程序	低

10.2.1 小节讲解了一些可供考虑的网络架构，这些架构可以帮助我们缩减或避免系统故障，而接下来，笔者则要针对表 10-2 所列出的这些 SPoF，讲解一些可以提升容错性并给系统带来高可用性的技术。

对于将要讲解的某些技术来说，我们必须先做出几条简单的假设：

❑ 物理地址空间的单位是由一台虚拟机来定义的，虚拟机上运行着一个操作系统。

❑ 所有的应用程序组件都运行在一个操作系统中。

❑ 冗余基数（cardinality of redundancy）是 2，不能太多。

❑ 操作系统是 Linux。

❑ Web 应用程序所针对的是静态内容，并且运行在一台 HTTP 服务器上。

10.2.3.1　硬件的 HA

系统故障有可能发生在物理硬件上。如果运行操作系统和应用程序组件的硬件发生了故障，那么系统就会遇到问题。

硬件层面的冗余可以用两种方式来实现。第一种方式是使用两台或多台物理机器，每台机器都采用同样的硬件架构及配置，并且运行同样的软件及应用程序。如果使用这种方式，那就需要准备一套外部的手段，以便在主要的物理计算机发生故障时，能够切换到另一台物理计算机上。第二种方式较为新颖，而且也比较节省成本，它采用虚拟化的原理来实现。这种方式利用**逻辑分区**（logical partitioning，LPAR）技术，对计算机中的一部分硬件资源进行包装，并将其虚拟为一个看似独立的计算环境。每个 LPAR 上都有它自己的操作系统，这些 LPAR 可以各自独立地运行。在物理计算机层面，自然需要有一个管理组件来对这些 LPAR 以及 LPAR 之间的通信进行管理。资源可以静态地分配给每个 LPAR 并保持固定不变，也可以根据计算需求动态地进行分配。动态分配版本的 LPAR，通常称为动态的 LPAR（dynamic LPAR）或者 DLPAR。

LPAR 是相当节省成本的，因为它可以把多个环境（例如开发环境、测试环境、生产环境）全都放在一台实体计算机上运行。而且我们还可以根据计算机内部的智能逻辑或外部的触发器，在 LPAR 之间进行动态资源分配，并借此来提升系统从硬件故障中恢复的能力。

IBM 是 LPAR 技术的先锋。IBM 大型机（IBM mainframe）专门以 LPAR 模式运行于 z/OS® 操作系统上。在采用 POWER5® 架构及高端处理器之后，即便是 IBM pSeries 这样的中档产品，也能够支持硬件虚拟化特性。除了 IBM 之外，Fujitsu 的 PRIMEQUEST 系列服务器，以及 Hitachi Data System 的 CB2000 及 CB320 刀片服务器系统，同样支持 LPAR 技术。

> **注意：**在某些情况下，如果对 LPAR 配置做了修改，那么必须重启 LPAR。始终要小心这一点。

10.2.3.2　操作系统的 HA

如果操作系统的多个实例能够同时运行，并且都运行着同样一份应用程序，那么操作系统这个故障单点就可以得到解决。即便其中一台 Linux 服务器发生故障，应用程序也依然能够运行在另外一台服务器上，从而使系统不会出现停机。在硬件配置支持 LPAR 的情况下，至少有两种拓扑结构可供选择。第一种拓扑属于垂直扩展，也就是在同一个 LPAR 上运行操作系统的多个实例。第二种拓扑则属于水平扩展，也就是在两个或多个 LPAR 上分别运行操作系统的一个实例。

第二种拓扑可以利用硬件 HA 来发挥优势，而第一种拓扑则要求我们必须小心地针对服务器的负载进行设计。第一种拓扑的其中一个使用情境是：两个应用程序实例并发地运行，并在彼此之间共享负载。这种拓扑还有另外一个使用情境，两个应用程序实例以 hot standby（热备用）的模式运行，其中一个实例处于活动状态，并为用户提供服务，另一个实例处于备用模式（standby mode），如果前一个实例发生了故障，那么这个实例就开始运作。底层的硬件架构若是能在运行着操作系统的每一台虚拟机之间共享计算资源，那么我们就可以在其中一台虚拟服务器发生故障时，把它所占据的资源全部释放给其他虚拟机来使用。这种情况下，我们不需要针对负载量进行额外的设计。但如果硬件架构不支持资源共享，那么就必须对每个服务器实例进行适当的规划与配置，令每个实例都能够从总体负载中分担与其计算资源相符的工作量。

听起来是不是有点复杂？请看图 10-4 和图 10-5，这两张图分别描绘了两种拓扑，它们或许顶得上刚才说的那几百个字。

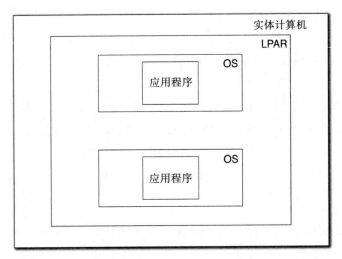

图 10-4　第一种拓扑在同一个 LPAR 中运行多个 OS 实例

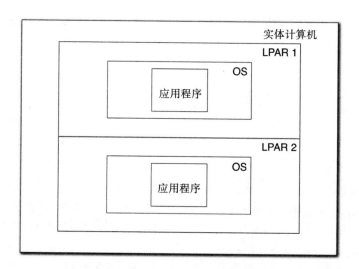

图 10-5 第二种拓扑在不同的 LPAR 中运行各自的 OS 实例

10.2.3.3 磁盘子系统的 HA

解决方案要想在整体上保持高可用性（HA），就要把握住磁盘子系统这个关键的元素。如果磁盘子系统发生故障，那么应用程序在持久化（也就是存储）方面的任何需求都将不能够得到满足。我们用最为常见的一种磁盘冗余技术来实现磁盘容错，这种技术叫做 RAID（Redundant Array of Inexpensive Disks，廉价磁盘冗余阵列）。配置磁盘子系统的办法有很多种，其中包括：RAID 0、RAID 1、RAID 5、RAID 6 及 RAID 10。实际工作中最常使用的两种配置方式是 RAID 5 和 RAID 10。为了简单起见，我们在讲解这些配置方式时，都会假设磁盘驱动器的数量分别不超过两个、三个或四个，具体的数量上限取决于要讲解的那种配置方式。在实际使用中，磁盘数量是不受这个限制的。

几种最为常用的 RAID 配置分别是：

❑ RAID 0——也称为 striping（条带化），这种配置方式会把数据分散存放（或者说分割）到多个磁盘上。从磁盘子系统中读取数据或是向其中写入数据时，所使用的数据单元称为块（block），这些数据块会分布在各个磁盘驱动器中，例如，会交替地存放在每个磁盘驱动器中。该配置不提供容错机制，只要其中一个磁盘驱动器发生故障，就有可能造成数据丢失，因此，我们一般可以在丢失数据不会引发严重后果的系统中使用它。图 10-6 描绘了这种配置。

❑ RAID 1——也称为 mirroring（镜像），这种配置方式会把所有的数据重复地存放（也就是镜像）到多个驱动器中。每个驱动器所拥有的数据都是相同的，所有的数据块都会分别写入每一个驱动器中。这种配置方式可以支持磁盘驱动器级别的冗余，它适用于数据丢失会引发严重后果的系统中，那种系统可能不允许出现这样的问题。图 10-7 描绘了这种配置。

图 10-6　由两个磁盘驱动器
组成的典型 RAID 0 配置

注：在图 10-6 中，数据块呈带状分布于多个磁盘驱动器之中[⊖]。

图 10-7　由两个磁盘驱动器
组成的典型 RAID 1 配置

注：在图 10-7 中，每个数据块都做了镜像，也就是说，每一块数据都复制到了各磁盘驱动器中。

❑ RAID 5——这种配置会把 striping 技术与奇偶校验和（parity checksum，参见本章稍后的文字框）技术结合起来，它需要三个或三个以上的磁盘驱动器才能实现。我们对数据块进行分割（也就是将其拆解成多个小块），并把分割好的每一块数据分别写入不同的磁盘驱动器中。我们还要针对全部数据来计算其奇偶校验和，并将该校验和随机写入某个磁盘驱动器中。如果某一块数据变得不再可用，那么在必要时，我们就将使用奇偶校验和来计算数据块中的这份数据。这种配置不仅可以保证数据在某个磁盘驱动器发生故障时依然可用，而且还能通过计算奇偶校验和，来恢复出现故障的那个驱动器上原先存放的数据。请注意，在某个磁盘发生故障时访问数据，其速度会比平常慢一些，因为需要计算奇偶校验和。图 10-8 描绘了这种配置。

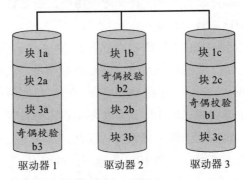

图 10-8　由三个磁盘驱动器组成的典型 RAID 5 配置

注：在图 10-8 中，每个数据块及其奇偶校验信息，都分布于多个磁盘驱动器中。

⊖　也就是说，块 1 与块 2 是第一个 stripe（数据条带），块 3 与块 4 是第二个 stripe，依此类推。——译者注

❑ **RAID 6**——RAID 6 与 RAID 5 类似，但是该配置方式会在这些磁盘驱动器中放置两份或更多的奇偶校验数据。由于奇偶校验数据本身具备冗余性，因此即便同一时间段内有两个驱动器出现故障，该配置方式也依然有可能保持正常运作。图 10-9 描绘了这种配置。

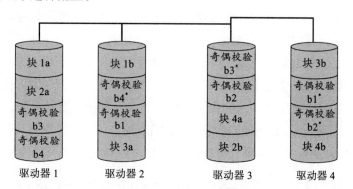

图 10-9　由四个磁盘驱动器组成的典型 RAID 6 配置

注：在图 10-9 中，每个数据块及其奇偶校验信息，都分布于多个磁盘驱动器中。

❑ **RAID 10**——RAID 10 是一种由 RAID 0 与 RAID 1 结合起来的混合配置方式，它既能够体现出由 RAID 0 的带状存放方式所带来的访问速度优势，又能够具备由 RAID 1 的镜像存放方式所带来的冗余性。我们还可以把它理解为呈现带状方式的镜像机制。该配置方式一方面可以通过镜像提供数据冗余，另一方面又可以通过 striping 实现高效的数据访问及传输。图 10-10 描绘了这种配置。

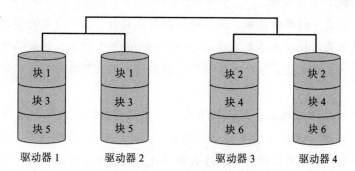

图 10-10　由四个硬盘驱动器组成的典型 RAID 10 配置

注：在图 10-10 中，每个数据块及其镜像，都呈带状分布于多个磁盘驱动器中。

一定要注意，每种 RAID 配置方式不仅在容错程度上有所不同，而且在读取和写入的效率以及实现的成本方面，通常也有着显著的区别。笔者在这里不打算详细分析并讲解它们为什么会在性能与效率方面体现出区别，而是只想说明以下事实：

❑ 一般来说，striping（条带化）会增加磁盘子系统的总体吞吐量及性能，而 mirroring（镜像化）则能提升系统的容错性，令其在一个或多个磁盘驱动器发生故障时依然可以保持运作。

❑ RAID 1 是最为简单的配置方式，但它的磁盘空间利用率最低（比如，在有两个磁盘子系统的情况下，由于我们要在每个驱动器上都完整地保存一份镜像，因此在总的磁盘空间中，只有 50% 的空间可以得到利用）。

❑ RAID 5 的奇偶校验和机制，不仅使磁盘写入操作变得更慢（因为要计算奇偶校验和），而且还令磁盘重建（disk rebuild）所花的时间更长（因为要进行奇偶校验运算）。它的磁盘空间利用率比 RAID 1 高，而且磁盘数量越多，利用率就越高（因为可以用来保存数据的磁盘空间变多了）。

❑ RAID 6 这种配置方式特别流行，因为它可以经受住多个磁盘同时发生故障的情况。

❑ RAID 10 是成本最高的解决方案，在资金允许的前提下，它通常是最好的解决方案。

身为解决方案架构师，你固然不需要对基础设施的各个方面全都了如指掌（至少你不需要成为磁盘子系统方面的专家），但还是应该较好地理解并领悟各种 RAID 配置方式以及与系统性能有关的非功能型需求，这样可以使你在面对与磁盘有关的设计决策时，处于强有力的地位。解决方案架构师所发挥的价值，是无可限量的。

奇偶校验和

奇偶校验和是一种算法技术，用来检测数字化的数据在传输或存储过程中是否出现错误。该技术采用校验和函数（checksum function）来对输入的数据进行计算，然后判断输出的计算结果是否与输入值相同。若相同，则表明数据无误，若不同，则表明数据有误。

该技术最为简单的版本，是根据输入序列中的那些二进制位，来计算出一个新的二进制位，这个二进制位叫做奇偶校验位（parity bit）。奇偶校验位采用 Boolean XOR（布尔异或）逻辑来进行计算，只有当待计算的两个二进制位彼此不同时，异或的结果才为 1。

这项技术用来恢复因磁盘驱动器发生故障而丢失的数据。我们针对构成数据存储单元的那些数据块所预设的大小，来计算出一个特定的奇偶函数（parity function）。当某个磁盘驱动器发生故障时，可以用校验和函数来把丢失的数据块重新计算出来。

10.2.3.4　数据库的 HA

在日常工作中，数据库系统的高可用性是最为常见的一个问题，因为数据和计算结果最终都必须进行持久化，以便尽量降低信息的损失量或者使信息完全不受损失。在没有数据库的情况下进行系统操作，是一种不太好的做法。

数据库技术发展了数十年，在发展过程中，它逐渐变得成熟起来。尽管数据库管理系统的基本理论今天依然成立，但目前很多厂商都在推出一些新颖、专门而且比较有特色的功能，以求在竞争中获得统治地位。各厂商所提供的 HA 解决方案是互不相同的，而且如果涉及一些带有专利的技巧与技术，那么这种区别通常还会更加显著。比如，IBM DB2® 使用 High Availability & Disaster Recovery（HADR，参见 IBM Redbook 2012）及 Tivoli® System Automation（TSA）专利技术，在多个数据库服务器实例之间，实现自动故障转移（automatic failover），而 Oracle 则根据 Oracle Flash 技术、Automatic Storage Management（ASM）技术以及其他一些相关的 HA 专利技术，来实现其 Maximum Availability Architecture（MAA）（参见 Oracle 2011）。此外，别的厂商也会用他们自己的办法来实现 HA。总之，大多数厂商都会提供相当健壮的 HA 解决方案，究竟应该用哪种方式来确保数据库的 HA，要取决于你选用的是哪家厂商所提供的产品。

10.2.3.5　应用程序的 HA

我们可以对应用程序进行配置，使其能够在集群环境（clustered environment）下运作。最为常见的集群配置方式有两种，第一种是同时采用两个活动的应用程序实例（一个是主实例，另一个是次要实例），第二种则是令主实例一直处于活动状态，并且准备一个处在被动模式的次要实例，以便在必要时可以激活这个备用的实例。

如果采用第一种方式，那么主实例负责处理用户的请求，同时次要实例会周期性地与主实例相互通信，以确认主实例目前处于正常运作的状态。只要主实例的正常运作能够得到确认，它就会持续不断地处理用户请求。如果次要实例无法确认主实例的当前状态是正常的，那么它就会认为主实例发生了故障，并立刻接管主实例所要处理的任务，这种接管方式，对用户请求来说，是完全透明的。如果采用第二种方式，那么通常需要引入一个外部的中间组件，该组件若确定主实例发生故障，则会激活次要实例，并且把用户发来的请求路由到这个次要的实例上。

总之，我们一定要注意，各厂商所提供的产品，其实现 HA 及容错性所用的方式，通常都会有很大的区别。我们必须根据某款具体产品的 HA 实现方式，来拟定一套较好的做法及配置方案，以便据此来最终确定系统的 HA 拓扑结构。笔者相信你应该对解决每个 SPoF 问题所需的一般技巧与方式有了很好的了解，但我还是强烈地建议你要和基础设施架构师一起来拟定最终的 HA 拓扑结构，那样做可以令你的工作轻松很多。

10.2.4　灾难恢复

灾难恢复（disaster recovery，DR）确立了一套开发、维护并实现相关计划的流程，这些计划，旨在协助企业去处理那些使得关键客户端及系统资源无法使用的状况，也就是协助企业去处理有可能发生在任意时间段内的灾难及中断问题。DR 流程主要由下面几个部分组成：

❑ **DR 计划**（DR Plan）——计划中包括灾难恢复的组织结构、上报流程、关键应用程序及其联系信息的名单、备用站点（alternate site）的详情以及其他一些需要收集、归档、存储并共享的流程。

❑ **沟通管理计划**（Communication Management Plan）——一份计划，用来管理企业内部的沟通，或是本企业与其客户之间的沟通。它会为执行企业中与灾难恢复有关的业务目标及策略提供支持。

❑ **应用程序恢复计划**（Application Recovery Plan）——这是一些处理步骤，某个关键的应用程序在发生灾难或中断之后，我们需要遵从这些步骤来为程序的迅速恢复提供支持。每个应用程序都有一份独特的计划，其中指明了该程序的故障点、数据备份与恢复流程，以及程序在得到恢复之前最后一次正常运行的时间点。

❑ **维护策略**（Maintenance Strategy）——对灾难恢复计划进行定期评审，或是模拟一些事件并根据这些事件来对计划做出评审，这样做是为了确保当灾难真的发生时，我们能够精确地执行相关的恢复计划及策略，以便对中断情况进行应对。

DR 通常并不在解决方案架构师的工作范围内，它有可能会用作一项衡量系统架构是否成功的指标，也有可能不具备这样的衡量能力。你与 DR 团队之间的对接，主要体现在协助他们制定应用程序恢复计划这一工作上。DR 团队或许希望解决方案架构师能够帮着团队确定出最为关键的应用程序、这些程序的故障点以及程序的数据备份与恢复需求。

10.2.5　能力规划

在基础设施之旅中，能力规划（capacity planning）是最后一个吸引点（point of attraction，也就是重要的活动）。此时我们应该已经用一系列中间件产品及基础设施，把系统的技术架构确定好了，也就是说，我们应该已经确定了合适的网络结构及服务器，来托管中间件产品及应用程序组件，以使这些产品及组件能够彼此通信。现在，我们需要对托管有一系列中间件组件的每台服务器所具备的能力进行规划，也就是说，我们要对服务器运行应用程序组件所需的计算能力及存储资源做出规划。每个应用程序组件都各有其特征，这些特征最终决定了托管该组件的服务器在能力和吞吐量上的需求。比如，有一台处理前端用户请求的 Web 服务器，它必须能够并发地处理一定数量的用户请求，同时又要控制好处理用户请求所需的延迟时间。再如，有一台为后端应用程序服务的数据库服务器，它除了要满足相关的需求之外，还必须在给定的时间单位内完成一定数量的事务处理（例如处理一定数量的读取和写入等操作），从而不产生过大的事务处理延迟。总之，服务器上托管着特定的中间件，这些中间件要为不同的应用程序组件提供支持，服务器的能力主要是由应用程序在非功能方面的需求决定的。

能力规划，或者说进行能力规划分析所产生的结果，会随着中间件产品而有所区别。以数据库为例，IBM DB2 所推荐的计算能力与存储能力，就与 Oracle RDBMS（关系型数据库管理系统）所推荐的能力不同。之所以会产生这样的差别，其原因可能在于中间件产品的内部架构不同。

本小节将要描述三种主要的组件，并讨论其中某些最值得思考的方面，以帮助大家对能力规划进行分析。笔者要描述的是 Web 服务器、应用程序服务器以及数据库服务器。尽管我会对自己认为相当关键的那些因素进行强调，但是这些因素给能力规划造成的影响，最终还是要由产品厂商说了算，因为厂商会按照他们自己眼中最为重要的因素来对中间件进行能力规划。于是，在这些问题上，厂商的产品专家及相关领域内的专家，才是最后拍板的人。

对于 Web 服务器来说，我们经常需要考虑下面这几个问题：

❑ 这台 Web 服务器是外向的还是内向的，也就是说，它是面向互联网，还是面向内部网？

❑ 访问该 Web 服务器的用户总数是多少？

❑ 有多少位用户同时访问这台服务器？

❑ Web 服务器要为多少个网页提供服务？

❑ 事务的平均大小是多少？

❑ 网络流量是不太会随着时间而发生变化，还是说在某些时段内会暴增？

❑ 网络流量会不会出现高峰？例如会不会在某个季度突然增多？

❑ 需要由这台服务器来管理的静态网页与动态网页，其分布情况如何？

❑ 对于动态页面来说，它们会产生什么样的内容（例如，是多媒体、文本、图像，还是流数据），这些内容复杂吗？

❑ Web 服务器在给 IT 系统中的展示组件（presentation component）提供服务时，在可用性方面应该满足什么要求？

❑ IT 系统的展示组件，在用户数量、有待服务的页面数量以及有待服务的内容类型等方面的增长情况如何？

❑ 用户会话必须是有状态的（stateful）吗？

根据上面这些能力，厂商通常可以为底层操作系统及应用程序本身提出内存方面的需求，并且对缓存的大小给出建议。此外，也可以据此规定创建子进程的最大数量以及对磁盘空间的需求。为了使中间件产品发挥出最佳效能，厂商有可能还会给出其他一些与服务器的能力有关的建议。

对于应用程序服务器来说，经常要考虑的问题可能是下面这些：

❑ 需要同时服务多少位用户？

❑ 为了访问系统中的所有数据库实例，必须支持多少条并发的数据库连接？

❑ 一共要安装多少个应用程序或应用程序组件，也就是说，应用程序服务器的总负载是多大？

❑ 有多少个应用程序同时处在活动状态？

❑ 同一台计算机中还会产生其他哪些负载？

❑ 安装在服务器上的应用程序总共有多大，也就是应用程序总共要占用多少磁盘空间？

❑ 同时处在活动状态的应用程序一共有多大？

❑ 处于活动状态的应用程序，其活跃与繁忙程度如何？比如，命中率（hit rate）如何？

❑ 需要保持会话持久性（session persistence）吗？如果需要，那么每个会话需要多大内存及磁盘空间？

❑ CPU 的平均利用率和峰值利用率是多少？

❑ 应用程序的负载是全部都由某一台服务器来执行，还是分摊到多台计算机或服务器上？

❑ 部署计划中是否包含垂直扩展（是否会在同一台计算机中运行同一个应用程序服务器的多份副本）？

解决方案架构师必须对应用程序负载的分布方式做出决定或施加影响。比如，需要考虑是把所有的应用程序或应用程序组件都托管到一台服务器和一个服务器实例上，还是说要把垂直扩展或水平扩展纳入操作模型中。要想适当地对服务器的能力进行规划，就必须考虑到应用程序的扩展、服务器的繁忙时段、命中率的变化、会话方面的需求以及其他一些相关的参数。

对于数据库服务器来说，经常需要考虑下面这几个问题：

❑ 事务的复杂程度如何？换句话说，查询负载（query workload）具备哪些特征？

❑ 同时需要支持多少个并发的事务？

❑ 同时需要有多少条并发的连接可供使用？

❑ 要在多大的数据库上执行数据库事务？

❑ 数据表的最小尺寸、最大尺寸及平均尺寸是多少？

❑ 读取请求与写入及删除请求之间的比率是多少？

❑ I/O（输入／输出）负载具备哪些特征？

❑ 数据库中要存放多少原始数据？

❑ 可用性方面的需求是什么？

根据上面这些问题进行能力规划，通常可以使我们意识到操作系统及数据库服务器在处理器及内存方面的需求或规格，也可以使我们知道保存数据所需的磁盘空间、硬件所应具备的处理能力（在决定该指标时，需要参考内存需求），以及数据库和文件系统所应具备的缓存大小（文件系统的缓存会与数据库的缓存结合起来使用）。

就通常的能力规划来说，有一些标准的、广为认可的经验规则，可以用来计算特定类型的应用程序及中间件组件所需达到的能力指标，但具体的数字最好还是留给产品厂商去决定。我们通常会把自己想到的问题，通过特定的产品厂商所提供的调查表或工具提交给他们。厂商应该会指出计算能力以及磁盘空间方面的需求，而且可能还会对硬件及芯片规格给出一些建议，使得其产品能够发挥出最优的效能，这其实也是计算能力的一个方面。对于云计算来说，硬件方面的规格建议就更为普遍了，云服务提供商一般都会提供硬件配置不同的各类机器供你选择。

能力规划既是工程，又是艺术。想把基础设施的能力规划到绝对最优的境地，通常是不太现实的。在对系统进行性能测试时，可能会出现很多意想不到的状况。解决方案架构师必须抛弃成见，以开放的心态来面对这些问题。项目团队与项目计划都应该把突发状况考虑到，以减轻由于失误而引发的风险。

10.3 案例研究：Elixir 系统的基础设施问题

Elixir 系统的技术架构，用到了三种 BWM 公司现有的技术，它们分别是：Teradata、Microsoft SharePoint 及 Crystal Reports。其余的产品都来自集成式的 IBM 软件栈。对于目前这个案例研究来说，我们没有必要去解释这些能力规划技术中的各种细节，大家只需要知道：我们对每个 IBM 中间件产品所做的能力分析，都是用 IBM 的负载及能力评估工具进行的。我们还使用相似的技术对 Teradata、Microsoft SharePoint 以及 Crystal Reports 进行分析，从而确定出每个节点的计算能力及服务器规格。阅读本节时，可以参考第 5 章的案例研究中所列出的那些架构组件，以及第 8 章的案例研究中所给出的操作模型。

图 10-11 是 Elixir 系统的技术架构视图。操作拓扑中的每个节点，其旁边都标注有硬件及服务器规格。

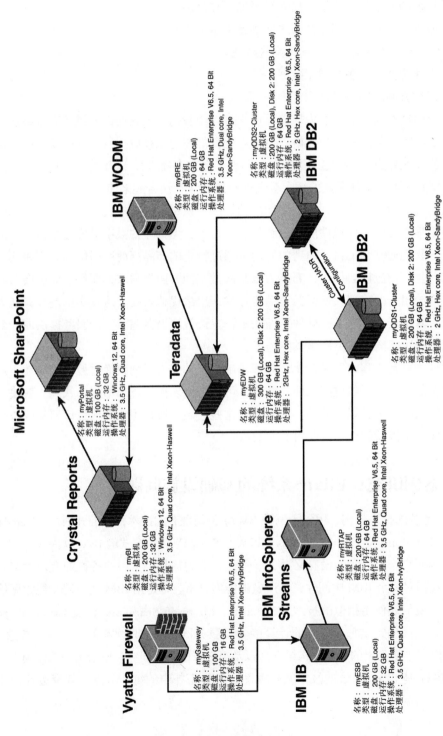

图 10-11　Elixir 系统的技术架构视图

注意：图 10-11 中使用了某些缩写来代表产品的名称。这些缩写及其对应的产品全
　　　称如下：

❑ IBM IIB——IBM Integrated Information Bus

❑ IBM WODM——IBM WebSphere® Operational Decision Management

现在，Elixir 系统已经有了一套技术架构，该架构所包含的硬件及中间件，都具备
适当的能力，以便为系统中最为关键的组件提供支持。

10.4　小结

本章涵盖了基础设施中的很多话题。完整地阅读了这些内容之后，你就会发现，尽
管本章谈到了在开发复杂度适中或较高的 IT 系统时所需关注的诸多方面，但它们并不
能够令你成为全方位的基础设施权威专家。之所以要讲解这些内容，只是为了使你明
白，基础设施中的这些主要方面及主要话题，对系统的正常运作及良好的用户体验来
说，都是相当重要的。本章讲解了基础设施中的 5 个主要领域：网络、托管、高可用性
与容错性、灾难恢复以及能力规划。

在讲解基础设施中的网络问题时，本章讨论了应该怎样来设计恰当的网络架构，以
帮助 IT 系统为其 SLA 提供支持。我们要适当地安排访问层、分布层以及核心层中的集
线器、交换机、多层交换机以及路由器，并使用 VLAN、虚拟防火墙及 MPLS/VPN 等
网络技术来进行设计。

在讲解托管问题时，本章主要关注的是云托管模型（cloud hosting model），并介
绍了模型中的三个基本层面，也就是 IaaS、PaaS 及 SaaS。除了这三层之外，还有诸如
Solution as a Service 及 Analytics as a Service 等层次更高的服务，也正在成为主流。笔
者着重讲解了模型背后的机制，这些机制可以使终端用户得到高价值的托管服务。发生
在幕后的这些活动，从宏观上可以统称为云管理服务（Cloud Managed Service，CMS），
它可以分为三个主要的话题，分别是基础设施管理（Infrastructure Management）、服务
生命周期（Services Lifecycle）以及订购管理（Subscription Management）。笔者罗列了
每个话题中所包含的很多个小问题，如果你打算选择一款稳定的工业级 CMS 产品，那
么就必须对这些问题加以考虑。

在讲解高可用性（HA）及容错性时，本章主要关注 IT 系统中最为常见的几个故障
单点（single points of failure，SPoF），也就是网络、硬件、操作系统、磁盘子系统、数
据库以及应用程序本身。笔者讲解了应对每一个故障单点的各项技术，这些技术可以令

我们认识到一些技巧，以确保整体系统架构之中的多个层面都能够具备较高的可用性。

在讨论灾难恢复问题时，本章做出了两个假设，第一，是认为它不应该由解决方案架构师直接负责；第二，是认为它并非解决方案架构中的基本组成部分。笔者简要地介绍了标准的处理工序并指出了它与应用程序架构之间的联系。此外，还讲解了解决方案架构师应该怎样对灾难恢复计划中的技术问题施加影响。

最后我们讨论了能力规划的问题。我们对应用程序所做的能力规划，通常会为最终的 HA 拓扑结构所影响，这种能力规划，对基础设施的建立起到很关键的作用，它使得放置在基础设施之上的应用程序能够正常投入运作，以便令程序在功能及非功能方面的各种能力最终都可以得到集成并发挥出效用。笔者主要关注 Web 服务器、数据库服务器及应用程序服务器这三个最为常用的组件，很多定制的应用程序都会用到它们。由于每一种组件所承担的负载类型各不相同，因此我们所要考虑的问题也会有所区别。比如，Web 服务器用来处理用户请求，数据库服务器用来执行读取及写入方面的事务，而应用程序服务器则用来处理业务逻辑。服务器在工作负载方面所表现出来的特征，决定了我们所要考虑的各项因素，笔者在讲解上述三个组件时，演示了这一点。

在本章末尾的 Elixir 案例研究中，我们看到了该项目的详细技术架构，该架构指出了每一台实体服务器的硬件配置及计算能力，也指出了运行在每台计算机上的操作系统，Elixir 项目的各个操作组件，就托管于这些计算机中。下次再有人问你基础设施重要不重要，我希望你能响亮地回答："当然重要！"

那么，接下来该讲什么了呢？别着急，我们先看看自己目前所在的位置，这样或许更好一些，不是吗？

10.5　我们现在讲到什么地方了

本书一开始就告诉大家为什么要做软件架构。笔者谈了它的意义与价值，并且说我们应该用足够的精力来对其做出表述，此外，还提到了忽略软件架构所带来的某些问题。此后，笔者采用分步骤的方式，讲解了我们在典型的软件架构工作中所要面对的各个方面。第 4 章讲的是系统环境（system context），它用来确定本系统外围的其他系统及参与者；第 5 章讲的是架构概述（architecture overview），它为正在演化中的系统提供一幅宏观的功能及操作视图；第 6 章讲的是架构决策（architecture decision），该章谈到了对解决方案的架构起到支撑作用的一些关键决策，以及怎样用文档来记录这些决策；第 7 章讲的是功能模型（functional model），该章分步骤讲解了怎样把架构拆解为一系列功能构建块，以便为功能方面的需求提供支持；第 8 章讲的是操作模型（operational model），它用来对功能组件的分布结构进行安排，使得这些组件能够排布到合适的节点上，同时它也对节点之间所必备的网络连接做了定义，使得这些功能组件可以彼此进行交互；第 9 章讲的是集成方式与模式（integration approach and pattern），这些方式与模式是相当关键的，它们可以解决架构中反复出现的几类问题；最后，我们在本章中讨论了基础设施问题（infrastructure matter），也就是怎样才能把 IT 系统正常运作所必备的网络、硬件、磁盘子系统与数据库系统协调地搭建起来。

回顾上述内容，我们可以看到，本书讲解了 IT 系统的概念，使得大家可以运用这些概念来解决业务方面的问题或满足业务方面的需求，而且还讲解了怎样为终端用户打造作为终端产品的 IT 系统，使得该系统能够满足功能方面的需求以及各种服务级别协议。所有这些内容合起来要讲的是：大家应该怎样以一种精练而务实的方式，来恰到好处地构建软件的架构。我们要花足够的时间来处理架构中某些重要的方面，并且要用务实的思路来把这些方面处理得恰到好处，将这二者结合起来，可以使我们像成熟的软件架构师那样，以务实的态度来做好架构师这份工作，并最终构建出实用的架构产品。

要想成为务实的软件架构师，要想为任意一个系统都开发出刚好够用的架构（Minimum Viable Architecture，MVA），笔者认为你必须达到刚才所说的境地。如果确实能够达到这种水平，那么别的公司先不谈，单就 Best West Manufacturers 这家公司来说（Elixir 系统就是为该公司而做的），你应该已经可以申请首席解决方案架构师（Lead Solution Architect）的职位了吧？即便没有笔者从中帮忙，这个职位你也应该拿得下来。

那么，接下来到底该学什么呢？你可以先不学习新的内容，而是把笔者刚才提到的那些东西好好地加以掌握。然而，在当前的软件业中，尽管我们依然会对定制的应用程序和打包的应用程序进行开发与实现，但是企业若想获得市场竞争优势，则必须设法对自己的应用程序进行增强，而增强程序所用的办法其实只有那么几个，其中较为明显的一个办法，是制作分析型的应用程序，以及由数据分析来驱动的应用程序。任何一家企业，都有可能要求其软件架构师在下个项目中，构建一个基于分析的系统。于是，笔者打算在第 11 章介绍分析架构模型（analytics architecture model）中的基本元素，第 11 章要讲的内容，或许你很快就能用得到。

你是想停在这里，还是想继续学习分析领域中的各种技术？自己选吧。

10.6 参考资料

Amazon. (n.d.). Amazon Elastic Compute Cloud (EC2) platform. Retrieved from http://aws.amazon.com/ec2/.

Cisco. (2008, April 15). Enterprise Campus 3.0 architecture: Overview and framework. Retrieved from http://www.cisco.com/c/en/us/td/docs/solutions/Enterprise/Campus/campover.html.

Gartner, Inc. (2009, July 16). Hype Cycle for Cloud Computing, 2009. Retrieved from http://www.gartner.com/doc/1078112?ref=ddisp.

Google. (n.d.). Google App Engine platform. Retrieved from https://cloud.google.com/appengine/docs.

Google. (n.d.). Google Compute Engine Cloud platform. Retrieved from https://cloud.google.com/compute/.

IBM. (n.d.). Aspera high-speed transfer: Moving the world's data at maximum speed. Retrieved from http://www-01.ibm.com/software/info/aspera/.

IBM. (n.d.). IBM Bluemix DevOps platform. Retrieved from http://www-01.ibm.com/software/bluemix/welcome/solutions3.html.

IBM. (n.d.). IBM Institute of Business Value study on IT infrastructure's vital role. Retrieved from http://www-03.ibm.com/systems/infrastructure/us/en/it-infrastructure-matters/it-infrastructure-report.html.

IBM Redbook. (2012). High availability and disaster recovery options for DB2 for Linux, Unix and Windows. Retrieved from http://www.redbooks.ibm.com/abstracts/sg247363.html?Open.

Microsoft. (n.d.). Microsoft Azure Cloud platform. Retrieved from http://azure.microsoft.com/.

Oracle. (2011). Oracle's Database high availability overview. Retrieved from http://docs.oracle.com/cd/B28359_01/server.111/b28281/toc.htm.

Pepelnjak, I., & Guichard, J. (2000). *MPLS and VPN architectures.* Indianapolis: Cisco Press.

Pepelnjak, I., Guichard, J., & Apcar, J. (2003). *MPLS and VPN architectures, Vol. II.* Indianapolis: Cisco Press.

SearchEnterpriseWAN. (n.d.). MPLS VPN fundamentals. Retrieved from http://searchenterprisewan.techtarget.com/guides/MPLS-VPN-fundamentals.

Softlayer. (n.d.). IBM Softlayer Cloud platform. Retrieved from http://www.softlayer.com.

第 11 章　分析架构入门

如果可以用数学来解释宇宙，那我们能不能用它来提高商业竞争的优势呢？

企业中的 IT 业务部门或许已经达到了局部最优（local optimum）的状态，也就是说，它们已经对业务流程做了最大限度或接近最大限度的自动化处理。企业中几乎每一个业务部门（例如人力资源、财会、薪酬支付以及运营等）都有其标准的 IT 系统及自动化机制。为 IT 系统及自动化机制订立标准，会减少各企业体现其竞争特色的办法。标准化固然有好处，但它也有可能会抹杀企业本来的特长，从而将该企业和其他企业拉回同一条起跑线。

基于各种各样的理由，很多人都把数据称为 21 世纪的货币。凭借很多现代技术，我们可以越来越容易地产生、捕获、消化并处理规模达到 PB（Petabyte，10^{15} 字节）乃至 ZB（Zettabyte，10^{21} 字节）级别的数据。我们可以从这些数据中获得灵感，进而根据所获得的灵感来制定前瞻性的决策并采取积极的措施，以凸显企业的特色并提升其竞争优势（参见 Davenport 和 Harris 2007 及 Davenport 等人 2010），这应该是很多公司梦寐以求的效果。**分析学**（Analytics）是一门利用（任意类型、任意形式及任意种类的）数据来激发灵感并对决策制定过程进行优化的学科。无论是在业务领域还是在 IT 领域，它都是一个最常提起且最受欢迎的话题。凡是有名望、有信誉或有潜力的组织，几乎都会把数据分析当作其商业策略的一个组成部分。

本章会简单地介绍数据分析的价值及其各种形式，而且还会从架构的角度来演示数据分析蓝图（analytics blueprint）中某些较为关键的功能构建块（functional building block）。我们可以在这张蓝图的基础之上进行扩充及定制，从而研发出一套分析参考架构，以便为企业中与数据分析有关的商业策略提供支持，并针对这些策略的采用计划提出路线图。

按照本书的惯例，你在本章中也会获得一项新的技能，从而令自身的架构水平得以提高。本章将会讲解一些关键的知识，使你能够设计出由数据分析所驱动的企业级解决方案，这样你会更加强大！

提醒大家，本章并不打算详尽地讲解数据分析学，也就是说，本章不会全面涵盖分析架构中诸如环境图、操作模型以及基础设施问题等各个方面。笔者想把它写得简洁一些，假如要详细讲解数据分析，那么需要专门用一整本书的篇幅来讲，没准我自己会写一本喔！

11.1　为什么要做分析

本书在前面已经讲解了为什么要做软件架构，那些内容对任何一个领域都适用（也包括本章所要讲的数据分析领域），而现在，我们则主要来讨论分析学本身的重要性。为了保持简洁，笔者只会点到为止，此外的大量信息，都可以从网上查出来。

数据分析是创造价值的新手段，它所创造的价值，令企业能够发挥出相关的特性，从而可以更加有效地制定决策。决策的有效性，体现在及时、准确度有保证以及执行过程较为流畅等几个方面，有效的决策使得企业可以抓住商机。

首先我们来看 IBM 商业价值研究院（Institute of Business Value，IBV）所做的研究，该研究的成果以题为《Analytics: The Speed Advantage》的文章做了发表，它能够给我们提供很多信息。根据 IBM 的广泛研究可知：

- 有 63% 的企业在一年内通过对分析技术进行投资而获得了正收益。
- 在由速度所驱动的组织中，有 69% 的组织所采用的分析技术，能够对其业务成果产生极大的正面影响。
- 分析技术主要用来实现以用户为中心的各种目标（53%），其次用来解决运作效率问题（40%）。
- 一个组织是否有能力把由分析所得的灵感转化为决策行动，会受到两个因素的影响，其中一个因素是组织内部是否普遍地进行数据分析，另一个因素是有没有广泛的技术来给分析提供支持。转化能力较强的企业，是那些能够以迅速的动作来获取竞争优势的企业。在研究所涉及的这部分企业中，有 69% 的企业通过分析，给业务成果带来了极好的影响，有 60% 的企业通过分析，极大地提高了收入，有 53% 的企业通过分析，获得了极大的竞争优势。
- （上一条所提到的那些）转化力较强的企业，能够最有效、最迅速地获取数据、分析数据、从数据中获得灵感，并能够及时而恰当地将其付诸行动，从而给企业带来积极的影响，并使企业获得竞争优势。（IBM Institute of Business Value n.d.）

那篇文章还提供了一些证据，用以论证数据驱动型的组织为什么能够在市场竞争中占据优势。

以上各点都可以说明企业为了培养竞争优势，必须要重视并采用数据分析技术，然而从分析架构的角度来看，最后一点尤其重要，因为企业只有先打好分析数据所需的技术基础，然后才能去获取数据，进而从中分析出准确的信息并得出较好的行动建议。

如果我们承认数据分析对企业来说是一项必需的基本技术，那自然就需要把分析架构做好。

11.2　进行数据分析所采用的维度

人类所有的特征都隐藏在 DNA 中，与之类似，企业想要获得的业务灵感，也隐藏在各种数据中。DNA 对于人类的关系，正如数据对于业务灵感的关系一样。数据的各种形式，体现在其**种类**（variety）上，数据的各种生成速率与消化速率，体现在其**速度**（velocity）上，生成的数据所具备的各种尺寸，体现在其**数据量**（volume）上，而数据的可信程度，则体现在其**真实性**（veracity）上。种类、速度、数据量、真实性，通常称为数据的四项关键特征，这四项特征可以提示我们应该如何对数据进行分析，才能发挥出其中所蕴含的价值。总之，我们可以说，数据的量与产生速度都在急剧地提升，而数据的真实性也受到越来越密切的关注。

为了更好地进行决策，我们可以用多种不同的方式来对分析技术加以运用。分析技术的用法，大致可分为 5 个门类或 5 种维度：

- ❑ 实时的操作分析
- ❑ 描述性的分析
- ❑ 预测性的分析
- ❑ 指示性的分析
- ❑ 认知计算

各种分析形式构成一套分析技术，这套技术会为企业获得业务灵感提供广泛的支持，其中有些技术可以分析当前的情况（也就是可以对当前的业务施加影响）并预测未来的情况，还有些技术则可以给人当顾问（也就是扩充人的认知能力）。

现在我们就来研究这些技术。

11.2.1　操作分析

操作分析致力于研究当前正在发生的状况，并把这些状况告知有关各方。"当前"，意味着这种分析必须实时地进行。由于要实时地进行，因此必须随着数据的产生而给出相应的判断结果。在这种情况下，决策延迟通常以秒或 0.1 秒为单位来计算，因此，对这种要实时产生分析结果的分析形式来说，数据持久化（也就是先把数据存放到持久化存储区中，然后再取出来进行分析）是不会带来好处的。分析结果需要随着数据的流动而生成，也就是说，系统只要一看见数据，就必须立刻给出结果。数据在持续不断地流动（也就是说，待分析的数据是流式数据），而分析也要随着数据的流动持续不断地进行。这种分析有很多叫法，可以称作运动数据分析（data-in-motion analytics）或操作分析（Operational Analytics，运作分析、运营分析），也可以称作实时分析（real-time analytics）。下面举几个操作分析或实时分析的例子：

❑ 提供股票价格并展示股价在每秒钟的变化情况。

❑ 针对固定资产或移动资产（例如管道、压缩机、泵等），实时地收集温度、压力及湿度等机器数据并监控其运行模式，以检测其运行状况是否出现异常。

❑ 通过视频成像及声振动（acoustic vibration）实时地检测有关动向（比如，对无人机所发来的视频数据进行分析，以检测政治威胁）。

11.2.2　描述性的分析

称为描述性分析的这种分析形式，致力于对已经发生的事情进行描述及分析，并以各种直观的方式提供多种信息切割技术（也就是从多个角度来观察同一份数据或数据子集），从而使我们能够从过去所发生的事情中获得一些感悟。由于描述的是过去的事情，因此这种分析形式也称为事后分析（after-the-fact analytics）。传统的商业智能（business intelligence，BI）基本上就属于这种形式的分析。BI 的强大之处，在于它能够用多种技术来展示相关的分析信息，令我们可以更加容易地分析、领悟并理解业务事件的根源（比如，可以令我们看到召回汽车电池的原因以及生产线上的效率与生产率损失所体现出的历史趋势）。由于这是事后分析，因此待分析的数据是静止的，也就是说，我们要分析的是持久化的数据。下面举几个描述性分析的例子：

❑ 针对多个相似的生产设施（例如多个石油平台或多个制造半导体的生产线），进行生产指标方面的对比分析。

❑ 对现场工作人员在一天中的多个时段内所体现出的生产率进行比较。

❑ 对某台机器的平均可用性（average availability）在数年中的衰退情况进行比较。

11.2.3　预测性的分析

预测性的分析，主要致力于对未来将要发生的事情进行预测，为了实现预测，它会对某事件在过去的发生情况进行分析，或是对某事件发生的模式进行检测及学习，以便对其将来的行为进行归类。预测性的分析依赖于预测模型的构建，这种模型通常会把表示某实体已知情况的那些数据，转换为另外一种数据，使得我们可以对转换后的数据进行分类及概率估算或是对其运用其他相关手段，以推测该实体未来的行为。预测模型通常是用算法来构建的，这些算法需要对大量的历史数据进行分析。基于算法的模型，主要由数据来驱动，也就是说，算法需要对数据进行各种各样的统计，以便把预测模型所应具备的特征描画出来。为了预测将来的结果，我们需要采用多种统计技术、概率技术以及机器学习技术来研发预测模型。机器学习技术可以分为两大类，这两大类分别以监督式学习（supervised learning）和非监督式学习（unsupervised learning）为基础。要想构建出可靠而高效的模型，我们通常需要对原始的输入数据进行适当的转换，使得转换后的数据能够具备某些可以为分析算法所利用的特征。下面举几个预测性分析的例子：

❑ 根据皮肤样本，预测某患者有多大概率患上某种皮肤癌。

❑ 针对采煤设备等昂贵的重型设备，预测其中的某个关键部件还剩下多长的使用寿命。

❑ 预测向银行借贷的人是否会拖欠还贷。

注意：笔者建议你深入研究监督式与非监督式这两种机器学习技术。你可以先试着理解回归（regression）、分类（classification）以及聚类（clustering）等分析手段。

11.2.4　指示性的分析

指示性的分析（Prescriptive Analytics，指令性的分析、处方式的分析），主要用来解答：假如将来真的发生某事，那我们该做些什么（由此可见，该分析既会进行预测，又会做出指示）。换句话说，指示性的分析，致力于解决怎样根据预计要发生的事情来提出一些行动建议，以及应该给出什么样的行动建议。

指示性的分析依赖于决策优化技术。它通常会把一个或多个预测结果与其他因素相结合，从而提出一种较为优化且较为可行的建议。为了提出这样的建议，它可以分别利用或结合利用与业务规则及优化算法有关的工具及技巧。操作性的分析、描述性的分析以及预测性的分析，可以分别告诉我们正在发生、已经发生以及将要发生的事情，而指示性的分析，则会把假如真的发生某事时我们所应采取的做法或措施表述出来。我们可以把发生在多个地点及多个时间点上的多个事件输入给规则引擎，引擎会把这些在空间与时间上有所不同的事件相互关联起来，并结合诸如天气、操作环境以及维护计划等外部事件，来提出可行的建议。由于这种分析形式听上去有点难懂，因此为了使大家了解它的实际用途，笔者接下来会举一个例子进行说明。

2015 年 5 月 24 日，星期天，在这个晴朗的早晨，有位老人正驾驶着一辆比较新的宝马 M5 汽车。现在我们想象一下，假如预测模型推测本车的变速箱会在 30 天内发生故障，并且在汽车仪表盘上给出了警示，那么驾驶者该怎么办呢？此时除了心烦，他也没有什么办法，只好调头，立刻开去车商那里。然而，如果有指示性的分析技术进行干预，那么结果可能会有所不同。这项分析技术发现，本车仍处在保修期之内，它可以在 2015 年 6 月 14 日享受免费维修服务（这意味着汽车变速箱会发生故障这一预测，在未来 21 天内及未来 30 天内的可信度并没有多大变化。比如，预测模型认为变速箱在未来 21 天内发生故障的可信度是 85%，在未来 30 天内发生故障的可信度是 88%）。根据这三份数据（也就是将要发生故障的时间段、故障预测的可信度以及接下来能够享受免费保修服务的时间段），指示性的分析系统可以进行基于业务规则引擎的优化，并于稍后向车主发送通知，精准地提出这样一条建议："6 月 14 日带车去维修，我们会免费把车修好"。这就是由指示性的分析技术通过预测所给出的一条可行建议。

下面举几个指示性分析的例子：

- 建议使用者创建一张（包含相关作业程序的）工作定单，以修复设备。
- 建议使用者推迟对高价设备组件进行维护的时间，使之接近于规划好的维修时段。
- 建议使用者在某个较优的价格点卖出一种特殊化学品（例如某种氧化溶剂），使其可以获得良好的利润率，同时也使买方有较高的概率接受此价格。

11.2.5　认知计算

认知计算（Cognitive Computing）的关注点，是使系统能够像人那样"思考"并得出见解，至少其基本思路如此。这是个相对较新的范式，因为这些系统在构建方式和与人交互的方式上，都与传统的系统有着很大区别。传统的系统会在描述、预测以及指示等多个层面上产生建议，然而这些建议基本上都是在人的指导下产生的。但基于认知的系统则相反，它会学习并构建知识体系，会理解自然语言，而且能够以一种比传统的可编程系统更为自然的方式，来进行推理并与人互动。认知系统可以扩充人的能力，使人具备更好的决策力，并帮助我们领悟与某个问题有关的大量数据。这些数据的量会越来越多，我们把这种量非常大且种类特别丰富的一群数据，称为数据语料库（data corpus），人脑通常无法在某个时间段内完整地处理、分析并应对如此庞大的数据，因此采用认知计算系统来进行辅助，可以使我们在决策制定方面获得竞争优势。

认知计算目前尚处在婴儿期（IBM Institute of Business Value n.d.）⊖，它的潜力很大，将来会有广阔的发展空间。企业应该为此设置较为现实的目标，并制定长期的规划，而不应该只想从中获得短期收益。打算从认知计算中立刻获利的企业不仅会感到失望，而且也无法领悟认知计算的真正潜力。笔者要强调的是：它的价值蕴含在潜力中。

参与 Jeopardy（危险边缘）节目并赢得比赛的 IBM Watson™ 计算机，其背后所使用的技术正是认知系统，该系统建立在名为 DeepQA（IBM n.d.）的开放域问答（open domain question-answering）技术之上。从极为宏观的层面来看，这项技术把复杂而深厚的自然语言处理能力与先进的统计算法及概率算法相结合，以便尽可能地回答任何提问。这些技术所针对的数据语料库，在实质上主要由非结构化与半结构化的数据所组成，而且其中既包含位于公有领域中的数据，也包含企业私有的内容。下面举几个认知系统的例子：

❑ 与流行电视节目 Jeopardy 中多位顶级选手竞争并赢得比赛的 IBM Watson 电脑。

❑ 协助石油与天然气工程师检测石油平台中"管道堵塞"问题的顾问系统。

❑ 令医师能够更为顺畅地为病人审阅其健康计划的认知系统。

上面的那些内容，简要地讨论了数据分析中的几个维度。其中的每一个维度，都可以自成一个领域，值得专业人员投入整个职业生涯去提升其在该领域内的专业技能，进而触及周边的其他领域和维度。

商务自动化的传统做法，是采用基于人类直觉和专业知识的*感知并响应*（sense and response）模式来进行，但是现在，大家一定要认识到，企业若想在市场竞争中享有优势，就必须摆脱这种传统的办法。企业应该采用新一代的技术来提升效率并体现出自身与其他企业之间的差别，这些技术要在能够发挥商业影响力的时间点上提供精准且符合情境的分析结果，因此，它们需要采用一种由事实来驱动的实时分析方式，也就是*预测并行动*（predict and act）的方式来实现。企业如果想在做法上完成根本的转变，就必须对分析技术进行一系列的投入，并将其视为商业策略中的一部分。无论企业对分析技术进行战略投资时是基于何种理由，它都应该为此拿出一套创新型的解决方案，该解决方案需要构建在坚实的基础之上，并包含多种互补的先进分析技术，这些技术合起来应该对有待分析的数据进行全方位的观察，并给出颇有见地的决策建议。

既然要使用先进的分析技术，那就必须要有强大的架构来做基础，以便将我们分析数据时需要用到的特性、技巧及技术加以整合，使之能够为企业的商业策略提供稳固的支持。因此，我们很自然地就要切入 11.3 节。

⊖ 这条参考资料也可以访问 www-935.ibm.com/services/us/gbs/thoughtleadership/cognitivefuture/ 查阅。——译者注

11.3　分析架构的基础

任何一个具备一定规模的 IT 系统，都必须有其架构基础（architecture foundation）。笔者在本节中将要讲解分析参考蓝图（analytics reference blueprint，或者叫做分析参考架构、分析参考模型）中的功能模型。这张蓝图用来描绘架构栈中的每一层，并致力于应对各种用例场景，企业可能会实现一些跨业务的分析应用程序，这些程序将在上述场景中运作，并把数据分析作为一项战略举措加以执行，以便培养独特的商业优势。你也可以把这张蓝图视为分析能力模型（analytics capability model），该模型会描述一系列能力，这些能力有可能是企业展开数据分析工作时所必备的。然而，这个模型并不需要支持每一种能力，尤其是不需要一开始就把所有的能力全都实现出来。由于企业对分析技术的运用会有一个逐渐成熟的过程，而且企业所要采取的商业行动也会有轻重缓急之分，因此，模型中的各项能力，通常采用迭代的方式来实现。

笔者在工作中经常会碰到这样一些分析架构模型（或者说蓝图），它们把架构研发的重点放在了数据中的一些子集，以及对这些子集所做的访问管理与集成上。其实我们还是应该把分析参考架构或分析参考模型的重点放在分析上，同时也要注意在数据架构上适当投入一些精力，使得分析框架或者分析平台能够借此得以运作。

我们固然需要对数据与信息进行处理，使其可以为分析技术所访问并加以操作（也就是令这些数据与信息变得可供分析），但技术工作者一定要意识到，分析技术所关注的核心问题是*洞察系统*（system of insight）的构建，而构建该系统时所用的思路与所持的关注点，都与处理待分析的数据和信息时有所不同。分析技术的重点在于构建洞察系统，而洞察系统的任务，则是把数据转换成信息，从信息中提炼出见解，将见解变成可供执行的结论，并把这些信息、见解与可供执行的结论，分享给适当的角色。与用户之间的互动，构成了*参与系统*（system of engagement）的基础，这就相当于请用户坐上汽车的驾驶座，并给她提供开车回家所需的信息、知识以及可供执行的动作（这些正是洞察系统的核心）。我们可以按照用户的类型或角色，来对这些信息、见解、可供执行的结论以及产生这些内容所需的分析技术进行分类。下面举一些例子来演示各种类型的用户及其所关注的分析重点：

- ❑ 业务管理人员可能只对业务指标感兴趣，因此，他们关注的分析重点是那种能够凸显一项或多项绩效指标的报表，这种报表要能够以不同的视角观察同一套数据（例如可以按区域浏览数据，按产品浏览数据等）。
- ❑ 系统工程所关注的可能是根源分析（root-cause analysis），因此他们希望能够从基于指标的视图得到一张总结视图（summary view），进而得到较为详尽且粒度较细的根源分析数据，以判断出引发某些关键状况（例如系统的运作发生中断或是在维护计划之外突然需要进行维护）的实际原因。

❑ 数据科学家负责在一大批数据集上执行专门的数据分析，这些数据可能跨越多个互不相同的系统。他们需要利用多种统计算法与机器学习算法来确定数据中的模式、趋势、相互关系及离群值，以帮助企业培养预测性的与指示性的分析能力。

如果我们对使用模式（usage pattern）以及使用者希望从数据中提取的内容进行研究，那么就会发现，分析学其实可以像早前所说的那样，分为 5 个维度。这 5 个类别或者维度，确定了企业分析工作中的五大支柱，企业的各种分析技术，就要依托这五大支柱而构建。大家一定要注意，分析的重点与数据及数据管理的重点有着本质区别，前者重在生成洞察系统，这个洞察系统会对人与"物"（指的是机器、流程以及一整套互相联系的生态系统）之间的参与系统起到推动作用。

现在我们就来稍微深入地研究一下这个参考模型。

11.3.1　分层视图中的各层及五大支柱

图 11-1 描绘了分析架构参考模型的分层视图。笔者要对视图中的各层、各支柱及各项能力进行讨论，不过这种讨论主要是为了给大家提供一些指导意见，而不是指定一套必须严格遵守的规定。架构与架构师都必须足够灵活，从而具备一定的适应能力与应变能力，笔者之所以要讲解这些原则、指导意见及约束条件，就是为了使大家能够具备这种灵活应变的能力。

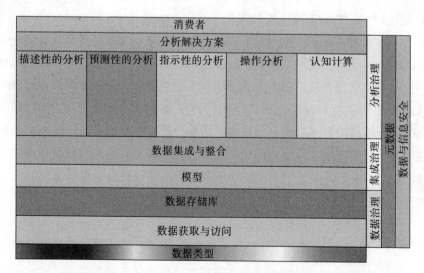

图 11-1　分析参考架构的分层视图

在继续往下讲之前，笔者先要声明一点：本书刻意交替地使用分析参考模型（analytics reference model，ARM）、分析参考蓝图（analytics reference blueprint，ARB）以及分析参考架构（analytics reference architecture，ARA）这三种说法。ARM、ARB与ARA实际上指的都是同一个东西。笔者也不知道你的团队与客户更喜欢哪个说法，于是索性就把这三种说法全都提出来给大家选吧。

ARA是由一系列水平层与正交层（cross-cutting layer）组成的。某些水平层关注的是数据获取、数据准备、数据存储以及数据整合等事宜，而另一些水平层则用来涵盖分析解决方案以及终端用户对这些方案的消费。正交层提供了一系列的能力，这些能力适用于多个水平层。

ARA引入了支柱（pillar）这一概念，图11-1中的5个支柱区域均位于分析解决方案（Analytics Solutions）层之下，它们分别代表5个分析维度。这些支柱区域表示一套相互关联的能力，由于它们均位于同一个级别，并且共同遵循着分层架构的基本原则，因此，这些能力之间是可以进行交叉、混合或共用的。它们不仅可以利用自己下方的各个水平层所具备的能力，而且还可以利用垂直的那几个正交层所具备的能力。

接下来，笔者会强调每一层所具备的某些特征，但并不会把所有的特征全都罗列出来。本着恰到好处的原则，笔者只会做概念性的介绍，大家可以用这些概念为基础，来构建自己的ARA。

ARA/ARM/ARB由7个水平层与3个垂直的正交层组成。这些水平层采用从下到上的方式来构建，每一层都会用到下面那一层所具备的能力与功能。7个水平层分别是：数据类型（Data Type）层、数据获取与访问（Data Acquisition and Access）层、数据存储库（Data Repository）层、模型（Model）层、数据集成与整合（Data Integration and Consolidation）层、分析解决方案（Analytics Solution）层以及消费者（Consumer）层，其中位置靠下的那5层，也就是数据类型层、数据获取与访问层、数据存储库层、模型层以及数据集成与整合层，形成了我们构建分析能力时所依据的数据基础（data foundation）。分析解决方案层用来描述提供给客户的各种解决方案，这些解决方案都是以分析技术为动力的方案。最顶上那一层是消费者层，它表示一系列可以用来与终端用户相对接的技术，换句话说，它表示终端用户使用这些解决方案时所操纵的视觉界面。

下面几个小节分别讲述水平层、垂直层以及五大支柱区域。

11.3.2 水平层

接下来的几个子小节，分别会对每个水平层进行描述，并指出这一层应该为总体的

ARB 提供哪些功能。

11.3.2.1　数据类型层

数据类型层是 ARB 中最低的一层，它表明我们要处理很多种数据类型与数据源，其中既有传统的结构化数据，也有一些可以归为非结构化的数据类型。

有了这一层，ARB 就能够把各种数据源与数据类型吸收到系统中，以供后续的处理。从例行的维护中收集到的事务数据，以及销售点的销售数据等，属于结构化的数据；一般的网页内容以及点击流（click stream）等数据，属于半结构化的数据；而文本内容（例如发表在 Twitter 上的文章）、视频（例如监控摄像头所收集到的影像）以及音频（例如从正在运行的机器中收集到的声振动信息）等，则属于非结构化的数据。

11.3.2.2　数据获取与访问层

数据获取与访问层，主要用来提供各种数据获取技术及摄取技术，令我们能够从数据类型层（也就是它下面那一层）中吸收各种数据，以便将其存储起来并提供给其他各方。这一层中的架构组件，必须有能力获取（结构化的）事务数据、（半结构化的）内容数据以及高度非结构化的数据，同时还要能够以各种不同的速度来吸收数据，也就是说，它既要能按照精确的时间间隔从数据源中获取数据，又要能够间歇性地或是较为频繁地查询数据源所发生的更新，此外，还要能够实时地获取流式数据。

11.3.2.3　数据存储库层

数据存储库层是专门用来提供数据的。该架构层的目标是提供一些能力，使得我们可以对从数据获取与访问层中吸取上来的数据进行捕获，并根据适当的数据类型对其进行存储。此外，该层也提供存储优化技术，以求降低企业在相关技术上所要投入的总成本。

11.3.2.4　模型层

模型层专门用来对物理数据进行抽象，并以一种与具体技术无关的信息表现形式，对其进行存储。该层所具备的能力，也可以理解为对行业或企业所用的元数据定义（metadata definition）进行整合与标准化，这些元数据定义，是从业务方面与技术方面的元数据而得出的。

某些组织可能会参考一种较为流行的业界标准模型，并试着依照模型中的标准来整理企业中的数据，例如保险业的 ACORD 标准（ACORD n.d.）和医疗保健业的 HITSP（Healthcare Information Technology Standards Panel）标准（[HITSP] n.d.）。另外一些组织可能会自行制定标准，此外，还有一些组织会采用折中的办法，也就是先从业界标准出发，然后对其进行扩充，使之符合本企业在数据与信息方面的需求及方针。无论企业采用哪种做法，都应该把业务与技术方面的专用词汇纳入元数据的定义中，这样做可以把访问数据所用的接口，与数据在数据存储库层中进行持久化所用的底层实现隔离开。

该层中的架构构建块，用来对元数据的模式定义（schema definition，纲要定义）进行表述。我们可以根据这份定义确定由数据存储库层所提供的那些实体中所含的数据以及数据之间所具备的关系（可以是语义关系或其他方面的关系）。

11.3.2.5　数据集成与整合层

数据集成与整合层，主要用来给消费数据的应用程序提供一张集成与整合之后的数据视图。该层中的组件可以充当数据的看守者（gatekeeper）或单一访问点，使得我们可以通过这个点，访问数据存储库层中的多种组件。该层中的组件，可以借助模型层中的元数据定义，来对访问并解读企业数据所需遵循的那套机制进行标准化处理，使得应用程序与用户能够据此来表述与公司业务相一致的信息访问请求。

要想整合数据，就需要采用各种数据整合技术对多个数据源（这些数据源通常互不相同）中的数据进行合并，或是把分布在多个系统中的实体数据虚拟到一张视图中，并提供一套可供查询的接口。如果采用整合物理数据的办法，那么通常需要使用数据仓库或是领域特定的数据集市（data mart）技术。而数据虚拟化技术，则是对实际上分布在多个数据源与数据仓库中的数据集进行虚拟，并提供一套可以访问虚拟视图的接口。

11.3.2.6　分析解决方案层

分析解决方案层所关注的是某一类解决方案，这些方案都以分析技术为核心。每一个行业（例如零售、医疗保健、石油天然气以及采矿业等）都有其特定的解决方案，甚至同一个行业中的不同组织，在其使用的解决方案上，也会体现出差别。比如，如果Question Answering Advisor（回答问题的顾问）是一种解决方案，那么有的公司可能会将其实现成 Drilling Advisor（钻探顾问），以便给深海中的石油钻探工作提供支持，而另一些公司则会将其当成 Maintenance Advisor（维护顾问）来使用，以便对高价设备的维护费用进行优化。

该层中的解决方案，会对各种维度上的一项或多项分析技术加以运用并进行整合，以便为某个特定类型的分析解决方案提供支持。

11.3.2.7　消费者层

消费者层提供一系列用户界面外观（user interface facade），使得用户可以利用它们来与分析解决方案进行交互，并使用解决方案所提供的特性及功能。

该层中的组件，可以确保现有的企业应用程序能够对分析解决方案加以利用，此外，这些组件还会提供（独立的或整合的）用户界面饰件（user interface widget），这些饰件能够把分析结果公布给用户，用户也可以通过这些饰件与解决方案互动。

为了促进相互协作与知识共享，该层中的组件需要共同担负起一项责任，那就是要令分析结果能够在整个企业的 IT 工作中体现出更为广泛的价值。

11.3.3　垂直层

三个垂直方向的正交层分别是：

❑ **治理**（Governance）**层**——该层本身就是一门学问，然而笔者在这里并不想把它当作一门基础的科目来进行讲解，而是只想关注其中的三个子领域，也就是数据治理（data governance）、信息治理（information governance）以及分析治理（analytic governance）。

❑ **元数据**（Metadata）**层**——该层对我们用来描述数据的那些数据，进行了定义和描述。

❑ **数据与信息安全**（Data and Information Security）**层**——该层用来为与数据的存放、使用及归档有关的安全机制提供支撑。

注意：笔者并没有直接把治理层作为一个正交层画在图 11-1 中，而是画出了该层所包含的 3 个子领域。

11.3.3.1　数据治理层

数据治理的重点在于：我们要把数据当成一项企业资产来进行管理。它根据实际操作中的一些准则，定义并实施一系列流程、工序、角色和职责，以确保企业的数据不会出现错误或损坏。它旨在消除业务、技术和组织方面的种种障碍，以确保并维护企业的数据质量。

可以用数据治理来解决的问题有：

❑ **数据质量**（Data Quality）——对企业所拥有的数据进行衡量，以确定其质量、类别以及价值。

❑ **数据架构**（Data Architecture）——在企业内部以协调一致的方式（最好是能够以服务的形式）对数据进行建模、供给、管理以及利用。

❑ **风险管理**（Risk Management）——在与敏感信息的创建、管理以及问责有关的多位利益相关者之间，建立信赖关系。

- **信息生命期管理**（Information Lifecycle Management，ILM）——在数据资产的整个生命期中，积极而系统地对这些企业资产进行管理，以提高其可用性，并提供一种及时的信息访问机制，此外，还要确保这些信息能够适当地进行保留、归档及分割。
- **审核及报告**（Audit and Reporting）——确保审核工作能够合理而及时地展开，并保证审核结果能够报告给需要对数据管理问题采取措施或有所了解的人。
- **企业内的合作意识**（Organizational Awareness）——在整个企业中，就数据管理及数据治理工作营造一种合作气氛，尤其要使大家能够对最为关键的业务领域保持关注。
- **管理工作**（Stewardship）——实现企业信息资产的问责制度。
- **对安全与隐私条款的遵从**（Security and Privacy Compliance）——确保企业实现适当的控制机制（例如相关的策略、流程以及技术等），这些机制要为各种利益相关方提供充分的保证，并对企业的数据进行适当的保护，以防其遭到（偶然或恶意的）误用。
- **价值创造**（Value Creation）——采用公式化的指标来对企业在数据方面的投资回报率进行量化，以判断这些数据为企业创造了或是即将创造出多少价值。

11.3.3.2　集成治理层

集成治理用来确定一些流程、方法、工具及最佳实践准则，使得我们可以据此对从各个数据源中收集到的数据进行整合，以形成一张统合且直观的企业业务实体视图。它也对元数据的采用及使用起到推动作用，这些元数据能够以一种与具体技术无关的方式，确定业务实体以及实体之间的关系，从而形成一套词汇表，令我们可以借此在各个应用程序与系统之间协调一致地交换信息（如果还能对信息交换方式进行标准化，那就更好了）。

集成治理可以解决下列问题：

- 针对集成架构与集成模式制定最佳实践准则，以便对多个数据源中的数据进行整合。
- 基于相关的标准，制定正规的元数据及信息模型。
- 把集成服务公布出来，以供各方消费，并对其他架构层使用这些服务的情况进行管控。

11.3.3.3　分析治理层

分析治理专注于对分析工件（analytic artifact）进行管理、监控及开发，并且要将这些工件适当地部署在描述性的分析（Descriptive Analytics）、预测性的分析（Predictive

Analytics)、指示性的分析（Prescriptive Analytics）、操作分析（Operational Analytics）以及认知计算（Cognitive Computing）这 5 个门类中。我们需要制定并执行一些与分析治理有关的流程及策略，以便对上述 5 个分析门类中的工件进行生命期管理。

由于分析本身是一项独立的工作，有它自己的生命期需要管理，因此业界根据这一情况，创立了分析治理这个相对较新的科目。因为该层需要持续地进行演化，所以它唯有在演化的过程中才能变得成熟。

分析治理所关注的问题可能会包括：

☐ 制定最佳实践准则，并提出一些方针及建议，使我们可以借此来尽量提升因分析而产生的价值。

☐ 制定一些流程、工具及指标，使我们可以衡量企业对分析技术的使用情况以及利用分析而产生的价值。

☐ 制定一些流程，以便对分析工件的整个生命期进行管理、维护及监控。

☐ 制定一些分析模式，以促使我们单独运用或结合运用各种支柱性的分析技术来构建分析解决方案。

☐ 制定一些流程、方法及工具，使我们能够以 As-a-Service（服务化）的形式，把分析功能及分析能力公布出来，以供各方消费。

11.3.3.4 元数据层

元数据层旨在以一种正规的方式来为企业中的业务术语及技术实体确立标准的定义。该层中的架构构建块及其相关组件可以促使我们去构建元数据模式定义（metadata schema definition）。这份定义，可以用来确定由数据存储库层所提供的那些实体中的数据，以及数据之间的相互关系（语义关系或其他方面的关系）。这样的元数据定义，就构成了模型层中信息模型的基础。

11.3.3.5 数据与信息安全层

数据与信息安全层，主要用来保证在进行分析时较为重要的一些额外要求能够得到满足，这些要求与数据安全和隐私有关。我们在准备数据并对其进行整理时，需要彻底清除数据中的个人信息，对其进行匿名化及遮掩，并去除其中的重复内容，以确保个人身份及隐私不会遭到暴露。该层中的组件，可以确保与数据准备任务有关的上述要求能够得到满足。

11.3.4 五大支柱

ARA/ARM/ARB 中有五个支柱，每个支柱都专注于一个分析维度。这五大支柱是：描述性的分析、预测性的分析、指示性的分析、操作分析以及认知计算。将这些支柱所提供的能力结合起来，就可以形成一个很好的问题解决平台，该平台能够全面地提供任何企业所需的分析技术。

下面几个子小节将会给每个支柱下一个宏观的定义，并指出其在整体的 ARB 中所应具备的功能。

11.3.4.1　描述性的分析

描述性的分析也称为事后分析（after-the-fact analytics），它旨在以直观的方式分析已经发生的业务事件。也就是说，它会采用以指标驱动的（metric-driven）分析视图，对过去所发生的事实进行描绘。它会根据历史数据产生报表、图表、数据表盘（dashboard）以及其他形式的视图，并把对业务绩效（business performance）进行分析所得到的结果，展示在这些视图上。这些业务绩效，是针对企业的战略目标而进行分析的。比如，对于矿业公司来说，其业务目标可能是保持或提高单位时间内的产煤量，于是，这样的企业就可以把*每小时的吨数*（Tonnage Per Hour）当成一项关键的绩效指标来进行衡量。而对于一家电子产品制造公司来说，其业务目标则可能是减少组装集成电路板时的废品率，因此，该企业中的一项关键绩效指标，可以是*产品质量成本*（Cost of Product Quality）。

该支柱区域中的组件，可能应该具备下面这些关键的特征或能力：

❏ 对预先定义好的那些与战略目标相关的绩效指标及其衡量手段加以利用，并据此来对数据报表及数据表盘进行设计。

❏ 为不同角色的用户及用户群提供不同的数据分析视图。比如，管理人员所看到的数据表盘上，只会显示出一些宏观的指标，而工作现场主管所看到的视图，则会把每一条设备生产线（equipment product line，例如卡车、装载机、推土机）的绩效数据全都列出来。此外，还可以提供报表挖掘（drill-down）功能，使得用户可以在一个或多个数据分析维度上进行根源分析。

❏ 提供元数据定义，使得系统可以据此来生成预先制定的或是现场制定的数据报表，这些报表所用的数据应该是协调一致的，而且其质量要有保证。

❏ 能够从多个数据库及数据仓库系统中进行优化的数据访问，这种访问方式会把数据系统之间的差异从报表饰件（reporting widget）中抽象掉。

11.3.4.2　预测性的分析

预测性的分析主要关注的是制定统计模型与概率模型，以便对业务上较为关键的事件进行预测，此外，它还会给模型赋予可信度指标，用来表示所预测事件的发生概率。

正如本章早前所说，建模技术可以分为两大类，一类是监督式的学习，另一类是非监督式的学习。监督式的学习使用历史数据来构建预测模型，这些历史数据中含有某个关键的业务事件在过去的发生情况。这种预测模型，可以预计同一种（或是相似的）业务事件在未来的发生情况。非监督式的学习不需要知道关键的业务事件在过去的发生情况，它是在给定的数据集中寻找模式，并根据模式来对数据进行分组（或分群）的，它无需预先了解这些数据可以分为哪几个组。该层中的组件与技术，要为这两大类建模技术提供支持。

由于要持续地分析并寻找新的趋势与模式，因此我们必须访问各种各样的数据源，并对从中获取到的数据进行密集的运算。这样一来，就需要为分析工作制定专门的开发沙盒（development sandbox），以承担特有的计算负载。这会对该层所支持的能力及组件提出一些要求。

该层所提供的能力，其主要用户是数据科学家（在新的千年里，这是最受欢迎的人才）。这些用户利用精妙的统计学、随机学及概率学技术和算法，来构建模型并对其加以训练，使得模型能以足够高的准确度来预测以后发生的事情。

如果该层所检测到的趋势或模式，确实能够对某种可以催生商业价值的事件做出预测，那么其底层的分析模型，可能就会对描述性的分析这一支柱区域中那些由指标所驱动的目标造成影响。因此，该区域内的持续分析所得出的结果，通常使得（位于描述性的分析这一支柱区域中的）某些新报表变得更为重要。

该支柱区域中的组件，可能应该具备下面这些关键的特征或能力：

❑ 使数据科学家能够用适当的工具与基础设施来对数据进行探索，并执行密集的数据处理（data crunching）及计算任务。

❑ 使用广泛的统计学技术。

❑ 提供集成开发环境（integrated development environment，IDE），以便自动执行建模及部署任务。

11.3.4.3　指示性的分析

指示性的分析，重在对多种（有可能完全不同的）分析结果进行优化，优化时会考虑到各种外部条件及外部因素。该支柱区域中的主要组件，是提供各种工具与技术的组件，这些工具与技术用来制定数学优化模型，并且用来把多个事件相互联系起来（通常根据业务规则来进行关联），以产生较为优化且可以付诸执行的指示性分析结果。

数学优化技术可以体现为一个线性规划模型（linear programming model），该模型可以针对铜或金等原材料的现货价格指出较优的价格点。基于规则的优化技术，可以用来为一台昂贵的生产设备决定其最佳的维护时机（它会结合对设备的故障情况所做的预测以及接下来将要进行维护的时间段来做出决定）。

该支柱区域中的组件，可能应该具备下面这些关键的特征或能力：

❑ 具备一些拥有复杂数学模型及技术的优化引擎，这些引擎能够针对目标成果进行基于约束条件的优化。

❑ 一个业务规则引擎，该引擎可以把多个有可能发生在不同地点（也就是具备不同的空间坐标）及不同时间的离散事件（discrete event）相互联系起来，并且能够在决策树（decision tree）中游走，以便在多个可行的建议中找出其中的某一个。

11.3.4.4 操作分析

操作分析（或者说实时分析）致力于从运动的数据中得出分析结论，它会利用一些分析技术在这些数据上执行分析函数。传统的分析技术，其所面对的数据是静止的，当它对数据运用 SQL 查询或类 SQL 查询等处理函数时，这些数据实际上已经保存在持久化存储区中了。而操作分析则与之不同，它要多次运用分析函数及分析算法，而且它完全知道待处理的数据集在两个时间点之间可能会发生剧烈变化。比如，如果我们在板球世界杯决赛期间，把情感分析（sentiment analysis，意见挖掘）算法运用于流式的Facebook 及 Twitter 数据集，那么很有可能出现这样一种情况：在某个特定的时间段内，分析算法所分析的数据集中没有 Facebook 数据，全部都是 Twitter 数据，而在另一个时间段，该算法所分析的数据集中却包含等量的 Twitter 及 Facebook 数据。

该支柱区域中的组件，可能应该具备下面这些关键的特征或能力：

❑ 能够以极高的频率吸收数据，并且能够在数据流（也就是处在运动中的数据）进行存储之前，从中得出分析结论。

❑ 能够对数据仓库中新生成的操作数据进行操作，在操作过程中，可以用复杂的事件处理技术把多个系统中的事件相互关联起来，并触发警告。

❑ 能够以实时的方式（也就是能够在数据流上）调用预测式的分析模型。

❑ 同时支持结构化与非结构化的数据，重点是要能够从连续的半结构化与非结构化数据流中生成分析结论。

11.3.4.5 认知计算

在电脑时代，认知计算是个相对较新的领域，对于该领域来说，计算机系统不再是人类的奴隶，它们不再像原来那样，只会根据人类所编的程序进行运作，而是会构建自己的知识库并进行"学习"，也就是说，它们能够理解自然语言，并且能够更为顺畅、更为直观地与人互动。这样的系统要能够向人提供观点与回应，而且要以可靠度为权重提供相关的证据，用以支持自己所给出的观点。比如，可以用认知系统来充当医疗顾问，该系统能够给医生提供建议，指出可行的诊断方式及适当的医护手段。至于是否应该采纳系统所提出的建议，则可以由医生自行决定。

该支柱区域中的组件，可能应该具备下列关键的特征或能力：

- 及时而有效地为人类提供专业协助。
- 能够根据支持性的证据做出决策（并扩充人类的认知能力），由于整个世界中的相关信息越来越多，因此可供取证的证据也在持续增多。
- 通过推导实体及持续产生的新观点之间所形成的脉络关系（contextual relationship），对巨量的可用信息加以利用。

笔者希望自己对上述各层和支柱区域所做的描述，能够为你提供一个知识基础，使你可以据此研发分析架构蓝图。若要更为细致地描述各层所具备的能力，则需要了解每一层中的架构构建块。

11.4　架构构建块

本节将会简要地讲解某些主要的架构构建块（architecture building block，ABB），这些构建块用来实现 ARA 中的每一层和每一个支柱所具备的各种能力。

笔者不打算详尽而完整地把我们所碰到的每个构建块全都拿出来讲一遍，这样做基于两条理由。第一，分析学是一门尚未完全成熟的学问，因此，这些架构组件只有在变化中不断地进行增强，才能最终变得成熟。第二，笔者想把这部分内容讲得灵活一些，而不想把架构师局限在那几个基本的架构构建块中。我们需要有自由发挥的空间，也就是说，我们可以根据手边的问题以及正在寻求的解决方案，来对这些构建块进行组合及删减，有时还可以引入一些新的构建块。

因此，下面几个小节的内容，主要是启发你的思路，使你能够找到适当的切入点。笔者首先会讲解水平层面以及与之正交的垂直层面中的 ABB，然后再讲解 5 个分析支柱中的 ABB。

图 11-2 是一张 ARB（架构参考蓝图）的示意图。虽说该图的形状、大小、内容、形式以及维度都有可能发生变化，但我们仍然可以把它当作一个起始点来进行讲解。

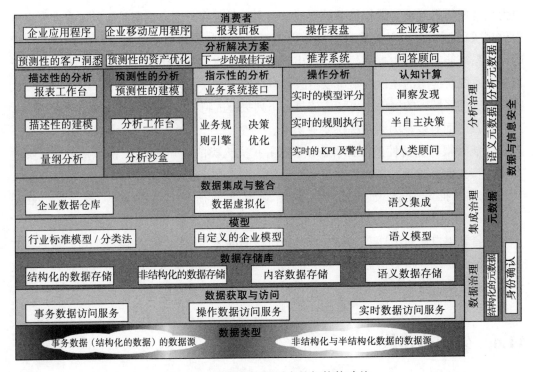

图 11-2　分析架构蓝图中的架构构建块

下面我们就来分小节讲述每一层中的架构构建块（ABB）。笔者尽量把它们描述得简明一些，而且对有些 ABB 所做的讲解，会比其他 ABB 更加简短。因此，你必须根据自己的需要去做深入的研究。

11.4.1　数据类型层中的 ABB

笔者不演示数据类型层中具体的架构构建块。只是大家要注意，这一层必须能够把各种数据类型告知其他各层，因为系统可能会用到这些信息或是需要由这些信息来提供支持。

结构化的数据（structured data），通常是指格式较为整齐的数据，也就是说，这种数据遵循着一套定义明确且设计精良的数据模式（data schema，数据纲要）。归组到同一个语义块中的数据，有着同样的属性和同样的顺序，并且符合同样的定义。比如，从贸易活动中收集到的事务性数据，以及从面向消费者的零售产品销售点收集到的数据，就属于这种数据。它们可以放在关系型数据库、数据仓库或数据集市中，以便提供给各方使用。

半结构化的数据（semi-structured data）通常能够整理为语义实体，使得相似的实体（这些实体可能会具备相同的属性，也有可能不具备相同的属性）可以归为一组，并且可以通过实体间的语义关系得到表述。比如，从网页点击流中获取到的数据，以及从网页表单中收集到的数据，就属于半结构化的数据。

非结构化的数据（unstructured data）不具备预先定义的格式，它可以表现成任意的类型、任意的形态或任意的形式，并且不遵从任何的结构、规则或顺序。比如，自由格式的文本以及某些类型的音频，就属于非结构化的数据。

11.4.2　数据获取与访问层中的 ABB

我们可以看到，数据获取与访问层要向 3 个 ABB 提供支持，它们分别是：**事务数据访问服务**（Transactional Data Access Services）、**操作数据访问服务**（Operational Data Access Services）以及**实时数据访问服务**（Real-Time Data Access Services）。该层中的服务，使得系统能够较为顺畅地获取具有不同类型以及不同生成速度的数据。此外，该层还提供适当的技术组件，以便给不同的服务提供支持。

事务数据访问服务致力于采用 ETL（Extract, Transform, Load，萃取 – 转置 – 加载）技术来获取数据，这些数据主要是从事务性的数据源中获取到的，而且需经过必要的转置及格式化处理，以便能够符合由数据库系统的模式设计（schema design，纲要设计）所规定的标准格式。数据将会存放到数据库中，以提供给各方使用。在数据转置过程中，要运用适当的数据质量规则对其进行检查，以确保数据能够符合数据标准中的元数据定义。这个 ABB 主要以批次模式把数据从事务性的源系统传输到目标数据存储库中。批次传送的频率可以是每小时一次，也可以是一天之内一次或多次。

操作数据访问服务致力于从数据产生频率较为接近实时的数据源中获取数据，这种数据源产生数据的频率，要比事务数据访问服务那个 ABB 所对应的数据源快很多。大家一定要注意：该 ABB 所使用的数据源，仍然是一种事务性的系统，但是这种数据源产生数据的速度，却远远高于面向批次的传统系统所能支持的速度。我们可以利用各种服务来获取数据。有一种技术叫做 Change Data Capture（变更数据捕捉，CDC），它可以把数据从数据源移动到目标数据存储区中，同时又能够尽量降低事务数据源所承担的负载。在某些情况下，我们不能像传统的数据传输方式那样，以较长的时间间隔来分批传送数据，于是就必须一直运行着 ETL 任务，而 CDC 这样的技术，正可以帮助我们降低 ETL 任务出现故障的风险。还有一种可以利用的技术叫做 Micro Batch（微批次），它可以令系统能够在更短的时间段内进行批次的数据获取。CDC 与 Micro Batch 之间的区别，在于它们获取数据时所用的具体技术不同。第三种技术叫做 Data Queuing and Push

（数据排队与推送），它采用不同的流程来获取操作数据，并依赖异步模式，把数据从数据源发送到适当的数据存储区中。与 CDC 相似，异步的数据推送也可以尽量减轻事务性数据源系统所承担的负载。

实时的数据访问服务致力于从数据产生速度极高的源系统中获取数据，在这样的数据产生速度之下，即便采用操作数据访问服务这样的 ABB，也没有办法适当地获取数据。如果要处理的是实时或接近实时的数据来源（data feed），那么就会遇到这样的数据产生速度，而且待处理的数据，通常也是半结构化或非结构化的数据。数据获取与访问层中的其他两类服务，能够按照一定的时间段来批量地获取数据，虽然这个时间段可以尽量缩短，但仍然是有一个限度的。此外，为了应对极大的数据量与极高的数据获取频率，这个 ABB 还必须使用不同的能力来完成数据获取。该 ABB 中的服务，可以利用 Data Feed Querying 技术以及基于 socket（套接字）或基于队列的持续数据供应（continuous data feed）技术，来以实时或接近实时的方式获取数据。获取到数据之后，可能要对其进行规范化处理，将数据变为一系列的键值对，或是将其转化成 JSON 等其他一些格式，这样做可以把数据平整为一个个基本的组成单元，每个单元中都封装着信息。

11.4.3　数据存储库层中的 ABB

数据存储库层可以为 4 个 ABB 提供支持，它们分别是：*结构化的数据存储*（Structured Data Store）、*非结构化的数据存储*（Unstructured Data Store）、*内容数据存储*（Content Data Store）以及*语义数据存储*（Semantic Data Store）。每个 ABB 都具备特定的能力。

结构化的数据存储致力于为本质上呈现结构化形态的数据集提供存储机制，也就是说，它会遵循一种具有明确定义的数据模式，该模式叫做*写时模式*（schema on write），这意味着数据模式是在数据写入持久化存储区之前进行定义和设计的。因此，该 ABB 中的存储组件，主要是关系型的存储组件，它们支持各种数据规范化（data normalization，数据正规化、数据标准化）技术。

非结构化的数据存储致力于存储非结构化的数据集。这样的数据集可能会包含由机器所产生的数据，比如，交易场地的事务数据（例如客户与商家通过电话就商品买卖进行沟通时所产生的数据）以及从社交网站与互联网上收集到的数据（例如客户对产品的看法、股票价格、影响油价的国际事务，以及天气模式等），都属于非结构化的数据。这种数据存储通常是无模式的（schema-less，无纲要的），也就是说，可以存储并提供（IT界俗称"转储"，dump）任意结构、任意形式的数据。它通常也称为*读时模式*（schema on read)，也就是说，结构和语义可以在从此类数据存储中获取数据时进行定义。

内容数据存储致力于存放企业内容。企业所用到的文档（例如技术规范、策略以及法律法规）通常可以归入这一类。我们会单独使用一种名为 Content Management System（CMS，内容管理系统）的技术来专门构建这样一个系统，以便对数量极多且互不相同的各种企业内容进行存储、获取、归档及搜索。

语义数据存储致力于存储半结构化的数据集，这些数据有可能已经经过了语义处理。牵涉语义的数据集，可以用 Triple Store（三元组存储）技术来处理，它会以三元组（triplet）的形式来存储数据。每个三元组都具备"主语 – 宾语 – 谓语"的格式。Search Index Repository（搜索索引存储库）技术可以用来存放索引，这些索引是通过对所有可搜索的内容进行语义处理而创建出来的。

11.4.4　模型层中的 ABB

模型层可以有三种 ABB：行业标准模型（Industry Standard Models）、自定义的企业模型（Custom Enterprise Models）以及语义模型（Semantic Models）。

行业标准模型用来表示一些标准数据、信息或流程模型，它们是全行业所达成的共识，通常由某个标准机构或标准协会来维护。保险业的 ACORD 以及病患护理业的 HITSP 就属于这样的标准。有的企业愿意主动采用行业标准来交换信息，还有的企业则由于受到法律法规的约束而必须采用行业标准来交换信息，这些企业都需要（完全地或部分地）依照标准模型来实现其 IT 系统之间的数据交换操作。

定制的企业模型一般用来表示组织内部所制定的信息或数据模型。这样的模型有可能是根据某个行业模型派生、扩展或定制出来的，也有可能完全是本组织自己打造的。此类模型与行业标准模型的意图是相同的，它们都用作 facade（外观）。这个 facade，居于数据的物理表示形式与系统及应用程序交换并消费这些数据时所用的手段之间。

语义模型致力于研发能够表示特定业务领域或其子集的本体模型。本体（ontology）这个词，通常可以用来指代至少三种互不相同的资源，这些资源都有着各自的用法，而且它们并非全都位于自然语言处理（natural language processing，NLP）与文本分析领域之内。这种模型可以用来研发一个接口，该接口能够浏览语义存储区，并从中获取数据，以供 ARB 中其他各层里的组件进行消费及使用。（请参阅第 9 章中题为"语义模型"的那个文字框。）

> **本体**
>
> 　　本体是对特定领域内的知识（术语及概念）所做的捕获。它一般表现为分类法、字典、围绕元素所形成的实体关系以及领域中的概念。本体通常用带有规则的分类法进行定义。
>
> 　　很大一部分本体实际上是受控的词汇表，它们是以分类法或词库的形式来得以整理的。如果就"本体"这个词本身的含义来看，这些内容其实并不是真正的本体，因为它们要么根本就不包含概念（概念也称为条目或实体）之间的关系信息，要么只包含极少量的此类信息。这些内容对于确立词汇表及其他信息的标准用法来说，是有帮助的，而且可以用来对数据库进行分类、排列及修改。由于我们并不能单就每份数据本身来对这些数据进行分类与说明，因此这样的数据，其数量可以增长到上百万个。这与真正的本体是不同的，真正的本体含有概念信息，这意味着其中每个条目所包含的不是一份数据，而是与某实体有关的多份数据。这样的本体不仅能够以多种方式把实体相互关联起来，而且还能够在这些实体的属性之间进行相互对比。这些实体中的条目，并不是只包含一个三元组，而是包含很多个信息三元组，这样看来，它确实比较复杂一些，而且实体中所含的条目数量也很可能会比较少，或许只有数万个。

　　该层中所表示的这些 ABB，可以促使我们采用一种与具体技术无关而且极富韧性的集成方式，来高效地交换数据及信息。

11.4.5　数据集成与整合层中的 ABB

　　数据集成与整合层可以由三种 ABB 来支持，它们分别是：企业数据仓库（Enterprise Data Warehouse）、数据虚拟化（Data Virtualization）以及语义集成（Semantic Integration）。这些 ABB 使得我们可以把对各种互不相同的数据所做的访问整合起来，并对其进行虚拟化。我们最好是能够利用模型层（参见图 11-2）中的组件与工件，来对（整合数据的）语境表征以及（通过虚拟化技术）对数据所做的访问进行标准化。

　　企业数据仓库致力于研发并提供一种整合的表现形式，用以展示企业中最为关键的信息与知识，例如绩效指标、企业财务状况以及运作指标等。企业在为其业务运作情况及业务绩效制作报表并从中形成观点时，这些信息会起到很重要的作用，业界通常认为这是一种较为可靠的企业信息来源。数据集市、数据仓库以及各种操作型的数据仓库变种，都可以归入这一类。操作型的数据仓库（operational data warehouse，运营数据仓库），能够在不降低数据读取性能的前提下，从数据产生速度较高的数据来源中读取数据，这种数据产生速度，是传统的数据仓库所无法支持的。数据集市用来表示存放在数据仓库中的某个数据子集。每个子集通常对应于一个特定的领域，例如客户、产品、销售、库存等。如果业务领域较为复杂，并且需要进行深入的划分，那么数据集市也可以表示业务领域中的子领域，例如，产品定价及产品库存就属于这种情况。

数据虚拟化致力于提供虚拟化的访问机制，令我们可以对多个数据存储库进行访问，而查询这些存储库所需的复杂技术细节，则封装在该构建块中，这使得消费数据的应用程序与系统不用再担心这些细节问题。该 ABB 应该具备一项关键的能力，也就是要对经常表现出相关性的那些查询操作进行打包，并为其预先做出准备，以便将这些查询放在一个单一查询（single-query）接口中公布出来，使得那些想要消费并请求数据的应用程序，只需调用一次该接口即可。有一种典型的技术可以用来实现此能力，也就是先接受一个由用户定义的或是特定于应用程序的查询请求，然后对该查询请求的路由逻辑进行抽象，以便将不同的查询子集（query subset）派发到不同的数据源上，接下来，把每个单独的查询子集所对应的结果合并或整合到同一个结果集（result set）中，最后将该结果集返回给需要使用数据的应用程序。

语义集成致力于提供一套接口，以促进语义查询的构建及执行。比如，SPARQL（SPARQL Protocol And RDF Query Language 的缩写，参见 W3C 2008）就是一种针对数据库的语义查询语言，它所查询的数据，通常以三元组存储（triple store）的形式来存放（例如前面在讲语义数据存储（Semantic Data Store）时，就提到过这种三元组存储）。

一定要注意，通过语义集成与数据虚拟化这两种 ABB 进行的集成，本质上是运行时的集成，而企业数据仓库，通常则是一种物理的集成或整合机制。

虽说该层之上的各层以及五大支柱（也就是描述性的分析、预测性的分析等）都不一定非要用到本层中的 ABB 所公布的各项功能，但是从实践经验来看，我们通常还是应该尽责地对该层所提供的能力加以利用，使其成为一种对信息访问进行虚拟化的机制。

11.4.6　分析解决方案层中的 ABB

分析解决方案层用来放置预先规划好的全程解决方案，这些方案致力于解决某一类特定的业务问题。要想把该层中的这些具体构建块列举出来是不太现实的，因为它们实际上并不是真正的 ABB，而更像是打包的解决方案。笔者之所以在标题中使用 ABB 这种说法，是为了与本节的其他小节保持一致，而不想再引入另外一个术语。

为了与其他各小节的讲解方式相符，或者说至少与 ARB 中的 ABB 所采用的形式相符，笔者还是按照其他各小节所采用的办法，描述几个有代表性的解决方案：

预测性的客户洞悉（Predictive Customer Insight，参见 IBM 2015）[一]致力于扩大公司的营销及客户服务系统所得到的收益。为此，它会结合各种先进的分析技术，根据与买方的态度有关的数据指出对客户最为重要的 KPI，并提供个性化的客户体验。

预测性的资产优化（Predictive Asset Optimization，参见 IBM n.d.）[二]致力于利用各种先进的分析技术来提高企业重要资产（例如重型设备、工厂装配线上的机器、石油与天然气平台的旋转与非旋转设备、航空发动机等等）的综合设备效率（Overall Equipment Effectiveness，OEE）。为此，它会对这些昂贵的关键资产进行健康度预测，提前很多时间判断出它们是否会出现故障，使得我们能够及早采取措施，以减少这些关键资产突然停机的概率。

下一步的最佳行动（Next Best Action，参见 IBM 2012—2013）致力于制定并提供优化的决策及行动建议，使得我们可以据此减少即将到来的关键事件对业务所产生的不良影响。决策优化技术可以运用于各种类型的企业资产上，例如可以运用在客户上，以提升其忠诚度，可以运用在产品上，以减少其生产成本，还可以运用在雇员上，以降低流失率。

推荐系统（Recommender Systems，参见 Jones 2013）致力于向一位用户或一群用户给出与情境相关的项目推荐或产品推荐，这些项目与产品，可以单独推荐，也可以合起来推荐。它利用多种机器学习技术来得出一个含有推荐信息的集合，集合中的各条建议，是根据其相关度来排序的。这些机器学习技术包括协同过滤（collaborative filtering，CF）、基于内容的过滤（content-based filtering，CBF）、由各种版本的 CF 及 CBF 所组成的混合方法、皮尔逊相关（Pearson correlation）以及聚类算法（clustering algorithm）等。Netflix 及 Amazon 采用这样的推荐系统或其变种，根据用户的喜好及购买习惯或租用习惯，向其推荐各种商品供其选择。

问答顾问（Question Answering Advisor）致力于利用先进的自然语言处理（NLP）、信息检索（Information Retrieval）、知识表示与推理（Knowledge Representation & Reasoning）以及机器学习等技术，来处理开放领域的问答。IBM 的 DeepQA（IBM n.d.）就是一种开放领域的问答应用程序，它采用假设生成（hypothesis-generation）技术来提出一系列假设，用以回答某个特定的问题，并从巨量的相关数据中收集证据，以支持或排除某些假设，最后采用计分算法（scoring algorithm）选出最佳的答案。IBM 的

[一] 该资料也可查阅 https://www-01.ibm.com/software/analytics/media/smarter-paper/predictive-customer-intelligence/。——译者注

[二] 该资料也可查阅：https://www-935.ibm.com/services/us/business-consulting/enterprise-asset-management-services/predictive-asset-optimization/ 。——译者注

Watson 就是这种解决方案的经典案例。

11.4.7　消费者层中的 ABB

消费者层中有 5 个 ABB：*企业应用程序*（Enterprise Applications）、*企业移动应用程序*（Enterprise Mobile Applications）、*报表面板*（Reporting Dashboard）、*操作表盘*（Operational Dashboard）以及*企业搜索*（Enterprise Search）。该层中的 ABB 致力于提供不同的渠道，以便把各种分析能力与分析解决方案公布给企业使用。下面要讲的这些 ABB，纯粹是为了举例而提出的，也就是说，该层也可以为其他组件提供支持。

企业应用程序是指供企业中的一个或多个部门所使用的各类应用程序，这些程序也可以供整个企业使用。这样的程序要和各种分析能力及解决方案进行对接，以提升企业中的遗留应用程序所能发挥的价值。比如，SAP Plant Maintenance（SAP PM）系统有可能会收到由某个决策优化分析解决方案所发来的建议，并根据该建议创建一张维护工单。

企业移动应用程序是一种相对较新而且即将有所发展的应用程序，它主要是为移动平台而构建的。这样的程序会收到由分析解决方案所给出的通知，从而得知相关的行动。在某些情况下，分析应用程序可能会为移动设备提供完整的支持，也就是说，这些程序会直接构建成 iOS 或 Android 等移动平台上的原生应用程序。比如，有一款供航空公司飞行员使用的程序，能够帮助飞行员决定最优的燃料补充方式，该程序是原生应用程序，运行在 iPad 这样的 iOS 平台上，并且由分析技术提供动力。

报表面板提供了一个可以构建、配置、定制、部署并使用报表及数据表盘的平台，这些报表不仅能够形象地展示数据集市、数据立方体（data cube）以及数据仓库中的数据，而且还能以各种方式对信息进行切割并将其直观地呈现出来，以供分析之用。

操作表盘提供了一个可视的桌布和平台，用来渲染数据及信息，这些数据与信息，都是实时产生并实时收集到的，也就是说，它们的速度特别快，因而不能像别的信息那样先存放到持久化存储区中，然后再进行分析。比如，要从石油平台中某个阀门上的温度及压力传感器中收集数据，并且要把收集到的数据实时地绘制出来。

企业搜索指的是一种消费者应用程序（consumer application），它致力于提供各种级别的分析搜索能力，以便从企业内容的主体中获取最符合情境且最为适当的结果。它也可以充当问答顾问（Question Answering Advisor）等分析解决方案的前端（参见图 11-2）。

11.4.8　元数据层中的 ABB

元数据层中画有三个 ABB，它们分别是：*分析元数据*（Analytic Metadata）、*语义元*

数据（Semantic Metadata）以及结构化的元数据（Structured Metadata）。该层中的 ABB 会与模型层中的 ABB 密切合作，以制定出一套标准的机制，用来对信息的管理与展示进行抽象。

分析元数据致力于对各种元数据进行定义、持久化及维护，这些元数据用来为企业中的各种分析工作提供支持。最常见的一种分析元数据，是那种用来捕获数据定义的元数据，系统需要根据这些数据定义来填充预置的报表，并且要定期或是根据用户的需要来生成报表。报表需要有它自己的元数据定义，这些定义决定了报表中的数据元素应该如何构建，也决定了这些元素之间的关系，而且还决定了填充报表所用的内容是从哪个数据源中获取到的。除了这种元数据之外，针对多个展示页面及饰件所拟定的导航设计（navigation design）也属于分析元数据。与之类似，训练并执行预测模型时所用的数据模型表现形式，同样是分析元数据中的一部分。此外，业务规则的定义及其输入参数，也可以视为一种分析元数据。分析元数据的范围，取决于企业要进行哪些分析。

语义元数据关注的是为整个信息集或其子集构建语义信息模型时所需的基本组件。我们根据术语字典、词库，以及针对实体和术语之间的语义关系而定义的语法与规则来制定一些语言模型，这些模型可以把构成语义元数据基础的本体定义出来。

结构化的元数据致力于确定元数据的定义，这些定义针对的是业务实体以及与这些实体有关的约束及规则，它们会对数据存储库层中的 Structured Data Store（结构化数据存储）这个 ABB 的模式定义工作造成影响。结构化的元数据需要应对不同的元数据类型，例如业务元数据（Business Metadata）、技术元数据（Technical Metadata）以及元数据规则（Metadata Rule）。业务元数据可能会对业务实体的概念及其关系进行封装。技术元数据可以用来对属性所受到的约束进行表述，这些属性用来对业务实体进行定义。元数据规则确定了一些对实体间的相互关系及其最终实现进行管控的规则与约束，我们最终要为了 Structured Data Store 这个 ABB，而把这些实体实现成物理模式定义（physical schema definition）。

11.4.9 数据与信息安全层中的 ABB

数据与信息安全层中只画了一个 ABB，也就是身份确认（Identity Disambiguation），相对于其他各层来说，这确实显得很少。由于越来越多的企业都把数据视为企业资产，因此信息安全领域开始获得了应有的重视，而且会逐渐成长并成熟起来。比如，由于物联网（Internet of Things，IoT）变得越来越普及，因此必须要有更为安全的网络及更为严格的访问机制做支撑，才能使我们安全地连接到这些设备仪器并与之进行交互（这些仪器上可能运行着关键的操作，例如石油开采、石油加工以及钢铁生产等）。

身份确认致力于确保适当的遮掩及过滤算法能够运用在资产（尤其是人）上，以厘清其身份，因为这些资产中的数据及配置信息，将会用来进行分析决策。

现在我们已经把 ARA 的各个层面中那些有代表性的 ABB 全都讲解了一遍。这些位于各层中的典型 ABB，固然值得我们关注，然而分析参考架构中的五大支柱，也同样值得关注。于是，我们接下来就深入地讨论这 5 个支柱。

11.4.10 描述性的分析中的 ABB

在描述性的分析这一支柱区域中，画有三个 ABB，它们分别是：**报表工作台**（Reporting Workbench）、**量纲分析**（Dimensional Analysis）以及**描述性的建模**（Descriptive Modeling）。

报表工作台提供并支持一系列丰富的工具，这些工具用来定义并设计分析报告，使得报告能够包含一系列预先定义的业务指标及目标。它还应该提供相应的能力及工具，使得我们能够对报告与饰件进行测试，并将其部署到部署运行时（deployment runtime）中。有一些非功能的特性是值得注意的，其中包括但不限于：

❑ 业务用户能够轻松地对报告与饰件进行配置及定义。

❑ 提供丰富而精确的高级视觉特性，以便进行醒目、直观且富含信息的虚拟化。

❑ 具备可定制能力，从而可以与不同的数据源及图形布局（graphical layout）相连。

量纲分析用来提供数据切割能力，使我们可以依据多个量纲来制定一张特定领域的数据视图，并对其进行后续的分析。该 ABB 也支持一些研发数据集市及数据立方体所需的工具与技术，这些数据机制可以用来表示特定领域内的数据，也可以用来表示制作定向分析报表所依据的历史数据。

描述性的建模用来制定数据模型，这些模型专门适合于生成业务报表。它所生成的报表，能够以多种办法描述用户所喜爱的信息分析及信息显示方式。这样的模型，构建在数据仓库和数据集市中的数据模型之上，它们致力于生成灵活的报表。

11.4.11 预测性的分析中的 ABB

在预测性的分析这一支柱区域中，画有三个 ABB，它们分别是：**预测性的建模**（Predictive Modeling）、**分析工作台**（Analytics Workbench）以及**分析沙盒**（Analytics Sandbox）。

预测性的建模致力于运用数据分析技术、统计技术以及概率技术来构建预测性的模型，这种模型能够对将来的事件进行预测，并确信该事件有一定的发生概率。它所利用的技术可以分为两大类，也就是监督式的（supervised）学习和非监督式的（unsupervised）学习。正如本章早前所说，在监督式的学习中，待预测的目标结果（或者说变量）是提前就已经知道的（例如要预测航天器引擎是否会出现故障）。我们用统计学技术、算法技术以及数学技术来挖掘并分析历史数据，以确定其中的趋势、模式、异常及离群值（outlier），并据此将数据量化到一个或多个分析模型中，那些模型含有一系列用来预测结果的预测器（predictor）。在非监督式的学习中，系统既不会提前知道待预测的问题，也没有历史数据可供使用。它会用聚类（clustering）技术把数据分成一系列的类（cluster），从而能够根据这些类所展示出来的特性、行为及模型，更加自然地对数据集中的数据进行分组。

分析工作台提供了一套整合工具，可以帮助数据分析师及数据科学家执行数据理解、数据准备、模型研发及训练、模型测试以及模型部署等工作。

该工作台所提供的能力包括但不限于：

❑ 数学建模工具及技术（例如线性与非线性规划、随机技术、概率公理及概率模型）。

❑ 与分析沙盒进行连接的能力。

❑ 涵盖 SQL、SPARQL 以及 MapReduce 等最为常见的数据探查技术，以便从数据仓库、语义数据存储以及结构化数据存储等多种数据存储中获取数据。

❑ 进行文本解析的能力。

❑ 构建语义本体模型的能力。

分析沙盒提供了一个基础设施平台，用来执行那些在构建、维护并增强预测性的分析资产时所必须进行的活动。该沙盒需要保证自己拥有适当的计算和运行能力（这种能力可以是共享的，也可以是专用的），以便能够执行复杂而密集的算法，并且能够对极其庞大的数据集进行相关的数值处理（number crunching）。数据科学家在构建预测模型时，必须进行一定程度的数据分析，而他们在进行分析的过程中，可能需要使用或参考各个数据源与数据集中的数据，因此，分析沙盒应该使数据科学家能够访问到这些数据。

值得考虑的问题包括但不限于：

❑ 提供专属的沙盒环境，使得我们可以在该环境中使用必要的数据与工具进行分析。

❑ 提供共享的沙盒环境，这种环境是可配置的，而且经过了适当的分区及负载优化处理。

11.4.12　指示性的分析中的 ABB

在指示性的分析这一支柱区域中，画有三个 ABB，它们分别是：**业务系统接口**（Business Systems Interface）、**业务规则引擎**（Business Rules Engine）以及**决策优化**（Decision Optimization）。

业务系统接口使得指示性分析的结果能够为组织内的各种企业业务系统所使用。它利用分析数据总线（Analytical Data Bus，这是笔者新引入的一个术语）所具备的能力，把本层所得出的见解推送给业务系统。

请注意，尽管参考架构中并没有明确展示出分析数据总线，但它在物理层面上，或许还是依照标准的企业服务总线（Enterprise Service Bus，ESB）来实现的，大多数 IT 集成中间件环境中，都会出现这样的物理实现。

业务规则引擎致力于提供必要的工具与运行时环境，以便支持业务规则的构建、撰写及部署工作。该组件的目标，是使得业务用户能够把各种分析成果相互结合并关联起来，以便灵活地撰写业务规则，这些成果可能源自预测模型、外部因素（例如环境条件及人员的技能）、相关的动作以及事件触发器的触发结果。规则引擎会把这些在空间与时间上有所不同的（也就是说，它们是从多个地点、多个时间点上分析得来的）成果相互联系起来，以提出更具指示性的成果。它可以充当决策优化这一构建块的技术动力。

决策优化（决策最优化、决策最佳化）构建在由某些 ABB 所实现出的能力上，这些 ABB 来自指示性的分析以及其他各种分析所对应的支柱区域。决策优化致力于运用优化技术来推算目标函数的最大值和最小值，约束优化法（constrained optimization method）、无约束优化法、线性规划以及非线性规划（例如二次规划，quadratic programming），都属于这样的优化技术。比如，某家能源与公共事业公司可以利用决策优化来实现利润率最大化，某家零售公司可以利用决策优化来尽量降低为保修产品提供服务所产生的开销。

11.4.13　操作分析中的 ABB

操作分析这一支柱区域中可以包含这样三个 ABB：**实时的模型评分**（Real-Time Model Scoring）、**实时的规则执行**（Real-Time Rules Execution）和**实时的 KPI 及警示**（Real-Time KPIs and Alerts）。

实时的模型评分致力于实时地执行预测模型，也就是说，要把预测模型套用到运动中的数据上。它使得预测模型能够在系统获取数据时得到调用，这就相当于实现了实时的评分机制，业务人员可以根据这个分数，以近乎事实的方式来采取行动。比如，预测模型可以用来判断半导体制造过程中是否会出现质量问题，进而产生废品。如果我们发现制造半导体的装备线上的自动设备产生了数据，那么就可以在数据上调用这种预测模型，从而尽早侦测出有可能产生废品的情况，并降低产品质量成本（Cost of Product Quality，COPQ）[⊖]。COPQ 是半导体制造业的一项关键业务指标。

实时的规则执行致力于实时地执行业务规则，也就是说，要针对运动中的数据来执行这些规则。它使得业务规则可以在系统获取数据时得到触发，从而令规则能够实时地加以执行。比如，可以在捕获交易数据时调用业务规则，来判断某笔信用卡交易是否属于欺诈交易。

实时的 KPI 及警示致力于对重要的操作指标进行计算，这些指标可以定义为关键绩效指标（key performance indicator，KPI）。其中有些 KPI 算起来比较容易，只需使用简单的公式即可，还有一些 KPI 算起来则比较困难，需要从状态机中进行推导。我们可以在运动中的数据上计算这些 KPI，也就是说，只要一发现系统中有数据产生，就立刻据此来计算 KPI。我们可以给这样的 KPI 施加取值限制或是其他方面的限制，如果发现 KPI 违背了这些限制，那就可以近乎实时地发出警告，以通知相关的用户。比如，可以用一系列复杂的状态机及相关的 KPI，把采矿机（例如在地下运转的采煤设备）当前的操作环境与其最佳操作环境之间的偏差表示出来。我们可以实时地计算这些状态机的状态以及相关 KPI 的取值。如果发现机器当前没有发挥出最佳能力，那么就可以产生警告，并把这一情况通知给操作员。这种实时的 KPI 计算及警告机制，使得操作员能够随着操作环境的变化做出必要的修改，从而获得最高的生产效率。

11.4.14　认知计算中的 ABB

认知计算这一支柱区域，可以用三个 ABB 来表示，它们分别是：*洞察发现*（Insight Discovery）、*半自主的决策*（Semi-Autonomic Decisioning）以及*人类顾问*（Human Advisor）。

洞察发现专注于把新的信息语料与现有的信息语料结合起来，并对其进行挖掘，以发现实体之间的新关系，从而为解决现实世界中的复杂问题所需的丰富证据提供支持。

半自主的决策致力于对现实世界中的问题进行剖析，将其拆解为多个小问题，并针对每个小问题生成多条假设，然后收集证据以支持或否定每一条假设，最后利用可信度加权（confidence weightage）技术（也就是利用一些可以求出最佳结果的统计学与数学技术）来对这些假设进行综合，从而给出有可能是最佳的那个答案。该组件就其现有的成熟度来说，还只能充当人类决策制定系统的一个助手（因此，我们把它称为半自主

⊖　也可以理解为 Cost of Poor Quality（不良质量成本）。——译者注

的），而它的最终目标，则是完全能够自己进行决策。

人类顾问致力于把洞察发现与半自主的决策这两个组件的能力结合起来，从而为人类提供一套互动指导（interactive guide，交互指导）机制，该机制带有丰富而直观的图形用户界面（GUI），可以帮助我们完成整个问答流程，并最终给出一个相当透彻而且有证据做支撑的答案。

现在，我们已经把 ARB 中的所有 ABB 全部讲解了一遍。

大家应该注意，各种软件厂商都在争着提供各层及各支柱区域中的那些组件，它们会不停地推出能力更强的产品，以同时支持多项特性与功能。有些产品可能会涵盖同一层或同一个支柱区域内的多项特性，也有可能会涵盖不同层及不同支柱区域内的特性，这样的产品并不罕见。

11.5　小结

分析技术还在不停地发展，在这个过程中，你应该还会产生更多的灵感。

分析技术是一项活跃的技术。有些企业确实想通过寻求创新的方案，来降低成本、增加收入，并增强特色以获取竞争优势，绝大多数这样的企业，都会把分析当作一项主流的业务策略。

本章讲述了 5 个基本的分析门类，它们构成了一系列连贯的分析技术，这 5 个门类分别是：描述性的分析、预测性的分析、指示性的分析、操作分析以及认知计算。

描述性的分析用来回答"**已经发生了什么？**"，预测性的分析试图对**未来有可能发生的事情**进行预测，指示性的分析想要对**某事发生时我们所应采取的行动**做出指示，操作分析会**把分析技术运用到产生出来的数据上**，而认知计算则致力于**充当顾问，以便给人类提供帮助**。

有一种说法认为，企业的分析技术应该从描述性的分析出发，然后按照预测性的分析、指示性的分析以及认知计算这一顺序来进行发展。而另外一种说法则认为。企业可以在所有的或绝大多数的分析门类中同时达到成熟。其实顺序问题是没有正确答案的，你应该根据本企业的商务目标及业务策略来做出选择。至于操作分析这一门类，则根本没有出现在排序中，这是因为它要对运动中的数据进行实时的分析，而这种分析，并不是每一家企业都需要用到的，即便用到，也不需要以其他几个分析门类作为先决条件。

笔者所构建的分析参考架构，由 7 个水平层、3 个正交的垂直层以及五大支柱区域所构成，其中的 5 个区域，分别代表构成一系列分析技术的那 5 个门类。这些架构层强调了不同的数据类型（data type）需要由哪些数据获取技术（data ingestion technique）做支撑，需要通过哪些数据存储能力（data storage capability）来实现数据供给。以及如何使用由元数据定义（metadata definition）所驱动的基于模型的方式（model-based approach），来对数据进行整合及虚拟化（consolidate and virtualize），以实现连贯且标准的访问机制，并确保数据（data）、集成（integration）以及分析（analytic）资产能够得到适当管制（governance），同时还要保证信息及数据安全（data and information security）。五大支柱区域分别强调了描述性的分析、预测性的分析、指示性的分析、操作分析以及认知计算这5个分析门类。如果我们想把这套内容叫做参考架构（reference architecture），那么经常要浪费很多精力去证明它是否有资格称为参考架构。因此，面对这种情况，务实的架构师可以给它起一个不容易引发争议的名称，例如分析参考模型（analytics reference model）或分析架构蓝图（analytics architecture blueprint）等。

一定要注意，分析参考架构只是一个基线，它指引你以此为基础来进行创新及编排，从而研发一套能够对业务策略及目标提供支撑，并且能够对企业的IT能力进行确认的分析架构。此外还要注意，笔者之所以会详细讲解每一个相关的概念，是为了令你能够注意到它们之间的联系，并使你感觉到自己确实有必要对本体、认知计算以及行业的标准信息模型等话题进行自主的研究。

要想成为务实的软件架构师，就应该充分地了解分析技术及其各项能力，这是一种能够体现出自己与他人差异的重要手段。

与所有美好的事物一样，本书也需要有个结尾。笔者回顾了自己想要讲解的那些话题，然后发现我所讲解的这些软件架构知识，正是自己刚开始构思本书时打算讲解的那些知识。可是我还是不甘心就这样结束本书，于是我一直在想，还能跟大家分享些什么呢？最后我决定，专门用一章来讲述笔者在职业生涯中所积累的经验。第12章就是对这些经验的一次总结，它们来之不易，而且从中可以学到很多教训。

11.6 参考资料

ACORD. (n.d.) Retrieved from http://www.acord.org/. This insurance industry standards specification also consists of a data and information standard.

Davenport, T., & Harris, J. (2007). *Competing on analytics: The new science of winning.* (Boston: Harvard Business Review Press).

Davenport, T., Harris, J., & Morison, R. (2010) *Analytics at work: Smarter decisions, better results.* (Boston: Harvard Business Review Press).

Healthcare Information Technology Standards Panel (HITSP). (n.d.) Retrieved from http://www.hitsp.org.

This site shares information across organizations and systems.

IBM. (2012–2013). Smarter analytics: Driving customer interactions with the IBM Next Action Solution. Retrieved from http://www.redbooks.ibm.com/redpapers/pdfs/redp4888.pdf.

IBM. (2015). The new frontier for personalized customer experience: IBM Predictive Customer Intelligence. Retrieved from http://www-01.ibm.com/common/ssi/cgi-bin/ssialias?subtype=WH&infotype=SA&appname=SWGE_YT_HY_USEN&htmlfid=YTW03379USEN&attachment=YTW03379USEN.PDF#loaded.

IBM. (n.d.) FAQs on DeepQA. Retrieved from https://www.research.ibm.com/deepqa/faq.shtml.

IBM. (n.d.) Predictive asset optimization. Retrieved from http://www-01.ibm.com/common/ssi/cgi-bin/ssialias?infotype=SA&subtype=WH&htmlfid=GBW03217USEN.

IBM Institute of Business Value. (n.d.) Analytics: The speed advantage. Retrieved from http://www-935.ibm.com/services/us/gbs/thoughtleadership/2014analytics/.

IBM Institute of Business Value. (n.d.) Your cognitive future. Retrieved from http://www-01.ibm.com/common/ssi/cgi-bin/ssialias?subtype=XB&infotype=PM&appname=CB_BU_B_CBUE_GB_TI_USEN&htmlfid=GBE03641USEN&attachment=GBE03641USEN.PDF#loaded.

Jones, T. (2013). Recommender systems. Retrieved from http://www.ibm.com/developerworks/library/os-recommender1/.

W3C. (2008, January 15). SPARQL specifications. Retrieved from http://www.w3.org/TR/rdf-sparql-query/.

第 12 章　架构经验谈

我在想：深度的冥思能把我带到平行宇宙中吗？

在忙乱的生活中，我们似乎没办法停下脚步，来回顾一下自己学到和收集到的经验。我们总是不去寻找一种渠道，来把这些有价值的经验分享给更多的人，进而形成一套协作式的知识共享体系。笔者自己恐怕也没有做到这一点，至少是没有达到我所预想的那种程度。我怀疑自己究竟能不能在诸多的头绪中，理出一套行动方案并加以实行。

现在，笔者要在这短短的一章中，实行自己刚才说过的那个想法，也就是说，我要把一些自己认为有用的实际工作经验分享给大家。当项目执行得比较糟糕时，我可能发现自己没能把握住项目的整体情况，而这些经验，则可以帮助我在这些时候认清大局。

笔者把这些小小的心得分享给各位读者，以及与我一起进行架构工作的诸位同事，我永远感谢大家。笔者的学识与经验既不精深，也不渊博，所以权当这是我沉思之后的几句杂谈吧。

12.1　各种敏捷开发观点应该加以融合

当前的软件行业确信，如果一家公司宣称自己采用敏捷（agility）方式来开发软件，那么它就可以通过运用各种敏捷原则（agile principle）来获得足够多的好处。

我们每个人对敏捷都有自己的理解，而且都会提出一套促使 IT 业接受并采用它的办法，笔者还没有发现哪两个人对此持有完全相同的观点。于是我就在想，是不是应该就此达成一个简单而明确的共识，从而使团队能够更加顺畅地实践各种敏捷原则？

敏捷固然是企业对自身的关注点与思路所做的一种宣示，但它也同样应该有一套底层的 IT 框架来做支持，只有形成了这套框架，我们才能将其付诸实践。

根据笔者所见，敏捷文化可以归结为四条基本的行动观点：

❑ 清晰性比不确定性更重要。

- 对开发过程的修正比事事追求完美更重要。
- 自我导向（self-direction）比命令－控制式（command-and-control）的团队更重要。
- 丰富的能力比丰富的流程更重要。

我们应该为 IT 项目撰写一套定义清晰且文档完备的目标，并且使团队成员就这些目标进行沟通，以对其形成正确的理解。这样一套目标，应该钉在墙上，以便每一位团队成员都能看见。在开始当天的工作之前，应该把这些目标大声念出来，这通常有助于我们驱除杂念，把工作重心放在已经阐明的这些目标上。笔者认为，每位团队成员都有同样的质疑权，可以对项目当前的状况与预订目标之间的偏差进行质疑。设定清晰而精准的目标，对项目的发展是大有好处的。举个例子，笔者在 Fitbit 软件上给自己定了每天走 10000 步的目标，于是我现在时不时地就会从座位上站起来走走，以完成这个目标。

你不能极力追求完美，不能要求每一个项目工件都一步到位，这样的想法是不现实的。我们应该营造一种促使自己迅速学习相关知识并构建原型的环境，在这种环境下，我们不用担心犯错，而是会尽早地暴露错误并及时修正项目方向，使得项目以一种活力充沛、步调迅速而又能够自行驱动的方式向前发展。团队成员在这样的环境下会成长得更快，也会表现得更好。

如果团队成员所在的项目环境，使他们认为修正方向要比追求完美更加重要，那么这样一种环境就有可能自动培育出一个自我驱动型的团队。在这样的团队中，成员不仅能够清晰地理解项目的目标，而且还能够在实现目标的过程中体现出创新与活力。这样的团队不需要有人对其进行手把手的指挥或命令－控制式的管理，那种微管理（micromanaging）只会对项目开发造成阻碍。

现在很多企业在成员分布上都比以往更加分散。我们看到有许多项目的需求是在某一个国家讨论并记录下来的，而其开发工作则在另外一个国家来完成，甚至还有的项目把测试阶段也放在别的国家来做。这些项目对团队的工作有着极其清晰的划分，这通常使得团队之间变得较为孤立，也使得团队成员所掌握的技能过于专门化。于是，项目的资源与成员的技能，就体现出一种瀑布式驱动的倾向（也就是说，项目计划制定得过于顺序化，其中的任务通常也比较专门，这导致必须找出先掌握某种专业技能的团队成员，然后才能令项目进入某个开发阶段，而离开该阶段并进入下一阶段时，又要去找具备另外一种专业技能的成员）。要想把敏捷技术融入这样的 IT 项目中，有一个办法是对成员进行跨科目的培训（cross-train，交叉训练），使他们获得与自己专业相邻的一些专业所用到的技能。比如，可以令收集需求的团队成员也来学习系统测试。这样的跨科目培训，不仅能够帮助团队成员获得多种专业技能，而且还能够帮助其构建连贯的知识体系。笔者看到，有一些团队致力于使团队成员掌握多样的技能，它们会把不同专业的团队成员放在同一个工作环境中进行跨科目的培训，这些团队在项目的执行上，会比不重视技能多样性的那些团队表现得更好。

依照笔者的经验来看，公司的文化、理念以及执行方式固然很重要，但要想把敏捷思维转变成敏捷成果，就必须采取适当的措施。一位同事曾经指出，业界经常有种倾向，认为敏捷就在于和 DevOps 有所不同。其实敏捷不仅仅要交付 IT 项目，而且还要体现出商业价值。如果想通过在 IT 项目中采用敏捷开发来获得有形成果，那就必须有适当的工具与基础设施（tooling and infrastructure）做支撑，以促进迭代而渐进的软件系统开发工作。应该投入一定的管理精力去设置一套框架，该框架不仅要使每个项目团队都能利用本框架的能力，而且还要使团队有权根据自身所采用的开发方法来对其进行定制。工具基础设施可以包括下列方面：

❑ **环境设置**（开发、系统测试、生产）——相似的项目可以共用同一个平台，并且可以共用平台中的这些元素，例如 Docker 容器或云端虚拟机。

❑ **测试自动化引擎**——该工具能够对定期开发的代码进行持续测试。

❑ **自动化的构建引擎**——该工具能够促进新代码库与现有系统特性之间的持续集成。

❑ **自动化的部署引擎**——该工具能够为持续的部署与测试提供支持。

笔者的主张是，敏捷开发的思路（包括文化与理念）以及方法（包括快速开发、测试以及部署工具）可以通过基础设施框架得以融合，以体现出真正的好处。

12.2　传统的需求收集技术过时了

过去几十年中，业务分析师一直在用长篇的正规文档来对收集到的需求进行整理，我们撰写成堆的文本文档，并把它们打包成用例与功能规范书。

这几年有一个现象引起了笔者的注意，那就是传统的需求收集方式在当前这个时代已经不那么有效了，因为移动应用程序已经成为人与机器和系统进行交互时的事实标准。在笔者个人所参与的几次实验以及几次软件开发活动中，开发团队鼓励其成员去形成一种想法，这种想法认为，技术是没有界限的，它可以做任何事情。接下来，团队成员与用户群（也就是使用该系统的实际用户）直接进行沟通。通过这样的参与，可以确立下面几个简明的目标：

❑ 用户想要怎样与系统进行交互？

- 用户想要看到哪些信息？
- 这些信息应该以何种方式呈现给用户观看？

我们把重点从撰写文本文档，转移到通过直观的信息图表来实现信息可视化与用户交互。我们重视的是可视化渲染（visual rendering）的直观性与创新性，并着重思考一些人类心理学问题，例如对信息所做的视觉处理会怎样触发神经传递（synaptic transmission，突触传到）等。如果某件事物能使人脑的神经传递过程更加柔和，那么人自然就更容易接受这件事物，对于软件开发来说，这意味着要把 IT 系统做得更加直观，甚至在开始构建系统之前，就得先确保用户能够接受这个系统。（你可能在思考非功能型需求，也就是 NFR 方面的问题，这个可以先放一下，稍后再讲。）

设计思考（design thinking，设计思维）正提倡这样的观念。Apple 公司也按照这样的观念行事，他们一直都根据用户是否接受并使用其产品，来判断产品的好坏。

下次当你遇到一个需要架构的 IT 系统时，不妨试着运用设计思考来对待它。

12.3　MVP 范式值得考虑

如果采用敏捷开发方式来开发软件，那就应该尽快发布产品，不是吗？敏捷开发方式要求我们精简地执行项目，使用按照优先级排好顺序的 epic 及 user story（用户故事），并对 backlog（待办事项清单、积压工作清单）进行高效的管理。（epic、user story 以及 backlog 是敏捷开发方法中的基础概念。）

根据笔者的经验，我们一定要把产品或项目视为持续发布的成果。传统的产品发布周期是 6 个月至 1 年，尽管现在已经没有人愿意等那么长时间，但这条原则依然是很实用的。笔者认为比较理想的发布周期应该是 6 个星期。除了周期问题之外，我们还需要考虑下面这几个问题：

- 我们要发布的是什么？
- 第一个发行版是什么样子？
- 它为谁而服务？

上述问题可以引出笔者想要介绍的 MVP 概念，此处的 MVP，是指 Minimal Valuable Product（价值刚刚好的产品）。于是，我们现在自然就应该谈谈 MVP 的定义了。MVP 强调的是产品中只应该含有发布时所必需的最简特性。至于哪些特性才算是最简（leanest）特性，这要由各种因素来决定，其中很大一部分因素都是商业因素，而不是 IT 因素，它们通常都是由价值来驱动的。下面列出几个笔者遇到的决定因素：

□ 以先行者的身份确立市场地位。

□ 以业界潮流追随者的身份确立市场地位。

□ 开发一系列能够立刻减少运营成本或增加收入的特性。

□ 帮助特定的工作人员（也就是具有特定用户角色的使用者）完成其工作，他们对某些特性有着强烈的需求，例如有些用户要进行风险很大的决策工作，而且一直以来都必须面对严峻的后果。

用户必须要能够通过合适的手段与系统进行交互，并且要能够对系统的功能加以利用，只有这样，才可以体现出系统的特性及能力，因此，设计思考这一范式，是极其重要的。此外，标准的数据分析与集成，当然也很重要。我们一定要通过设计思考来推进这些方面。

如果我们能够专注于制定 MVP 的特性列表及其用户界面，那就可以推动上述行为，并且可以有更多的机会把某种由商业价值所驱动的东西，尽早交到从业者和用户的手中。

接下来的迭代，显然可以按照 MVP 范式继续进行。

如果你愿意使用 MVP 范式，并且在使用它的过程中发现了机会，那么就应该抓住机会，继续按照这种范式做下去。如果能够创造机会，那就更好了。

12.4　不要忙于应付各种事务

软件架构师如果能把项目做好，那就会受到公司其他人的注目。由于每个人都有一种追求成功的本能，因此大家都会找你参与各种项目并讨论各种策略。

笔者回顾自身经历时发现，自己经常试着去同时面对很多项事务，想要竭力满足多方的需求，并且一直在各种（有可能彼此完全不相干的）活动之间游走。

常识告诉我们，每次只应该关注手头的一项任务，并且要尽力把它做好。如果你觉得只关注一项主要任务太过无聊，那么最多可以同时执行两项任务。有些人认为切换手头的任务可以提神，但一般来说，这样做的代价是很大的，而且经常会产生不良后果。

时间显然是最宝贵的资源，我们总是需要时间。但你如果一直忙着执行很多的任务并且去应付很多的人，那么即便有再多的时间，也不会产生好的效果。你会陷入各种纷扰的事务中无法自拔。如果你不能有效地管理自己的时间，那么这些时间就总是会为他人所占据。

最后，我终于学会了拒绝，我不再把自己的精力过于分散地投入多个领域，而是按照优先顺序来关注当前应该做的事情。要想管理好时间，首先得把时间攥到自己手里。

12.5　预测性的分析并不是唯一的分析切入点

大多数组织和咨询公司都提倡把预测性的分析当成分析技术的主要切入点，这种分析能够对未来发生的关键事件或重要事件进行预测。于是，很多公司就开始进行数据挖掘和数据科学研究，以求找到那些极具商业价值的信息。我们经常把研发强大的预测模型视为终极的目标，而且认为应该把全部的分析精力都放在构建这样一个模型上。笔者并不反对将预测性的分析当作分析工作的起始点，但我还是要把自己对这个问题的几点看法分享给大家：

- ❑ 构建预测模型并不是一件容易的事情。预测模型是否强大到能够给企业以启发并且使企业信服其预测能力，这是很难确定的事情，而且也很难做得到。
- ❑ 预测模型通常必须处理与数据可用性及数据质量有关的问题，因此大部分的时间都会花在这些问题上，而不会用于构建模型本身。
- ❑ 它可能不是获取商业价值的最快方式。

笔者的经验是，在某些行业（例如工业及制造业）中，操作分析或实时分析所具备的潜力也是非常关键的，而且与预测性的分析同等重要。这些行业要实时地监控正在运行的资产，以计算关键的性能指标，并将其展示成直观的实时交互信息图。操作分析通常是对资产的综合设备效率（overall equipment effectiveness，OEE）进行优化的关键技术。而且在很多情况下，生成 KPI（关键绩效指标）并关注实时的用户交互体验，要比花数月乃至数年时间去制作一个有判断力的预测模型更为容易。其原因包括但不限于：

- ❑ 实时地对 KPI 等分析指标进行计算，是一项确定性很强的工作，因为只需要根据公式就能计算出来。
- ❑ 实时地计算关键指标，使得我们可以在执行某些重要操作时对系统进行修正，也就是说，它令我们可以在发生业务影响的那个时间点上直接采取措施。

因此，当预测性的分析尚且无法产生立即可见的效果时，我们可以考虑把实时的操作分析也当成一项强有力的价值主张，并在业务环境能够证明其行之有效的情况下，把它作为分析工作的切入点，以获取商业价值。

12.6　领导能力也可以通过培养而获得

俗话说，领导是天生的（leaders are born），这句话没错，并不是每一个刚出生的人都自动获得这项能力。这是不是就意味着像你和我这样的凡人，就无法成为领导了呢？

以前笔者也持有类似的观点，但当我看到《哈佛商业评论》（Harvard Business Review）上有一篇谈论领导力的文章之后（Goleman 2004）[⊖]，我的想法发生了变化。

那篇文章的总体意思是说，领导者必须（天生）具备或是（像笔者这样由后天）获得5种必备的领导力特质：有自知力（self-awareness）、有自我约束力（self-regulation）、积极（motivation）、有同理心（empathy）以及具备社交能力（social skill）。那篇文章把有自知力，定义为能够意识到自身的情绪特质、强项、弱点，并且能够明确地了解驱动力、价值以及目标，把有自我约束力，定义为能够控制自身的冲动反应并将其引向正面的行动，把积极，定义为想要努力达成某种有价值的成果，把有同理心，定义为在做决策时能够敏锐地体察他人情感并给予同情，把具备社交能力，定义为可以足够高效地管理社会关系，并使其顺利地朝着所需的方向发展。

即便是像笔者这样深信上面这套说法的人，也必须在自觉的自由意志（conscious free will）之下经过大量的训练，才能获得这些领导力特质。由于笔者并不是那种天生就具备领导力的人，因此我必须有意地去锻炼自己，以求获得这些特质，有些时候是按照预定好的方式来锻炼，有些时候则是临场发挥。通过有意识的锻炼，我可以把这些特质培养成自己的本能反应，令其成为自己的第二天性，这就是习惯的力量。

领导力特质确实可以通过有意识的训练而获得。公司会把架构师视为技术方面的领导者，因此你不仅要领着团队开发软件，而且还会与高层管理人员一起讨论问题。在朝着首席架构师、首席技术人员或CTO发展的道路上，你要尽快把自己的领导能力发挥出来。

12.7　架构不应该由技术来驱动

IT项目或IT活动的初衷各有不同。有些项目纯粹是由一系列的业务驱动力与目标而促发的，这些IT系统需要达成预定的业务目标，还有一些项目则是在IT环境中催生的，这些以IT为驱动力的开发活动，通常有着良好的想法与意图，但情况并非总是如此。笔者见过很多在IT环境中催生的项目，它们之所以设立，只是为了去尝试某些新东西、尝试市场中的某些新技术，或是尝试某人认为很时髦的一些玩意。对最后这一种项目（也就是为了跟风尝鲜而创立的项目）要多加小心，我们需要确认此类项目能够得到直接的商业支持，而且有着明确的业务目标，这些目标需要由项目来实现。

很多技术团队刚开始做项目时就会定出一个技术平台，并且要求系统必须构建在这

⊖　该文章也可以查阅 http://humanresources.tennessee.edu/leadership/docs/goleman.pdf 。——译者注

个平台上。他们会根据与这些技术有关的需求、规范以及约束来设定一些架构方面的约束条件和注意事项。有了这样的设定之后，当相关人员把收集到的业务需求拿给技术团队看时，该团队就会对这些需求产生抗拒情绪，因为这些需求有可能要打破他们原来设定的技术约束，或是他们预想的技术组件与产品组件无法满足业务需求所要求的业务能力。

笔者愿意以短篇故事的形式，分享自己体会到的几条经验：

- 我们在还没有理解系统的报表需求之前，就率先把某一款商务智能（BI）报表工具或产品选入了技术栈。等到业务需求收集过来之后，我们才发现自己必须用一整套可视化的饰件来实时地展示某些操作数据，也就是说，数据会源源不断地流入系统，于是，这方面的可视化需求也就会越来越多。而我们早前选定的那款 BI 报表工具，其所支持的饰件只能定期地查询数据库并对用户界面进行渲染与刷新，它并不支持那种能够根据流入系统的数据来实时渲染与刷新的饰件。这下可就糟糕了。团队通过深入的技术分析，最后得出一个结论：为了满足业务需求，我们必须改用另外一种可视化技术。由此可见，直接把现有的某款 BI 报表工具定为项目的实现技术，并不是个好主意。

- 有一个企业选中了 Hadoop 平台，以为它能够满足所有的分析需求及负载。现在企业想为其装配生产线研发几个复杂的预测模型，于是就请数据科学家过来构建这些模型。数据科学家需要把 Hadoop 集群中的数据运用到模型上，以便对统计模型进行训练，可是当他们执行数据查询时却发现，查询数据所花的时间特别长。于是，相关人员就免不了在沮丧和烦躁中相互指责，最后，大家总算发现了真正的原因：原来是公司的 Hadoop 平台没办法高效地运行 PB（petabyte）级别的复杂数据查询。这该怎么办呢？技术团队研讨了一番之后发现，需要用一套数据库管理系统来提供相关的数据集，以便使数据科学家能够据此对预测模型进行构建与训练。

如果发生了上面这种状况，那么其解决过程肯定是相当纠结的，而且还会使 IT 部门在业务人员的眼中留下很差的印象。因此，架构师必须注意预防此类状况，一定要等到有了业务需求之后，才去敲定具体的技术。解决方案的架构工作要先从功能模型开始，而且要使技术能力与技术特性可以与功能方面的需求相契合，之所以必须要这么做，就是为了防止出现上面那样的问题。我们当然也可以同时开发功能模型与操作模型，但是当某项技术还没有令你满意时，千万不要急着把它纳入架构栈中。

有时或许能侥幸避开这类问题，但不一定每次都这么好运。草率地选定技术，会给系统带来严重缺陷，因此必须加以留意！

12.8　开源软件很好，但要谨慎使用

在当前的 IT 行业中，有一个特别好的现象，那就是很多人已经开始接受并使用开源技术了。Apache Foundation 等组织以及 IBM 等公司都在进行开源创新，并且在为开源社区提供技术支持，这极大地改变了软件开发的面貌。在青少年中，懂技术的人远远超过我们那个时代。比如，笔者有位同事，他的孩子 10 岁就参加编程比赛，做了一个基于 JavaScript 的网页浏览器，而且得了头奖。

开源极大地提高了 IT 业的创新动力。很多公司都接受并采用完全开源的技术平台。笔者在自己的笔记本电脑上尝试了很多开源技术，发现这些技术确实很棒。

然而接下来我必须赶紧补充一段话。开源技术在为新概念做原型时，以及在**快速验证某想法**或**尽早暴露其缺陷**（如果有）时，是很好用的，但我们一定要进行谨慎而周详的技术分析，以确保构建在开源技术之上的应用程序，能够通过企业级强度的测试及认证。

笔者下面举一个自己经历过的事情：

❑ 有一款创新型的仿真建模（simulation modeling，模拟建模）应用程序，用来解决行业中某个显著的问题，该程序构建在开源的数据库引擎上（笔者隐去了该引擎的名称）。此系统可以很好地把各种有可能出现的情况展示给多位潜在客户，但有一次它遇到非常大的数据量，出现了问题。由于数据量特别多，而开源数据库引擎又没有办法应对进行仿真时所需的查询负载，因此，系统的核心仿真算法几乎完全失效。于是，我们必须把整个数据模型和数据集都移植到一款企业级的数据库引擎（该引擎具备数据库并行化等技术特性），才能使整个系统的功能符合企业的需求。

架构师先要仔细分析使用开源技术所带来的效果，然后再决定是不是要正式地将其运用在企业级的应用程序中。开源技术确实很强大，但它们未必能够支持某些企业级的应用程序，因为那些程序需要满足特定的非功能型需求及指标。

12.9　把看似简单的问题总结起来

有时你可能发现自己正在做的编程实验实在是太有意思了，必须先把它做完，然后才能去想别的事情。有时你可能让一个问题给难住了，必须先把它解决，然后才能证明自己提出的解决方案是可行的。刚才提到的这些问题，可能是编程问题，可能是配置问题，还有可能是设计问题，但无论怎么说，它们毕竟都是个问题。

你或许经过长时间的思索才最终解决了这个问题。问题一旦解决，原本搁置的任务就可以继续往下进行。那么，你现在是不是要立刻开始考虑下一个问题了呢？别急，你先想一想："刚才那个问题解决起来到底有多难？"你通常会认为，那个问题解决起来其实挺容易的，到了最后实际上就是个很简单的事情嘛。

我来讲个自己的故事吧。大概 15 年前，有位老同事问我是怎么把某个问题给解决的，他指的是一个困扰了团队超过一星期的问题，也就是如何配置 J2EE 应用程序服务器，使其能够与目录服务器协同运作，以便进行安全检查（或者说，对用户进行验证及授权，令他们可以进入企业门户）。我告诉他这个问题实际上是相当简单的，并且把解决问题的步骤说了一遍。他很认真地听我说完，然后问道："为什么不写一篇文章呢？"我觉得没有必要把这写成文章发表在技术杂志上，然而他依然认为我应该把刚才解释的那些步骤写出来。尽管我当时并不认为这样做有太大价值，但为了获得他的信任，我还是写了。

这篇文章成了我发表在技术杂志上的第一篇文章。令我难以置信的是，全世界居然有很多 IT 工作者都发来了电子邮件，甚至到了现在，我还会时不时地收到一些消息。他们说这篇文章启发了他们的思路，帮助他们解决了类似的问题。

于是，我突然意识到，无论你认为自己解决的这个问题有多微不足道，你都应该把经验分享出来，因为还有很多人可能也卡在同一个问题或是类似的问题上，你的经验能够给他们很大的帮助。

自从意识到这一点之后，笔者就一直在写文章。知识要在分享的过程中得以积累。撰写文章并发表出来，可以使自己得到关注，而且也会形成一个越来越大的读者群。在今天这个社交网络很发达的时代，你不必写一篇长达 10 页的文章，有时只需发一条推特，就可以把经验分享给大家。

想一想你解决过的问题，把解决方案在脑中或在纸上重新组织一下，然后把它写下来，发表出去。

12.10　根据技术产品的核心优势来确定架构基线

当我们开发并定义系统架构时，在某个特定的阶段，必须挑选出一些合适的技术，这包括中间件产品与平台、硬件以及网络等。

选出正确或最为合适的技术，是一项令人相当畏惧的任务，或者至少可以说是一项很有挑战性的任务。参与市场竞争的厂商，都会推出彼此相似的产品，每个产品都宣称自己比同类产品做得更好。由于竞争很激烈，因此每家厂商都不得不给产品增添一些附加的功能，以便令用户确信："我们的产品也有这项功能！"这样一来，架构师和技术决策者在评估这些技术时，就会遇到困难，他们需要把产品中最为核心、最为基础的那些元素，与其他一些附加的特性区分开，后者只是厂商为了跟其他竞争者保持一致而添加进去的。

根据笔者的经验，我们最好总是选择那种关注其产品核心优势的厂商，而不要选择那种虽然提供很多特性，但这些特性都无法构成核心优势的厂商。为解决方案做架构时，一定要把解决方案建立在产品的核心优势上，而不能因为产品中提供了某些特性，就把这些特性全都用一遍。如果架构建立在一系列技术产品的核心优势之上，并且有一套稳固的集成架构来促进产品之间的数据与信息交换，那么这样的架构，肯定会比那种仅仅因为产品中有这些特性，就要把所有特性全都用一遍的架构更加健壮，也更加容易扩展。比如，如果我们在选择实时流计算引擎（real-time stream computing engine）时对厂商的技术进行评估，那么主要应该关注其能力及可扩展性，并且看它是否能够从多个数据源中获取尺寸与形式各不相同的数据，而不应该把注意力放在它是否拥有一项据称还可以进行预测建模的特性上。

12.11　小结

笔者在本章分享了自己的一些经验与反思。这些内容不需要再进行总结了，因为那样只会越写越多。

笔者唯一想说的是，你应该时常回顾一下自己收集到的经验和偶然产生的想法，并把这些来之不易的经验和知识分享给你的同事及广大的 IT 工作者，这样做既能使自己开心，又能给大家带来帮助。

但愿你能赞同这个说法，并成为一位分享知识的明星。

12.12　参考资料

Goleman, Daniel. (2004, January). "What Makes a Leader," *Harvard Business Review*. Retrieved from http://www.zurichna.com/internet/zna/SiteCollectionDocuments/en/media/FINAL%20HBR%20what%20makes%20a%20leader.pdf. This article illustrated the five traits of leadership that I mentioned.

附录 A　25 个实用小知识

身为架构师，笔者在参与技术讨论及相关讨论时，有可能会对他们正在谈论的话题或问题毫无头绪。每到此时，我就会觉得特别焦虑，好像总是感觉有人要请我阐述这个话题或分享相关的看法。大家是不是也遇到过这种情况？

在这份附录中，笔者选了 25 个自己经常遇到的或是认为软件架构师有必要了解的话题，明白了这些话题之后，你或许可以在和他人讨论相关问题时谈得更多一些。

笔者并不认为这 25 个话题是所有话题中**最为重要的**（top）那 25 个，因为话题的重要性是相对而言的，笔者认为最重要的话题，在你看来或许并不是最重要的。之所以选这些话题，是因为我觉得它们与整体的架构、技术以及数据分析（本书正文专门用了一章的篇幅来讲分析）的某些方面有所关联，而且可以对其起到补充作用。

A.1　架构与设计有什么区别

架构处理的是结构或系统的结构问题，这些结构是由软件组件本身、软件组件的外部可见属性以及它们之间的关系所组成的。而设计处理的则是组件及子组件的配置与定制问题，它要紧贴现有的系统环境及解决方案需求。

A.2　架构模式、设计模式与框架之间有什么区别

架构模式（architectural pattern）是软件系统的基本组织方案。它提供了一系列预定义的子系统及组件，指定了它们的职责，并且含有对它们之间的关系进行安排时所需遵照的规则及方针。

根据 Gang of Four（四人组）所写的《Design Patterns: Elements of Reusable Object-Oriented Software》（《设计模式：可复用面向对象软件的基础》，参见 Gamma, Helm, Johnson, & Vlissides 1994），设计模式就是为了解决特定情境下的通用设计问题，

而对参与问题解决的一系列类及实例，以及它们的职责、协作情况及（类与实例间的）责任分配情况所做的打包方案。

框架与模式不同，它可以认为是采用特定的技术，对一系列架构或设计模式所做的实现。比如，Spring 就是个 J2EE 框架，它用 Java 语言对 MVC（Model View Controller，模型－视图－控制器）模式做了实现。

A.3　怎样对比自上而下的功能分解技术与面向对象的分析与设计（OOAD）技术

自上而下的功能分解（top-down functional decomposition，自顶向下的功能分解）是一种设计方法，它从问题的抽象功能定义（居于上方）出发，将其拆解为详细的解决方案（居于下方）。这是一种分层的方式，它把问题逐步划分成功能子域（functional subdomain）或模块。

在实际的软件开发工作中，无论你想把功能分解做得多么完备，也依然要面对不同程度的需求变化，而功能分解技术无法使代码很好地适应将来所发生的变化，因而不能够使软件优雅地演化下去。功能分解的关注点是功能本身以及怎样把这些功能分解为子功能，这样做会导致原来那个总体的主功能问题与分解而成的功能子域之间，形成低内聚、高耦合的现象。这种现象是由连锁反应导致的。由于功能运作所需的数据集会在多个功能之间共享，因此采用功能解耦来制定问题解决方案时，经常会遇到这种连锁反应。要想修改某个功能或修改该功能所使用的数据，就必须修改其他部分的代码，这就导致一种软件开发中较为流行的现象，也就是不必要的副作用（unwanted side effect）。这种副作用会越来越大、越来越强烈，进而变得无法管理。

OOAD（Object-Oriented Analysis and Design）是一种设计方法，它以对象的形式来分解问题。对象是类的实例，用来把现实世界中的实体映射到软件领域中。从概念上来说，对象是对其内部状态所做的一种封装，它会通过一系列方法或操作来公布一组行为，该对象的内部状态就是由这些行为来改变的。这样做是为了确保对象的内部状态只能通过这些方法进行修改，从而使这些方法合起来能够决定该对象的行为。

OOAD 与自上而下的功能分解不同，它不需要指定一个总体的功能问题。它会把解决问题的职责，封装到这些称作对象的软件构建块中，这就产生了一个适当封装的系统。该系统中的数据（也就是对象的状态）与用来操控这些数据的操作（这些操作合起来确定对象的行为）能够紧密地集成起来，使得系统具备低耦合、高内聚的特征。

OOAD 可以较好地应对变化。这些变化并不会影响整个系统，而是只会影响那些行为需要改动的对象，我们只需修改这些对象的行为，即可实现新的功能。

注意：对象是类的实例。我们用类来定义实体，用对象来表示该实体的一个实例。比如，如果把汽车定义为 Car 类，那么 BMW 就是 Car 类的一个实例（或者说，BMW 实例的类型是 Car）。

A.4 概念模型、规格模型与物理模型之间有什么区别

从功能模型的角度来看，概念模型就是用来表示一系列概念的实体，这些实体与任何技术都没有关系。实体所表示的是人员、流程以及软件系统等构件，其中也包括对这些构件之间的交互情况所做的描述。从操作模型的角度来看，概念模型只表示应用程序级别的组件，这些组件最终需要放置在物理拓扑结构中。

从功能模型的角度来看，规格层面的模型（specification-level model，本书将其写为 "specified" level model）用来描述模型中的每个组件对外界所表现出来的诸多方面，例如它们的接口以及这些接口在组件之间进行交互的方式。从操作模型的角度来看，规格模型表示的是一系列技术组件，它们最终用来放置应用程序级别的组件，并为这些组件之间的互连与集成提供支持。该模型把关注点转向了基础设施的逻辑视图。

从功能模型的角度来看，物理模型表示的是与实现技术或平台有关的一些内部方面，例如某组件是用 J2EE 技术实现的，还是用 .NET 技术实现的。从操作模型的角度来看，物理模型定义了每个操作节点的硬件配置、放置在每个节点上的功能组件，以及与网络连接情况有关的一些细节，这些细节指出了物理计算节点怎样与整个系统内的其他节点或用户相互连接。

A.5 架构原则怎样促使系统架构同时具备灵活性与恢复力

架构原则提出了一系列规则、限制条件及指导方针，用来对系统架构的研发、维护及使用进行管理。如果系统中的一系列业务都采用并遵守某条原则，那么架构就会因为它们对这条原则的遵守而具备一定的恢复力（resilience，弹力）。比如，可以设定这样一条强制的安全原则：无论用户的业务或角色是什么，系统中的所有用户都必须采用一致的凭据来访问系统。如果某条原则鼓励我们对系统进行扩展，那么它就会给系统留下一定的灵活空间。比如，可以设定这样一条原则：允许我们在基准信息模型的基础上，

针对某一系列业务所用到的那些应用程序进行特定的扩展。

A.6 为什么说物理操作模型（POM）的开发工作可以分成多次迭代来进行

研发规格操作模型（specified operational model，SOM）时，我们要反复完善自己对应用程序级组件的理解，并且要确定出最终为这些组件提供支持的技术层面组件。

如果你通过 SOM 分析，对当前的 IT 环境、厂商的客户亲和力以及演化中的架构蓝图（及其原则与限制）有所了解，那么就可以明智地利用这些知识去确定构件物理操作模型（physical operational model，POM）所需的产品与技术。在该阶段，我们可以试着理解某些关键的非功能型需求（例如可用性、灾难恢复以及容错性等），这或许能够给最终的物理拓扑结构确定工作提供一些线索，例如可以帮助我们确定支持冷 - 热备份（hot-cold standby）操作模式以及按需提升计算能力（on-demand compute ramp-up）时所需的中间件产品或组件。至于这些产品或组件的详细配置情况，则不需要现在就确定出来。因此，我们自然可以在进行 SOM 开发工作的同时，执行 POM 中的组件选择（component selection）流程，并把组件配置（component configuration）任务留待以后进行。于是我们就可以说，把迭代式的 POM 开发工作与 SOM 的开发放在同一个时间段内进行，是一种相当可行的做法，而且通常都会迅速产生实际效果。

A.7 什么是面向服务的架构

面向服务的架构（service-oriented architecture，服务导向式架构，SOA）是一种架构风格，致力于提供一系列与业务保持一致的服务，其中每个服务都直接对应于一个或多个可以量化的业务目标。在这种架构风格的指引之下，我们可以运用各种技术来确定一个或多个颗粒服务（granular service）或原子服务（atomic service），并将其编排成 service dance（服务舞曲），以实现一个或多个业务服务。这种架构风格的主旨是提倡并促使我们实现一些可以自我描述的、可供搜寻且可供复用的服务（所谓可复用，是说它们可以参与各种业务流程的实现）。SOA 关注的是可供复用的实体或构件，每一个这样的实体都叫做一项服务（service），它们都与业务相契合。

服务的实现与部署是靠一系列技术做支撑的。比如，*服务注册表*（Service registry，服务注册中心）可以充当服务的信息中心，Web 服务描述语言（Web Service Description

Language，WSDL）是一种可以指定元数据的语言，使我们能够据此对服务进行描述，业务过程执行语言（Business Process Execution Language，BPEL）是一种组织语言，可以用来调用并集成多项服务，以实现相关的业务流程。

A.8　什么是事件驱动架构

事件驱动架构（event-driven architecture，EDA）最初是由分析公司 Gartner 所提议的一种框架，用来对某些行为进行协调，这些行为涉及事件的产生、侦测及消费，也涉及事件所给出的回应。EDA 是一种以事件为中心的架构，它的核心元素叫做事件。这是架构中的头等实体，它通常以异步的方式产生于当前系统的地址空间之内或之外。我们一般会对事件进行聚合或代理，把空间和时间上（也就是发生在不同地点、不同时点的）相互有所关联的多个简单事件，表述成与情境相关的高级事件，以便触发并执行某个业务流程。

EDA 通常利用某种形式的 ESB 来实现事件的接收、聚合及代理，它也会触发业务流程。

有些人在争论 SOA 与 EDA 究竟哪一个更好。对于这个问题，有一种简单的解决办法，那就是把 SOA 与 EDA 都融合到 SOA 2.0 中[⊖]。

A.9　什么是流程架构

有一种应用程序和系统，甚至可以说有一种企业，它们要比同类的程序、系统及企业更加依赖流程来进行驱动。比如，制造与生产产品的公司，通常就会由于设计方面的错误而承担高额的运营成本。这些错误在流程中发现得越晚，引发的费用就越大。于是，这些公司需要有一套框架，该框架不仅能减少流程中的每一步所出现的错误，而且还能够迅速地对业务流程中的各个部分进行改编，使其能够尽快适应变化。对这种以流程为中心的企业进行仔细的分析之后，我们或许还可以在相关的事件中发现强烈的因果关系，这些事件驱动着以流程为中心的系统，也就是说，整个操作流程或其中的某些部分，是随着事件的发送与接收而触发的。

流程架构通常有一份从流程角度撰写的业务描述，而且还有一套实现该架构所需的底层技术框架。业务描述是一份宏观的规范，它对参与工作的流程，以及流程间的相

　　⊖　也可以理解为事件驱动的 SOA（event-driven SOA）——译者注。

互依赖关系及相互通信情况做了规定。技术框架用来确定底层的技术基础，使得本架构可以通过接收与触发相关的事件，来实现流程之间的相互连接及通信，此外，技术框架也提供适当的工具和运行时环境，来模拟新流程和现有流程之间的通信，以及新流程对相关事件的反应。技术框架还会根据流程所能接收或发送的事件来定义流程接口（process interface），并确定这些事件应该怎样在流程之间形成通信管道（communication conduit）。这种通信管道使用分布式的集成中间件，通过事件把各流程连接起来。

流程架构通常位于企业业务架构这个大类中，后者确定了企业的价值流（我们采用以成果为导向的活动及任务来表示这种价值流），并确定了它们与外部和内部的业务实体及事件之间的关系。

如果仔细看看刚才讲的这两种架构，那么你可能就会问，流程架构与 EDA 有什么区别？为什么要把这二者区分开？产生这样的疑问，是相当自然的。要想避免这种困惑，不妨从观察问题的视角入手。假如你正在与制定商业策略的人交谈，那么谈话的中心或许应该放在流程上，但若是和生产人员及操作人员交谈，则应该把讨论重点放在对流程执行起到关键作用的那些事件上。软件架构师需要意识到自己所面对的究竟是哪一类用户，并且要用他们所熟悉的语言进行沟通。另外要注意的是，一定要把每个业务流程以及流程之间的交互情况记录下来，而且还要针对相关的事件给出描述及定义，这些事件使得某一条流程可以对该流程之外的情况做出反应。从技术上来说，就是一定要把集成架构定义出来，该架构会将流程与相关事件以及它们之间的交互情况绑定起来。不要让这一大堆架构术语给吓到了，你应该把注意力放在有待解决的问题上，并且专心把解决该问题所需的架构定义好，这样就不会产生刚才那种困惑了。

A.10　什么是技术架构

架构可以从多个视角与视点来观察，而且它在从概念到实现的各个阶段中，也会多次发生变化。在这些阶段中，有一个关键的架构制定阶段，它要求我们把功能架构视图映射到操作架构视图。在映射时，必须对中间件软件产品、计算资源及其硬件规格，以及网络拓扑结构等方面做出设计及定义，并且要把它们全都归整起来。

系统的技术架构，正可以用来确定这些中间件产品，并把它们安排到指定好的硬件配置上，同时，技术架构还会把服务器与系统其余部分相互连接所需的网络拓扑结构确定下来。我们最好是在给系统设计 POM 的这个阶段中，把技术架构正式制定出来。

A.11　什么是适配器

在具备一定规模的企业级系统中，我们可能经常需要在各自不同的多个系统之间进行连接。这些系统可能是采用不同的技术构建出来的，而且支持的数据格式与连接协议也有所区别。于是，我们就需要对系统间的数据与信息交换操作进行适配，使它们在交换时所使用的那种语言，能够为对方所听懂。

适配器通常是一份定制好的或打包好的代码，它会把刚才所说的那些系统连接起来，使得它们能够更为流畅地交换信息及数据。适配器会对特定的协议（这些协议通常是专用的协议或是古老的协议）及格式中的特殊之处进行抽象，使得适配器的消费方无需关注这些细节。适配器会把这些特殊问题全都隐藏起来，并公布一个易于使用的 facade（也就是接口），以供各方进行通信及数据交换。

适配器所公布的一系列 API，可以用来与底层系统进行交互，这使得我们可以更加容易地实现企业应用程序集成（EAI）。

A.12　什么是服务注册表

服务注册表（service registry，服务注册中心）是一种软件组件，它提供简单的服务注册能力，使得服务开发者与注册者能够把新的或现有的业务服务方便地纳入服务目录（service catalog）中。有了这个组件，开发者就可以浏览服务目录并寻找合适的服务，然后对想要消费该服务的应用程序进行注册，以请求使用此服务。

该组件具有许多功能，其中可能包括：

- 满足服务级别需求，以便支持一系列服务级别协议（SLA）。
- 提供进行服务治理（service governance）和生命期管理所需的服务管理配置文件（service management profile）。
- 从各种常见的来源（例如 Excel 表格及平面文件）中，把服务批量地加载到注册表中。
- 提供简化的用户界面，使得用户能够浏览各项服务的元数据及规格。

A.13　什么是网络交换区块

交换区块（switch block，交换方块）是一批位于访问与分布层中的网络设备（参见

第 10 章），用来把多个访问层交换机连接到一对分布层设备上。它实际上是由多个访问层交换机和一对分布层设备合起来所形成的区块。

A.14 什么是操作型数据仓库

传统的数据仓库（也就是企业数据仓库，或者叫做 EDW）支持高效的读取操作，以便在庞大的数据集上迅速地执行分析查询并获得响应，同时对多个事务性及参考性的数据源进行聚合。它们的优势在于可以为企业构建一份可靠的数据源，这份数据源通常涵盖不同的业务部门，并且能够用于在事后回答一些策略性的业务问题。这些问题一般涉及多个业务领域，而且回答问题所需的数据，也是在多年之间逐渐收集起来的。这样的数据仓库通常并不会频繁地刷新，有可能一天才更新一次。

在当前这个大数据的时代中，数据的生成量是相当惊人的，根据估算，我们至少可以说：数据量呈现指数级的增长。因此，要想实时地利用由数据分析所得到的结论，就必须采取另外一种范式，也就是说，我们需要以近乎实时的方式，把事务系统所产生的数据流导入数据仓库中。对数据进行分析并将其持久化到数据仓库中的速度，必须与获取数据的速度一致。新来的数据必须立刻进行分析并得出结果。操作型的数据仓库所涉及的一些技术，既能够使传统的数据仓库保有其本来的能力及优势领域，又能够令其支持下列特性：

- 高频率地获取数据，或是从数据流中持续而稳定地获取数据（这也叫做 trickle feed）。
- 高频率地写入数据，而又不影响读取及分析查询的性能。
- 把快速输入的新数据与数据集中的现有数据结合起来，以得出分析结论。

实际上，操作型的数据仓库就是一种传统的高性能企业数据仓库，它能够以很高的刷新频率来获取新数据，同时又能够保持企业数据仓库原有的优势。

A.15 复合事件处理（CEP）与流计算有什么区别

要想理解复合事件处理（complex event processing），就必须先知道什么是复合事件（complex event）⊖。复合事件用来描述具备因果关系与时间关系的一些简单或同质事件。事件之间的因果关系可以是水平的，也可以是垂直的。水平的因果关系意味着某个

⊖　如果把 complex 理解为"复杂的"，那么 complex event 就称为复杂事件，complex event processing 就称为复杂事件处理。——译者注

事件会触发同一级别的其他事件（比如，开完某个业务会议之后，我们决定根据本次会议的成果来安排下一次会议），而垂直的因果关系，则意味着事件体系中较为高端的事件，能够以某种方式归结到一个或多个较为底层的事件上，或是若干底层事件能够汇聚为一个高端事件。

CEP 是一系列封装成技术框架的技术。这些技术用来探查复合事件中的模式，并积极而实时地监测它们之间的水平因果联系与垂直因果联系，以确定复合事件与自主业务流程之间的关系。它们还会在侦测到复合事件时触发相应的业务流程，以便对此采取适当的措施。CEP 主要用来对离散的业务事件做实时分析。

流计算是个相对较新的概念与技术，它随着大数据的发展而成熟起来。这种由运行时平台所支撑的编程范式，能够持续获取（以单独的数据包形式而出现的）数据流。它采用计算密集型的先进分析技术，以对流动中的数据进行复杂的实时分析（也就是说，它分析数据的速度，与数据产生并进入流计算平台的速度相同）。

某些厂商所给出的产品资料宣称：这两种技术都能够进行延迟超低的实时计算。但是，它们在数据处理的速度方面，有着量的区别，而在对先进分析技术的支持方面，则有着质的区别。两者之间的差异可能包括：

- CEP 引擎所处理的数据包，应该是离散的业务事件，而流计算所处理的数据包，则应该形成连续的数据流。
- 流计算所支持的实时数据处理量，应该比 CEP 高一个数量级。
- 流计算所支持的数据种类通常比较广泛，包含结构化的数据与非结构化的数据，而 CEP 一般只处理结构化的数据集。
- 绝大多数的 CEP 利用基于规则的事件关联机制进行运作，而流计算则支持很多种分析技术，其中既包括简单的技术，也包括一些复杂的高级技术，例如时序分析（time series analysis）、图像与视频分析、可以对数字型数据进行积分及傅里叶变换等处理的复杂数学技术、数据挖掘（data mining）以及数据过滤（data filtering）等。

A.16　读时模式与写时模式技术有什么区别

随着大数据的兴起，读时模式（schema at read）与写时模式（schema at write）技术逐渐成了热门话题。我们在进行分析决策时，会广泛地使用非结构化的数据，这些数据对决策的制定具有极大的价值，因此，我们要特别重视对以非结构化数据为主的持久化问题。

结构化的数据，在业界已经使用了四十多年。要想在数据库系统中存放这种数据，最常见的办法是使用模式定义（schema definition）进行保存。这要求我们必须提前进行大量的设计工作，以确定结构化数据的设计与实现，之所以会这样，主要原因在于这种数据本身具有一定的结构，因此在进行持久化之前必须先对其建模，也就是说，在写入数据之前就要把模式设计好。写时模式这个名字，正表达了这样的含义。与之相对，非结构化的数据本身并没有一定的结构，因此我们无需提前对结构进行定义。这些数据的种类特别多（例如文本、图像、视频等），想要给变化如此丰富的数据预先定义一种结构，是不太现实的，而且所耗成本也过高，于是，我们就按照它本来的样子对其进行持久化。我们需要把更多的时间和精力，投入到持久化之后的数据处理工作（也就是获取、解读以及分析工作）上，这主要是有两个原因，第一个原因是此类数据本质上没有明显的结构，而第二个原因，也就是更为重要的原因则在于：我们必须先知道这些数据的使用方式，然后才能按照一定的形式把它们读取出来，以供分析。读时模式这个名字，说的就是这个意思。

写时模式技术需要我们在对数据进行持久化之前，先花一些时间把数据模式定义好，这样做的优点，是使得数据的读取操作能够执行得更加快速、更加高效；而读时模式技术则要求我们在获取数据时，投入很多精力来理解这些数据的使用情况，这样做的优点，是使得数据能够迅速而高效地进行持久化。这两种技术各有得失。

A.17 什么是 Triple Store

Triple Store（三元组存储）是一种特殊类型的数据库，它采用比普通关系型数据库更为通用的方式来存储数据。该数据库的目标是存储三元组，这种三元组能够以"主 – 谓 – 宾"的形式把主语和宾语这两个实体，通过谓语关联起来。比如，"蚂蚁正在破坏花园"就是一个三元组，蚂蚁是主语，破坏是谓语，花园是宾语。Triple Store 能够存储任意两个实体之间的语义关系，并且能够在进行存储时把这种关系的实质保存下来。Triple Store 主要用来存放由词法分析（lexical parsing）所得出的文本信息，这些信息是一系列的三元组。

Triple Store 数据库的主要优势在于，它无需做出结构性的修改，就可以应对新的实体类型及关系类型。

A.18　什么是大规模并行处理（MPP）系统

MPP（Massively Parallel Processing）是一种在多个平行的专属计算节点上协调处理复杂任务的技术，所谓专属的计算节点，是说相应的处理器拥有其各自的硬件、内存及存储机制，而且处理器阵列（array of processors）之间也能通过高速互连机制进行通信。这种互连机制相当于一条在 processor bank（也就是刚说的处理器阵列）之间交换信息的数据通路。由于每个处理器都将其计算能力全部投入到指定的工作量上，因此 MPP 也可以说是一种无共享式的架构（shared nothing architecture）。

MPP 通常需要用一个协调器（coordinator，协调者）把复杂的任务分解成一系列子任务，并将其分布到专属的处理器阵列中。这些阵列中的处理器将会以极高的速度进行处理（一般是通过硬件进行运算的），并把子任务的处理结果返回给协调器。协调器将各个子任务的处理结果合并为一条单独的响应信息。IBM PureData® for Analytics 以及 Oracle 的 Teradata，是两种流行的 MPP 技术。

A.19　IBM Watson 构建在 DeepQA 架构之上。什么是 DeepQA

DeepQA 代表 Deep Question Answer，IBM Watson 最初就是基于它而构建的。自然语言的内容正在变得更加广泛而庞大，同时，自然语言处理、信息获取、机器学习、知识表示及推理，以及大规模并行计算等技术也在整合与发展，IBM 的 DeepQA 项目，想要演示这些内容与技术将会怎样推动开放领域的自主问答（open-domain autonomic Question Answering）技术，使其能够清晰而协调地帮助人类回答问题，乃至最终拥有比人类更高的解题能力。

DeepQA 架构构建在先进的自然语言处理（NLP）技术之上。NLP 本质上是模糊而多义的（也就是说同一个词可以有很多种意思），其含义通常需要根据上下文来确定。IBM Watson 这样的系统，需要考虑很多种有可能成立的含义，并且试着把其中最能够为数据所支持的那些推断路径找出来。

DeepQA 架构所采用的主要计算原则，是针对同一个问题提出并维护的多种解读方式，然后针对每种解读方式产生多个有可能成立的答案或假设，并收集很多不同的证据流（evidence stream）来支持或否定这些假设。系统中的每个组件，都会添加一些设想，用以说明问题的含义、内容的含义、可能成立的答案以及使答案得以成立的理由。有了这些设想之后，就可以来构建"候选答案"（candidate answer）了。系统会用深度更大的分析算法给各候选答案打分，该算法是独立于那些额外的证据而运作的。如果系统一开始把原问题拆解为多个小问题，并对其各自运用了基于证据的假设技术，那么现在它就会把每个小问题所对应的最佳候选答案收集起来，并采用先进的合成算法（synthesis algorithm）对这些小的部分进行综合，以得出明确的最终答案。在最后一个步骤中，系统会采用经过训练的机器学习技术和算法，来给这些最终答案排序。整套技术都运作在语料库上，这个语料库的数据量特别大，人脑是无法及时保存并处理这么多数据的。

A.20　监督式学习与非监督式学习技术有什么区别

监督式学习与非监督式学习之间的区别，就蕴含在其名称中。监督式学习，意味着其中有监督的成分，也就是说，学习模型是采用历史数据受过训练的，在这些历史数据中，一组输入事件中的每一个实例，都有与之对应的结果，模型要对这些输入事件与结果（也就是目标变量）之间的对应关系进行学习，并据此来预测未来的事件。非监督式的学习，意味着学习模型早前并没有经历过监督，也就是说，它并不知道一系列输入事件所对应的那些结果，这种模型要能够根据输入的事件进行判定与推导，并在数据集中划分出一系列的聚类或群组。

在监督式的建模中，我们要用一组历史数据来训练模型，这些数据以 $y = \Omega(x_1, x_2, \cdots, x_n)$ 的形式来表示，$\bar{X}$ 是一个代表 $(x_1, x_2, \cdots, x_n)$ 的向量，也就是说，$\bar{X} = (x_1, x_2, \cdots, x_n)$。对于 $\bar{X}$ 向量中的每一个实例来说，都有一个已知的 y 值与之对应（该值称为响应变量或目标变量），Ω 是映射函数。受过训练的模型，应该要能够根据 $\bar{X}$ 向量中一个新的且未知的实例，来预测与之对应的 y 值。分类与回归是两种使用监督式学习法的建模技术。决策树、神经网络以及回归，都属于监督式机器学习技术。

非监督式的建模没有响应变量可供使用，因此，我们不能用历史数据来训练它。非监督式的建模，其目标是要理解 $\bar{X}$ 向量 $(x_1, x_2, \cdots, x_n)$ 中的各元素之间的关系，并试着判断出我们能否在该向量中划分出某些相对独特的群组。换句话说，非监督式的建模试图对变量进行聚类，以便将具有相似特征的变量归为一组，使得组与组之间能够在这些特征上有所区别。非监督式的建模也称为聚类分析（cluster analysis）。我们要根据特定的属性（例如收入、种族或地址等）对用户群进行分段，例如，将其中的用户分为高收入段和中等收入段。K-means 聚类、Kohonen 聚类以及离群值分析，都属于非监督式的机器学习技术。

A.21　分类学与本体论有什么区别

分类模型（taxonomies model）是一种层次化的树状结构，用来表示元素之间的包含与组成关系（也就是亲子关系）。沿着树状结构往下走，会令描述的范围逐步缩减，例如宇宙→银河系→太阳系→太阳→地球→山，就是一种分类表示法。对于分类模型中的上下级元素来说，它们之间只具备着某种含义较为宽泛的关系，这种关系是很难精确定义的。

本体论（ontology）是一种与规则相关的分类法，这些规则规定了元素之间的语义联系。规则用主 - 谓 - 宾形式的三元组来表达（例如巴拉克·奥巴马是美国总统）。这种三元组，使得主语可以在不同的语境下具备不同的意义（语境由三元组本身提供）。秩序良好的三元组可以构成知识归纳（knowledge induction）的基础，也就是说，我们能够以这些三元组为基础，来推理并判断元素之间的关系。

A.22　什么是 Spark？它的工作原理是什么

Spark 是一个 Apache 项目，它是快速而通用的无共享式 MPP 引擎。该引擎利用高度优化的运行时架构来运作，这种运行时架构，是为集群计算系统（cluster computing system）进行大规模数据处理而设计的。它能够在很短的时间内启动，并且能够利用积极缓存的内存中分布计算（in-memory distributed computing）机制与专属的进程进行运作，即便在不运行任务时，它也依然能够对此加以利用。

通用的 Spark 平台可以涵盖很多种负载，例如 SQL、流计算、机器学习、基于图的数据处理等，而且也可以对 Hadoop 的能力加以利用（不过它的性能应该比 Hadoop 的 Map Reduce 更快）。

由于 Spark 平台是用面向对象的 Scala 语言编写的，因此该平台特别灵活，而且用起来也比 Map Reduce 等编程方式更加容易。它为 Scala、Java 及 Python API 提供了支持。就笔者编写本书时的情况来看，它极大地改进了传统的 Hadoop 生态系统，这主要是因为它可以通过强大的交互式 shell 来对数据进行动态而实时的分析，进而显现出比 Map Reduce 更大的优势。

当前的 Spark 平台，可以分成下面这些 Spark 概念进行描述：

❑ Context（情境、上下文）表示与 Spark 集群的一条连接。应用程序可以通过提交一项或多项 job，来发起 context。这些 job 可以按顺序执行，也可以平行地执行，可以分批执行，也可以交互地执行，此外还可以长期地运行，以便给持续到来的请求提供服务。

❑ **Driver**（驱动）表示一个运行着 Spark context 的程序或进程，它负责在集群上运行 job，并且负责把应用程序的处理工作转换成一系列的 task。

❑ **Job**（工作）用一项查询或查询计划（query plan）来表示，它是一段代码，用来从应用程序中获取某种输入信息，对其进行某些运算（例如执行某些变换或某些操作），并产生某种输出。

❑ **Stage**（阶段）是 job 的子集。

❑ **Task**（任务）是 stage 的组成部分。每个 task 都在一个数据分区上执行，并且由一个 executor 来处理。

❑ **Executor**（执行器）是一个进程，负责在工作节点上执行 task。

图 A-1 描绘了 Spark 中的各种组件。

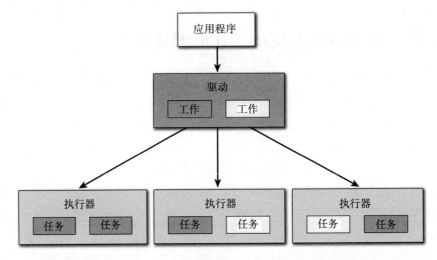

图 A-1　对应用程序在 Spark 平台中的执行情况所做的分解

每个 Spark 应用程序都是作为一系列进程而运行的，这些进程受 Spark context 协调，而这个 context，则运行在一个 driver 程序中。图 A-2 以另外一种方式描述了与图 A-1 相同的情况。

从图 A-2 中可以看出，每个应用程序都有它自己的 executor 进程，这些进程在应用程序运行期间会一直处于运作状态，并且会在多个线程上运行 task。这样做的好处，是可以使多个应用程序在调度与 executor 这两个方面都能够互相隔离。从调度的方面来讲，每个 driver 所调度的都是它自己的 task，而从 executor 的方面来讲，不同的应用程序所具备的任务，运行在不同的执行空间中（例如运行在不同的 Java 虚拟机中）。然而，这样做也使得 Spark 应用程序（或者说 Spark context 实例）之间无法共享数据，除非它们把数据写入外部存储系统。

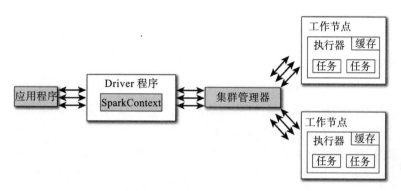

图 A-2 在集群上执行的 Spark 应用程序

笔者撰写本书时，Spark 的流行度正在急剧上升，很多人都迅速采用了这种技术，而且有人说它是下一代的集成式先进分析平台。

A.23 云计算平台与范式有哪些优势和挑战

云计算（cloud computing）是一种相对较新的范式，它正在 IT 业迅速地风行。实际上，任何一家有 IT 事务的企业，如果不具备基于云端的基础设施和计算策略，那么业界就会认为该企业远远落后于其他企业。

云计算显然有一些独特的优势，这些优势使它具备强有力的价值主张。它的价值包括但不限于：

❏ **减少资本成本及运营成本**——企业通常可以随时请求云计算提供商为其提供基础设施并满足其计算需求，而且还可以根据自己的需要对计算能力进行缩放。企业无需提前花费一笔固定的资金，即可按照自己的用法来设置这些基础设施，并对其使用情况进行监控及维护。由于云计算的计费模型可以按照使用量来收费，因此企业无需购买这些基础设施，这使得它的维护成本比传统的计算方式更低，而且也使得企业初次投入及后续持续投入的费用远远小于从前。

❏ **海量的数据存储**——企业可以在弹性计算平台（elastic compute platform）上存放并维护大量的数据，而且由于这种云端平台能够根据需求动态地进行缩放，因此它可以有效地管理突然到来的负载高峰。

❑ **灵活性**——由于企业需要持续而迅速地适应变化中的业务环境，因此交付速度是相当关键的，而这就需要企业拥有快速开发应用程序的能力。企业可以在云端平台中选出最为合适的基础设施、平台及软件构建块，并对其进行拼装，以便使自己具备这种能力。

然而除了上述优势之外，云端平台也要面临一些固有的挑战，例如下面这些：

❑ **数据安全**是个相当关键的问题，因为企业担心自己的数据会暴露给外人，担心这些数据会落在竞争者的手里，而且担心自己无法对客户的数据进行保密。传统的企业网络会设置必要的网络基础设施，以保护自己的数据，而云端模型则把企业的数据安全，交由云服务提供商来负责。

❑ **数据的可恢复性与可用性**，通常要求业务应用程序必须支持相当严格的服务级别协议（SLA），因此一定要有适当的集群与故障转移、灾难恢复、能力与性能管理、系统监控以及维护等机制来做支撑。于是，云服务提供商就需要提供这些机制，它们一旦出现故障，有可能给企业带来严重的破坏与影响。

❑ **管理能力**会对当前的技术持续提出更高的要求，而且要求云端平台能够具备更加自主的缩放与负载均衡特性。这些需求对于当前的云提供商来说，显得过于复杂、过于苛刻了。

❑ **监管方面的限制**体现在一些严格的法律中，这些法律对敏感个人信息（sensitive personal information，SPI）在国外的使用做了规定，然而由于很多企业都采用了云端托管服务，因此它们在遵守相关法规时会面临一些挑战，因为并不是所有的云供应商都在世界各地设立了数据中心。

尽管有上面这些问题需要面对，但是云计算的好处依然胜过了它所遇到的麻烦，因此云计算仍然具有极高的价值，这使得其采用度呈现指数式的增长。

A.24　各种云部署模型之间有什么区别

在笔者撰写本书时，大部分云服务提供商都提供三种云部署选项。你需要在公共云、私有云和混合云这三种部署方案中，为本企业选择最为合适的一种。

❑ **公共云**（Public cloud）——它是由云服务提供商所拥有并操作的，该方案使得服务提供商能够给其客户带来很大的规模效应，这主要是因为基础设施方面的成本会分摊到多个企业上，这些企业的应用程序托管在同一套物理基础设施中，它们通过多租户运行模型来共用这套基础设施。由于成本分摊到了多个企业上，因此这是一种低成本的按需付费（pay-as-you-go）模型，它很具有吸引力。这种租用模型使得客户可以把运营费用（operational expense，OpEx）摊薄到多个年份中，而不用提前付出一笔资本费用（capital expense，CapEx）。它还有一项优势，就是可以按照系统的负载需求极快地调整其计算及存储能力。不过在使用公共云时，由于客户的应用程序会共用同一套基础设施，因此该方案在个性化配置、安全保护及可用性等方面，不具备太大的灵活度。

❑ **私有云**（Private Cloud）——私有云是专门为一家企业而构建的，企业可能由于监管方面的原因、安全方面的策略、对智慧财产权的保护或是自身的喜好等因素而使用它。这种云可以解决数据安全问题，并且能够提供更大的控制度，这两项特性通常是公共云所无法提供的。私有云有两个变种：

  ➢ **预置在企业内部的私有云**（On-premise Private Cloud）——也称为内部云（internal cloud）或内部网云（intranet cloud），它放置在企业自己的数据中心里。该模型可以提供更加标准的流程及保护机制，但是在规模和可缩放度方面的弹性却比较有限，而且 IT 部门还需要为相关的实体资源付出资本费用与运营费用。这种方案最适合那些需要对基础设施及安全机制进行完全控制与配置的应用程序。

  ➢ **托管于企业之外的私有云**（Externally Hosted Private Cloud）——这种云托管在企业外部的云服务提供商那里，提供商会给企业专门提供一套云环境，并且完全负责保证基础设施的私密性与专有性。该方案最适合那种因为不想在公共云上和他人共用实体资源的企业。

❑ **混合云**（Hybrid Cloud）——这种方案是对公共云模型与私有云模型的结合运用。在该模型中，企业可以完全或部分地对第三方的云服务提供商加以利用，从而提升自己在计算方面的灵活度。由于混合的云环境是可以按照企业的需求由外部来提供的，因此它具有计算方面的弹性。在这种混合的设置方案中，我们可以用公共云的资源来对私有云的能力模型进行补充，以便应对意外出现的大量负载。必须严格遵守规定的那些应用程序与系统，可以运行在私有云的实例上，而那些约束较为宽松的应用程序，则可以运行在公共云的实例中，公共云与私有云这两种环境之间，有一条专用的互连线路。

A.25 什么是 Docker 技术

Docker 是一项由 Apache 开源协会所开发的技术。就笔者撰写本书时的情况来看，它是一个可移植的轻量级应用程序运行及打包工具，构建在核心的 Linux 原生容器（container primitive，容器原语）之上，而且对 Linux 常用的容器格式 LXC（Linux Container）做了扩展。Docker 容器所带的工具可以把应用程序及其全部依赖关系，都打包到一个虚拟的容器中，这个虚拟容器能够部署在服务器上，而且支持绝大多数的 Linux 发行版。一旦打好包，这个自成一体的应用程序就可以运行在各种环境中，而无需我们再做额外的处理。

Docker 所做的虚拟化是轻量级的，因为它并没有把操作系统也打包进去，而是利用底层操作系统来进行运作，这与标准的虚拟化技术不同，后者会使每台虚拟机都各自拥有一个操作系统实例。由此我们可以看出标准的虚拟机所具备的一项优势，那就是每台虚拟机都有各不相同的操作系统，其中一台虚拟机运行的可以是 Linux 系统，而另外一台则可以运行 Windows 服务器。

Docker 容器是一种隔离的用户空间或应用程序空间，它位于运行中的 Linux 操作系统里，多个容器共用同一个 Linux 内核，每个应用程序（及其代码库、所需的软件包和相关的数据）都有彼此隔离的运行环境，这些环境是作为文件系统而进行保存的。图 A-3 演示了这些容器之间怎样相互隔离并运行各自的应用程序实例。

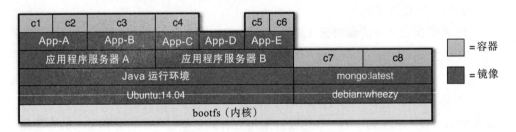

图 A-3　Docker 容器栈的示意图

A.26　小结

在这份附录中，笔者讨论了一些概念，它们是我自己在架构工作和日常的技术工作中所遇到的。

在与同事交谈或参加会议时，笔者会遇到某些自己并不是很熟悉的话题，前面我们所讨论的那些话题中，就有一些话题属于此类。尽管我能设法在这种场合避免尴尬，但只有当自己把那个概念或技术研究清楚并付诸实践之后，心里才会觉得坦然一些。

　　此处所讨论的这 25 个话题，并不能涵盖所有的架构问题。笔者可以很轻易地再写出 25 个话题，但那样可能会稍稍偏离本书的主题。

A.27　参考资料

Gamma, E., Helm, R., Johnson, R., & Vlissides, J. (1994). *Design patterns: Elements of reusable object-oriented software*. Boston: Addison-Wesley Professional.

附录 B Elixir 的功能模型（续）

本附录接着第 7 章的 Elixir 功能模型来讲。

B.1 逻辑层面

B.1.1 组件的认定

第一个子系统，也就是 Asset Onboarding Management（新资产管理），已经在第 7 章中讲过了。表 B-1 至表 B-4 列出了我们在其他子系统中所认定的组件。

表 B-1 KPI 管理器组件的职责

子系统的 ID：	SUBSYS-02
组件的 ID：	COMP-02-01
组件的名称：	KPI 管理器（KPI Manager）
组件的责任：	职责包括： • 检测获取数据时所针对的机器类型。 • 根据传入的数据，计算与特定机器相关的 KPI。 • 把计算好的 KPI 保存到持久化存储区（也就是数据库）中。

表 B-2 警报管理器组件的职责

子系统的 ID：	SUBSYS-02
组件的 ID：	COMP-02-02
组件的名称：	警报管理器（Alert Manager）
组件的责任：	职责包括： • 判断某个计算出来的 KPI 是否位于配置好的界限之外。 • 针对具体的机器来构建警报。 • 把警报派发到集成总线。

表 B-3　故障分析管理器组件的职责

子系统的 ID：	SUBSYS-03
组件的 ID：	COMP-03-01
组件的名称：	故障分析管理器（Failure Analysis Manager）
组件的责任：	职责包括： • 根据由 KPI 所生成的警报，来判断可能性最大的故障模式。 • 当机器中出现了需要关注的状况时，给出最优的建议（也就是提出最优的补救措施或缓解措施）。

表 B-4　报表管理器组件的职责

子系统的 ID：	SUBSYS-04
组件的 ID：	COMP-04-01
组件的名称：	报表管理器（Report Manager）
组件的责任：	职责包括： • 针对每台机器，生成其生产力报告。 • 针对地区或地域中的资产，生成汇总报告。 • 针对两个或多个区域，生成可供对比的分析报告。

除了已经列出的这些组件之外，我们还认定的两个组件，一个是错误记录程序（Error Logger），另一个是安全管理器（Security Manager）。前者负责把应用程序或系统所发生的全部错误记录到文件系统或数据库中，后者用来对访问 Elixir 系统的用户进行验证及授权。

B.1.2　组件的协作

图 B-1 和图 B-2 演示了 Elixir 系统中的组件如何完成下面这两项协作：

❑ 针对机器产生警报（Generate Machine Alerts）。

❑ 以工作定单的形式提出建议（Recommend Work Orders）。

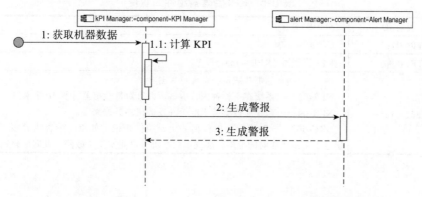

图 B-1　组件之间为了完成"针对机器产生警报"这一用例而进行的协作

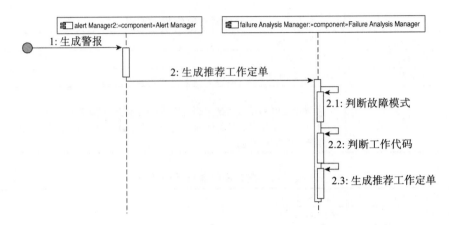

图 B-2　组件之间为了完成"以工作定单的形式提出建议"这一用例而进行的协作

B.2　规格层面

B.2.1　组件职责矩阵

第一个子系统，也就是 Asset Onboarding Management（新资产管理）子系统的组件职责矩阵，我们已经在第 7 章中讲过了。本小节将要讲解其他子系统的组件职责矩阵。

注意：表 B-5 至表 B-8 与本附录早前给出的表格是相似的，唯一的区别在于，接下来的这几张表格，会补充一些与非功能型需求有关的组件职责。为了简洁起见，早前的表格中已经列出的职责，就不再重复了。

表 B-5　KPI 管理器组件的职责

子系统的 ID：	SUBSYS-02
组件的 ID：	COMP-02-01
组件的名称：	KPI 管理器（KPI Manager）
组件的责任：	<<已经确定的那些职责，请参见表 B-1>> NFR-03——系统在一秒钟内，应该可以针对每台机器计算 50 个 KPI。 NFR-04——系统应该支持 100 个并发的机器数据来源。 BRC-002——对机器中的任何一个子组件来说，如果一分钟内有多于 5 个 KPI 超过了正常运作时的范围，那就说明系统有可能发生了故障，此时应该给出警告。

表 B-6　警报管理器组件的职责

子系统的 ID：	SUBSYS-02
组件的 ID：	COMP-02-02
组件的名称：	警报管理器（Alert Manager）
组件的责任：	<<已经确定的那些职责，请参见表 B-2>> NFR-05——一旦产生警报，系统就应该立刻把它展示出来，而且在用户体验上，要给人一种几乎毫无延迟的感觉。 BRC-003——如果底层的子组件产生了警报，那么我们就认为包含该子组件的那个高层组件，也产生了这样的警报。子组件如果产生严重警报，那就说明包含它的那个高层组件也处在同样的状况中。

表 B-7　故障分析管理器组件的职责

子系统的 ID：	SUBSYS-03
组件的 ID：	COMP-03-01
组件的名称：	故障分析管理器（Failure Analysis Manager）
组件的责任：	<<已经确定的职责，请参见表 B-3>> NFR-06——系统每分钟应该能够处理平均 100 个并发的警报。 BRC-004——一种故障模式与一个或多个可能的故障原因相对应。每个可能的故障原因，都带有一系列用来解决故障的工作代码（job code）。（为了节省篇幅并掩盖与具体制造商有关的细节，此处略去这些故障模式、可能的原因以及工作代码序列。）

表 B-8　报表管理器组件的职责

子系统的 ID：	SUBSYS-04
组件的 ID：	COMP-04-01
组件的名称：	报表管理器（Report Manager）
组件的责任：	<<已经确定的职责，请参见表 B-4>> NFR-07——在负载高峰期，系统应该满足 1000 位用户的报表访问需求，并且能够在同一个时间点上，处理 100 个并发的访问需求。

B.2.2　接口规范

第一个子系统，也就是 Asset Onboarding Management（新资产管理）子系统的接口规范，我们已经在第 7 章中讲过了。表 B-9 至表 B-11 会给出其他几个子系统的组件接口。

表 B-9　KPI Calculation 接口的规范

该接口所属的那个组件所具备的 ID	COMP-02-01
接口的名称与 ID	名称：KPI Calculation ID：IF-02-01-01

（续）

接口的操作	1. Boolean registerKPIs(machineType: String, kpiList: <List> KPIProfile) 2. String KPI_ID createKPI (kpi: KPIProfile) 3. void calculateKPIs(machineID:String, kpiList: <List> KPI_ID)

表 B-10　Alerting 接口的规范

该接口所属的那个组件所具备的 ID	COMP-02-02
接口的名称与 ID	名称：Alerting ID：IF-02-02-02
接口的操作	1. Alert createAlert(machineID: String, kpiID: String) 2. Boolean dispatchAlert(alert:Alert)

表 B-11　Recommender 接口的规范

该接口所属的那个组件所具备的 ID	COMP-03-01
接口的名称与 ID	名称：Recommender ID：IF-03-01-01
接口的操作	1. Recommendation createRecommendation(alert:Alert) 2. Boolean acceptMaintenanceFeedback(feedback:String)

由于报表管理器（Reporting Manager）组件将会用现成的商业产品（COTS product）来实现，因此该组件的定制接口是没有太大意义的。

在这个环节中，我们认定两个技术组件，也就是安全管理器（Security Manager）与错误记录程序（Error Logger）。图 B-3 画出了这两个组件及其接口的示意图。

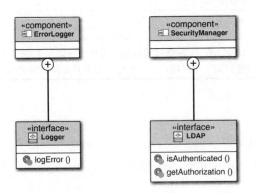

图 B-3　Elixir 中的两个技术组件及其接口

注意：SecurityManager 组件既可以认为是技术组件，也可以认为是功能组件，这要看架构师如何选择。但无论把它分到哪一类，我们都需要捕获其接口规范。

B.2.3　把数据实体与子系统关联起来

在第 7 章中，我们已经把 Elixir 的核心数据实体与子系统关联起来了，然而还有一些数据实体并没有划归到功能子系统中，这些实体实际上属于 Security Manager 和 Error Logger 这两个技术组件，如图 B-4 所示。

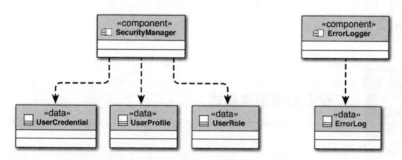

图 B-4　把 Elixir 的数据实体与技术组件关联起来

B.2.4　把各组件安排到适当的层中

由于第 7 章已经把所有的组件都指派到了分层视图中，因此这里没有其他的工件需要讲解。

B.3　物理层面

由于第 7 章已经把所有的组件都指派到了基础设施拓扑中，因此这里没有其他的工件需要讲解。

推荐阅读

架构实战——软件架构设计的过程

作者：（英）Peter Eeles 等　ISBN：978-7-111-30115-8　定价：45.00元

企业应用架构模式

作者：（英）Martin Fowler　ISBN：978-7-111-30393-0　定价：59.00元

软件系统架构：使用视点和视角与利益相关者合作（原书第2版）

作者：（英）Nick Rozanski 等　ISBN：978-7-111-42186-3　定价：99.00元

软件架构师的12项修炼

作者：（美）Dave Hendricksen　ISBN：978-7-111-37860-0　定价：59.00元

软件架构师的12项修炼：技术技能篇

作者：[美] 戴维·亨德里克森　ISBN：978-7-111-50698-0　定价：59.00元